ô Mælibœe Deus nobis hæc otia fecit. Virg. Ecl.

Cor. Sculp.

LE PATRIOTE ARTESIÉN.

DÉDIÉ

A Monseigneur le Comte D'Artois.

Par M. DE*** ancien Officier
de Cavalerie.

Longum iter per Præcepta, brevè & efficax per Exempla.

A PARIS,

Chez ⎧ DESPILLY, Libraire, rue Saint-Jacques,
⎩ à la vieille-Poste.
⎩ LE CLERC, Libraire, Salle du Palais.

M. DCC. LXI.

Avec Approbation & Privilége du Roi.

A MONSEIGNEUR
LE COMTE
D'ARTOIS.

ONSEIGNEUR,

Guidé par l'amour que tout Ci-
toyen doit à sa Patrie, j'ai cru ne
pouvoir faire un meilleur usage de

mon tems, que de le confacrer au
bien & à l'avantage de mes Concitoyens ; dans cette vûe, j'ai effayé
de compofer un Traité de la décadence de l'Agriculture, du Commerce & des Arts, dans la Province
d'Artois, & des moyens de les ranimer ; trop heureux qu'au milieu
des jeux & des ris qui vous environnent, un Travail de cette nature,
puiffe trouver auprès de vous, un
accueil favorable ; je prends, cependant, la liberté de vous l'offrir
uniquement, pour rendre hommage
à vos excellentes qualités, qui an-
noncent, quoique dans leur aurore,
le plus grand Prince, & le Prince
le plus aimable.

Toutes ces rares qualités, MON-
SEIGNEUR, qui forment votre
heureux caractère, éclofes dans le
berceau de nos Rois, cultivé fous

les yeux du meilleur des Monarques, & du Prince le plus sage, font concevoir aux Sujets qui les admirent, les plus flateuses espérances ; mais parmi celles qui vous caractérisent le mieux, on voit avec transport sur votre front auguste, briller avec plus d'éclat que les autres, cette bonté d'ame, cette noble & généreuse tendresse, (vertus des Dieux,) qui décident le Protecteur de l'humanité, & assurent le bonheur des Peuples.

C'est à la lueur de ces flambeaux célestes qui présiderent à votre illustre naissance, qu'un Sujet de la Province d'Artois, entreprit l'Ouvrage qu'il ose prendre la liberté de vous présenter : Vous êtes, MONSEIGNEUR, son Ange tutelaire ; si vous ne pouvez loüer *ſes ſuccès , qu'il vous plaiſe au moins , approuver ſes efforts.*

Je ſuis avec un très - profond reſpect ,

MONSEIGNEUR,

Votre très-humble & très-
obéïſſant Serviteur,
DE * * *
ancien Officier de Cavalerie.

PRÉFACE.

REMONTONS à l'antiquité de tous les Peuples, nous les verrons tous occupés de l'objet de leur primitive création. Le soin de la conservation de leur propre être, n'a jamais eu besoin de leur dicter l'ordre des travaux propres à les rendre heureux. Les premiers dont nous tenons la forme de réduire en pratique, l'ordre de cette félicité, ont été, sans contredit, les *Egyptiens*; suivons leur modèle, si nous voulons joüir de leur bonheur.

Dans l'ordre de leur Gouvernement, une unité de principes les distinguoit des autres Peuples; une grande & intime union entr'eux & les Chefs de leur Gouvernement; une liaison essentielle entre les Concitoyens, & une obéissance exacte aux Loix, formoient l'étendue de leurs engagemens. Le physique de leurs mutuelles actions, consistoit dans l'art de l'Agriculture, dans celui du Commerce & dans celui des Arts; aucune Nation n'a poussé plus loin les ressorts de leur connoissance, & le bonheur assuré de leur conservation.

Laiſſons à l'écart tous ces Peuples in-
tereſſés à des conquêtes qui les ont détruits ; ce grand art de la guerre, fléau
des Peuples, étoit auſſi l'objet de la
tyrannie la plus déplorable ; nous ne
voyons chez eux qu'agrandiſſemens &
que deſtruction, que Provinces déſolées
auſſi-tôt que formées ; qu'un Peuple
anéanti au moment de ſon exiſtence.
Examinons *Rome*, & apprenons à la
diſtinguer : tant qu'elle a exiſté ſous les
Loix de ſa République, elle s'eſt ren-
due heureuſe par l'exemple de ces premiers Peuples, dont nous avons parlé ;
les Virgile, les Columelle, nous ont
tracé par écrit leurs premiéres mœurs,
& cette tradition écrite, nous a inſtruit
de la décadence de ce nouvel Empire,
à meſure que les habitans s'éloignerent
de leurs premiéres vertus ; mais tout eſt
déja tombé, quand on eſt obligé de nous
les retracer par écrit.

Devrions-nous avoir beſoin que l'on
reproduiſît ſans ceſſe à nos yeux, ces
objets d'actions qui ont rendu nos
Peres, les Germains, ſi floriſſants ? Tout
eſt changé chez nous ; le faſte de Rome,
depuis la chûte de la République, a été
notre modèle ; & aſſervis ſous le brillant faſtueux des Arts de frivolité, nous

fommes devenus méconnoiffables à nos Peres (*a*).

Le plus grand malheur des Etats, eft fans contredit, de s'éloigner de cette conduite primitive ; & s'il m'étoit poffible de pouvoir reprendre ce changement de mœurs, dans chacun de ces objets ; ma Nation, (trifte reffouvenir de mon cœur allarmé,) rougiroit elle-même, & de fon défordre, & de fa dépravation. Je n'entreprendrai pas de décrire quelles en peuvent être les caufes ? Nous devons dire à fa gloire qu'elle en gémit elle-même, & que fouvent impatiente dans fes maux, elle embraffe le torrent, comme le feul reméde à fa confolation.

Cependant, ne me fera-t'il pas poffible de dépeindre quelques-unes de ces caufes, pour juftifier nos allarmes, & l'origine de notre inaction ! non ; mais qu'il me foit permis, du moins, de prévenir ici, que fans un double concours, il fera impoffible de pouvoir recueillir cet avantage qui forme le but de mon travail.

On a abandonné la culture des terres (*b*)

(*a*) M. *de Montefquieu.*

(*b*) En effet, elle étoit en 1621, celle que la nature avoit dictée ; ce ne fut qu'en 1695, que MM. *de Serres* & *Pierre le Pefant de Boisguilbert* donnerent différentes méthodes qui furent recommandées par M. *de Sully*; mais depuis lors elle a dépéri infenfiblement.

& on ne s'en eſt réſervé que le ſimple néceſſaire, ſoit par le défaut d'hommes, ſoit par le défaut d'aiſance (*a*). On a abandonné le Commerce de néceſſité premiére, par le défaut d'Agriculture, & on a ſubſtitué ce faſte préſent, dans l'ordre du Commerce frivole. Le dirai-je encore..... oüi je l'avouerai! Le brillant de ce nouvel Art ſpéculatif de nos Finances, a détruit l'union des Nationnaux ; la liaiſon des familles, n'eſt parée que de ce dehors ſéduiſant de frivolité ; toujours deſtructrice du vrai, dans l'ordre de ſa cupidité, ſon émulation eſt ſans ceſſe le fruit de ſa vanité & de ſon luxe. Ce Commerce à la mode, a dépeuplé nos campagnes, a ſacrifié nos Cultivateurs, a détruit la circulation néceſſaire, & a mis la Nation au point de mépriſer le ſolide de ces Arts, qui faiſoit la gloire de nos Peres.

Conſidérons l'ordre de nos mœurs actuelles, tout le Commerce n'eſt fondé que ſur trois branches, *ſpéculer le produit d'un billet, arracher à ſon pere & à ſon frere, ſa propre ſubſtance par l'uſure, & diſſiper le tout dans l'ordre du Commerce de la frivolité.*

(*a*) Lorſque M. *Colbert* favoriſa les Manufactures & le Commerce intérieur, il détruiſit l'aiſance du Laboureur.

Nous sommes témoins de ces mœurs, & des malheureuses victimes du point fatal, où elles ne pouvoient qu'aboutir.

La premiére difficulté qui se rencontre ici dans l'ordre de l'expérience que je vais annoncer, consiste à rétablir l'union des cœurs, & le bonheur de l'aisance : si nous n'envisagions que le tems présent des circonstances extérieures, auxquelles l'Etat est obligé de fournir, il eût été inutile que je me fusse appliqué à un travail aussi nécessaire; mais comme la sagesse du Gouvernement, toujours appliquée au bien intérieur, sçaura ramener des circonstances plus favorables; je vais déveloper mes connoissances avec toute la confiance d'un *Patriote zélé.*

Je sçai que nous avons eu des Citoyens animés du même désir que moi, qui n'ont cessé de nous rappeller à cet esprit de nos Peres ; quantité d'Auteurs (a),

---

(a) MM. *Duhamel, la Salle, Patullo, Tull, Chateauvieux, Dutillet, Home, Reichard,* &c. ont publié des Ouvrages excellens en ce genre; mais les termes dont ils se sont servis, n'ont pas partout la même signification; ce défaut d'uniformité, occasionne des méprises; & celui de détermination des natures de terres propres à chaque sorte de production, induit dans des erreurs; les tems des semailles & des récoltes qu'ils ont fixés, ne sont pas propres à tous pays; leur fixation des quantités de se-

M. *de Turbilly*, en particulier, vient de nous donner tout récemment une forme préliminaire, dont le physique paroît très-favorable à mon intention. Ce Patriote a cela même de suréminent, que toutes ses maximes peuvent être universelles ; mais comme son attention ne s'est portée qu'à la forme de l'Agriculture, j'ai crû qu'il étoit nécessaire de m'étendre plus au long, & de faire voir que sans la connoissance de nos maux, & de la maniére d'y remédier, son physique même devenoit, à tous égards, inutile ; c'est à ce premier moyen, qu'il faut toujours recourir avant que de tenter l'émulation. D'ailleurs, ce n'est pas dans la simple Agriculture, que consiste le seul bonheur de l'Etat ; c'est dans tous les Arts de nécessité premiére conséquemment, dans le vrai point d'un

---

mences est plus ou moins suffisante dans bien des cantons ; leur culture est moins avantageuse & moins dispendieuse dans un sol, qu'elle ne le sera dans un autre ; leur façon d'élever les bestiaux & de les nourrir, est différente dans chaque Province ; & enfin leurs diversités d'essais qui ne font que par écrit, décourageront les Cultivateurs de les exécuter. Il faut donc des méthodes expérimentées sous les yeux, & sur des terreins analogues, afin de faire comprendre *qu'il y a des remédes pour passer du mal au bien, & que nos préjugés ne font que chimériques.*

Commerce (*a*), & dans l'objet des Arts (*b*). Tel est aussi le plan de mon travail.

Je préviens que quoique mon dessein n'ait été d'écrire que pour la Province d'*Artois*, & prouver à ma Patrie, & mon zèle & mon attachement; cependant toute ma Nation pourra profiter de mes réflexions, parce qu'il n'y a aucune Province qui ne puisse être dans le même cas sous différens rapports.

D'après cela je divise cet Ouvrage en trois Parties ; dans la premiére je parlerai de l'*Agriculture* ; dans la seconde, du *Commerce*; dans la troisiéme, je parlerai des *Arts*.

La premiére Partie sur l'Agriculture, renfermera l'éclat de l'ancien Artois,

----

(*a*) MM. *Huet*, *Melon*, *Deschamps*, *Deslandes*, *l'Abbé Coyer*, &c. ont traité du Commerce, & ils ont déja démontré, ainsi que l'a fait *l'Ami des Hommes*, » que » le Commerce intérieur entretient dans un Etat, la » richesse puisée dans l'Agriculture & dans les Manu- » factures ; que celui extérieur, non-seulement tend aux » mêmes fins, mais qu'il s'applique encore à procurer » chez soi, les richesses que la nature refuse au climat.

(*b*) *L'Auteur des Considérations sur le Commerce*, & *l'Ami des Hommes*, ont donné des méthodes générales pour parvenir à la propagation des Arts, & ils ont reconnu aussi que les faveurs & les récompenses, étoient des aiguillons puissants pour les encourager ; en effet, quoi-que la *misére soit la mere de l'industrie*, l'industrie a besoin d'assistance, & l'Artisan d'émulation.

j'y traiterai auſſi des raiſons de ſa décadence , & des moyens infaillibles de la conduire à un état ſupérieur à ſon état primitif.

Dans la ſeconde Partie, qui traite du Commerce, je développerai tout ce qui concerne l'ordre des néceſſités premiéres , d'une importation bornée , & de la liberté de l'exportation ; de la fertilité de ſon terroir, & de ſes productions inventrices , propres à lui donner toute l'élaſticité qui conſtituera la réalité de ſon bonheur.

Dans la troiſiéme Partie , enfin , je développerai les moyens d'exciter, étendre & protéger décidemment les Arts dans la Province d'Artois.

Heureux ! ſi je peux remplir les vœux de mes Concitoyens , & m'attirer les ſuffrages de ma Nation ; comme c'eſt ſon ſeul bonheur auquel j'aſpire , je ſerai flatté du déſir que j'ai eu de le lui procurer !

AVERTISSEMENT.

1°. *JE pourrai me servir dans le cours de cet Ouvrage , de beaucoup de termes propres à l'usage du Pays d'Artois , ce qui ne doit pas surprendre , n'ayant eu en vue d'écrire que pour ma Patrie ; mais j'aurai soin cependant d'expliquer ces termes dans l'ordre de l'usage commun.*

2°. *Que le Lecteur ne soit pas surpris, s'il m'entend quelquefois répéter les mêmes choses ; j'ai préféré cette répétition pour une plus grande intelligence , ainsi que l'on ne s'attende pas à ce style de nos jours , ni à cet arrangement strict , que tout autre genre d'écrire , doit nécessairement embrasser ; en Patriote , j'écris à mes Compatriotes.*

3°. *Lorsque j'ai parlé, p. 194 de ce Livre, des Carriéres de Marbre, & que j'ai obmis d'en parler page 144 (*), il m'est échappé*

(*) Ce Marbre est de différentes couleurs , & très-beau, le seul défaut qu'il peut avoir , c'est que l'on trouve quelques cailloux , &c. concentrés dans les piéces que l'on tire; mais je ne pense pas que ce défaut se rencontre encore dans les piéces du centre de la carriére ; car il est de celle-ci comme des autres natures de carriéres qui se trouvent en *Artois* ; plus l'on y creuse , plus on évite ces défauts. Il ne s'agira donc que de se procurer des Artifans capables de *tailler* & *polir* ces marbres, parce que ceux de Saint-Omer & des autres villes de

de la mémoire qu'il s'en trouvoit une en Artois, dans les environs de la Paroiſſe d'Audentun près de Fruges.

On doit cette découverte aux recherches exactes de M. le BARON DE DION (*); ſi ce Patriote zélé porte déja ſes attentions à découvrir ce que le ſol de la Province renferme dans ſon ſein, que ne doit-on pas attendre des autres Gentilshommes, comme lui remplis de zéle, lorſqu'il ſera queſtion de faire fructifier les richeſſes que l'on confiera à ſa ſurface.

Il eſt à préſumer que la Société à établir, ſera charmée de faire l'acquiſition d'un Membre tel que la perſonne de M. le BARON DE DION, & que ce Gentilhomme ne ſe refuſera pas à ce choix. Il peut mieux que tout autre, faire travailler aux nouvelles recherches que je propoſe pages 144. 189. 190. 191. 192. & 194 de ce Livre, parce que les ſymptômes s'en apperçoivent dans ſon voiſinage.

---

l'Artois, n'ont pas encore le goût & le deſſein que l'on deſire aujourd'hui dans la formation des ornemens de cheminées, des chambranles, des deſſus de commodes, des conſoles, &c. On pourra ſe procurer de ces premiers Ouvriers des carriéres de *Roquebrune, Diocèſe de Béziers en Languedoc,* ou de celles de *Coſne, Diocèſe de Saint-Pons,* même Province, & des derniers, il s'en trouve à *Paris.*

(*) Ce Seigneur eſt deſcendant de l'ancienne & illuſtre Maiſon *de Dion* du Brabant.

LE PATRIOTE

LE PATRIOTE
ARTÉSIEN.

PREMIERE PARTIE.

De l'Agriculture.

A nature d'un sol qui conſtitue &
qui circonſcrit l'étendue d'une
Province entiére, eſt toujours im-
muable ; la poſſibilité de ſa fertilité, de ſon abondance & de ſon Commerce
eſt toujours égale, parce que le ſol reſte toujours le même. A quoi peut-on donc attribuer
l'inaction & l'eſpéce de létargie, où la Province d'Artois paroît prête à tomber ? Elle
a fleuri dans tous les tems ; elle étoit portée
au point de ſa grandeur, juſques ſur la fin
du ſiécle dernier. Les quinziéme & ſeiziéme
ſiécles nous en produiſent les exemples les
plus frappans ; comment donc, & par quelle

* A

fatale deſtinée périt-elle ſous nos yeux ? C'eſt ce premier point de vûe de fertilité & d'abondance, que renferme le Pays d'Artois qu'il eſt néceſſaire de déveloper.

De la fertilité du Pays d'Artois juſqu'en 1690.

J'abandonne la curioſité des connoiſſances hiſtoriques de l'origine des Fondateurs de cette Province, à ces Hiſtoriens, dont l'art eſt d'anoblir ces primitives origines dans l'ordre, dit M L'ABBÉ DE LA BLETERIE, de ces ſingularités dont les peuples ſe piquent ; je me tiens à l'utile, & je ne rappelle que ce que cette Province étoit ſous la domination Eſpagnole ; encore paſſerai-je légerement ſur cette époque, pour la conſidérer ſous l'heureuſe domination de la France. Sous ce point de vûe, qu'étoit le Pays d'Artois ? & que promettoit-il à ſon nouveau Souverain ?

La Province d'Artois, qui ne contient que treize lieues de diamétre, qui eſt arroſée par les Rivières d'*Aa*, de la *Lis* & de l'*Eſcarpe*, & qui eſt bornée du côté de l'orient par la Flandre *Flamingante* ; du côté du midi, par la Flandre *Françoiſe* ; du côté du couchant, par la Picardie, le Boulonnois & le Calaiſis : & du côté du nord, par une langue de terre de la Flandre *Flamingante*, avoit, au moyen des canaux qui conduiſent aux ports de *Dunkerque*, *Gravelines*, *Calais*, & aux *Pays-Bas*, toute l'aiſance pour ſe procurer le débouché & l'entrée des matiéres premiéres, dont elle pouvoit ſe paſſer, & de celles dont elle avoit beſoin : Cette Province, dit M. DE BARENTIN, » eſt une des plus belles du Royaume, &

» des plus fertiles en grains ; les habitans s'y
» diftinguent par leur droiture , leur fincé-
» rité & leur fidélité ; ils font laborieux ,
(cependant doüés d'un efprit lent & peu inven-
tif,) » exacts à remplir leur devoir; mais fur-
» tout attachés à la Religion , & jaloux de
» leurs Priviléges & de leurs Coûtumes , au
» point que tout établiffement nouveau les
» allarme (a).

Le Cultivateur mettoit donc fa gloire & fes
foins à rendre fa terre féconde ; fon heureux
terroir répondoit à fa peine ; & le national retiroit avec ufure , la récompenfe qu'il fe pro-
mettoit dans l'ordre de fes travaux.

Le commerce d'exportation & celui d'importation , fe faifoient avec facilité ; le débouché étoit ouvert de tous les côtés ; on ne
connoiffoit point de tribut fur les objets de
ces exportations & importations.

Le Fabriquant & l'Artifan avoient le débit
affuré de leurs productions , parce qu'elles
s'accordoient fans diftinction à la néceffité des
Confommateurs.

Le Commerçant n'étoit d'abord que le
Commiffionnaire des Nations voifines , ne
connoiffant pas pour lors ce commerce par
mer ; mais vers la fin du dernier fiécle, quelques Négotians inftruits du commerce maritime,
me , tirérent pour leur compte , & fur leurs
propres vaiffeaux, les marchandifes de la pre-

(a) Voyez les Mémoires de M. de Barentin, & l'Extrait
qui en a été fait par M. Piganiol de la Force, dans fa
nouvelle defcription de la France , 3e. vol. pag. 5. & 61.
Edition d'Amfterdam, 1719.

miere main , & envoyèrent en échange celles du crû de la Province dont elle pouvoit se passer : la cause de ce que la connoissance du commerce maritime , leur est arrivée si tard , n'étoit que la suite de leur amour pour un commerce tranquille , & qui ne donne aucune jalousie ; exemple qu'ils tiroient de l'ancienne Rome ; & en effet le commerce fastueux a détruit cette Nation, ainsi que ses superbes villes anciennes que l'Histoire nous rapporte.

On trafiquoit sur les grains qu'on exportoit en Angleterre , en Hollande & autres pays du Nord ; & même dans différentes Provinces de la France ; sur les *lins en tige*, qu'ils faisoient passer en Normandie ; sur le *fil de lin & de laine* , qu'ils envoyoient ailleurs ; *sur le houblon* ; sur la *laine brute* ; sur *l'huile de colsat & de navette* ; sur les *toiles-toilettes* , que l'on frabriquoit près de Bethune, Aire , Saint-Venant , la Gorgue & Bapaume ; sur les *tapisseries de moquette* ; sur les *serges*, façon de Londres , qui se fabriquoient à Saint-Omer ; sur les *draps & tapisseries* qui se faisoient à Arras (*a*) ; sur les *camelots*, *étamines* & autres étoffes, qui se faisoient encore dans la même ville ; sur les *cuirs tannés ;* sur *le chanvre ;* sur *les filets pour la pêche ;* sur *le tabac ;* sur *les pipes ;* sur *les sels rafinés ;* sur *les amidons ;* sur *les poulains, genisses & porcs ,* qui se vendoient aux Flamands ; sur *les œufs & légumes* , qui passoient en Angleterre & aux Colonies ; ce qui procuroit de grands

______

(*a*) Ces tapisseries se voyent encore chez l'Empereur des Turcs ; & en France , dans beaucoup de Cathédrales , & au Louvre.

avantages, parce que les denrées valoient un prix inférieur à celui des marchandises dont on manquoit (*a*).

Ces mêmes Etrangers & ces mêmes Commerçans, importoient dans la Province des *fers fondus en plaques ou poteries*, des *fers en barres & en verges*, des *cuivres* pour les chaudrons & autres, du *Polhore de pierre & de terre à boire*, des *papiers blancs & gris*, des *vins* de différents crûs, des *eaux-de-vies* d'Oleron, *de la laine*, des *moutons*, des *toiles d'Œther & d'*Oudenarde, *des dentelles*, des *épiceries*, *des merceries*, *des quincailleries*, *des teintures & des drogues de* toutes espèces; des *sucres bruts*, (que l'on raffine à Saint-Omer,) & d'autres raffinés; de *l'indigo*, des *morues*, des *faumons*, des *fromages*, des *étoffes de laine & de foye*, des *galons d'or & d'argent*, des *perfes & indiennes*, des *mouchoirs des* Indes & autres; des *cendres*, *potaffes & vidaffes*, des *huiles d'olives de* Marfeille, des *peaux de bœufs falées d'*Irlande, des *toiles grifes & blanches*, des *bas de laine*, des *draps*, des *huiles de foyes de poiffon*, des *fanons de baleines*, des *planches de fapins & de bois de* Hollande, des *fapins de* Norwege, des *thés*, des *caffés & des chocolats*, des *liqueurs*, du *houblon de* Poperingue, du *ritz*, des *harangs blancs & noirs*, des *fayances*, des *porcelaines*, des *peaux de veaux & de moutons* apprêtées, de *l'acier*, du *fer d'Hainault*, des

---

(*a*) En effet, en 1621, le bled de l'Artois fe vendoit avec profit, à fi bon marché en Angleterre, que les Anglois ne pouvoient donner le leur à fi bas prix; il en étoit de même des autres denrées que l'on exportoit dans ce Royaume & dans d'autres.

toiles, *toilettes de lin ou de linons*, des *sels bruts* (que l'on raffine dans les différentes villes,) des *charbons de terre*, des *cloux*, des *beurres* d'Iximude, *d'*Angleterre *& d'Irlande*, des *ardoises & bouteilles d'*Angleterre, des *savons blancs de* Marseille, & du *tabac* (*a*) ; sur la revente desquelles denrées fabriquées, ou autrement, on retiroit encore des bénéfices très - considérables, parce que la main - d'œuvre y étoit à bon compte, & que cette Province avoit la réputation de *bonne fabrication*.

Les fortunes brillantes de ces Commerçans, sans être trop rapides, & toujours au grand jour, excitoient l'émulation (*b*) ; la concurrence n'en arrêtoit pas les progrès, & le commerce fleurissoit chaque jour.

Si quelque habitant, entr'autre le Fabriquant, professoit la Religion Prétendue-Réformée, il vivoit tranquille dans la Loi de ses peres ; ce dernier alimentoit sa manufacture de matiéres premieres fort à son aise, & il se voyoit, lui & ses ouvriers, dans l'aisance.

L'impôt réel qui fut imposé en 1569 par les Espagnols, ne montoit qu'à 221045 liv. compris les non-valeurs ; le luxe étoit méconnu, de sorte que tout le monde profitoit du fruit de ses peines & de ses travaux. Cette

---

(*a*) Cette espèce de tabac, servoit pour améliorer celui du crû de la Province.

(*b*) Ces fortunes ne pouvoient pas étonner personne, elles avoient été recueillies par l'homme le plus laborieux & le plus ingénieux ; d'ailleurs elles n'étoient pas le fruit de la rapine, mais le fruit de la récompense d'un travail assidu.

aifance devenoit mere de la population , que l'on comptoit monter alors à plus de 2,200,000 de perfonnes , & la fource de la gloire de la Nation , & de la félicité des peuples.

Telle étoit la Province d'Artois ? telle elle a fubfifté jufqu'à la fignature des Traités des Pyrenées & de Nimégue , par lefquels elle a été cédée à la France ? Telle elle s'eft confervée fous les Loix de la France jufqu'en l'année 1690 ; ou environ ? Quel heureux efpoir ! quelle brillante perfpective ne devoit t'elle pas fe promettre ! Son fol donnoit l'activité au commerce ! l'amour du travail rendoit ce même fol fécond ! Comment donc cette Province paroît-elle fouffrir aujourd'hui une diminution auffi fenfible dans le produit de fon fol , & dans l'émulation de fes habitans ? qu'elle parroît enfin devenir telle , que l'on doit craindre de pouvoir bien-tôt la méconnoître ? Pénétrons les caufes de ce changement , avant de tenter d'en ranimer les précieux reftes.

ÉTAT ACTUEL
DU PAYS D'ARTOIS.

De l'époque & des caufes de l'affoibliffement de fon Agriculture , de fon Commerce & de fes Arts.

NOus avons prévenu que la fertilité de la Province d'Artois , n'a ceffé qu'à l'époque de 1690, quoique nous euffions fait obferver qu'à cette époque , il y avoit d'ſa longtems qu'on jouiffoit de l'avantage de fe trouver fous l'heureufe domination de la France. Ce changement eft donc fous nos yeux , & ne peut nous être inconnu ? Théatre des guerres fous Louis XIV. elle fe vit en proye à la dévaftation ; les impôts , qui fous les Efpagnols , ne pouvoient la gêner , furent indépendamment de la fureur de la guerre, confidérablement augmentés (*a*). En 1693 , & années fuivantes , cette Province devint un fépulcre ouvert qui enféveliffoit fes habitans ; & ce qui en reftoit , fe reffentoit de la ftérilité des récoltes des années malheureufes. Le commerce des grains qui faifoit l'unique & principale reffource , fut gêné dans fon exportation (*b*). Les Hollandois & les Anglois cefferent de s'approvifionner de grains en cette Province ; ils commercerent dans celles du Nord , où ils firent leurs achats librement & en tout tems , (quoique ce grain ne foit pas de la qualité de celui-ci.) Le gouvernement Anglois travailla à exciter l'amélioration de la culture par des encouragemens qu'il donna , & donne encore à ceux qui font l'exportation de fes productions (*c*). Il fut créé différens Offices municipaux , de Police & autres , nommés ci-après , dont le rachats fut exigé des Chefs des villes , & de toutes les Communautés des Arts & Métiers : les voici.

(*a*) En 1733 , ces centiemes furent quadruplés ; des villages entiers ne pouvoient payer encore en 1735 , ceux de l'impofition de 1733 , & cependant aujourd'hui ils font portés au double de 1733.

(*b*) L'exportation étoit permife lorfque le grain étoit à bas prix ; & lorfqu'il rehauffoit de quelque chofe , on la défendoit.

(*c*) L'Angleterre donne 5 chelins par quartes de bled , qui font 5 liv. 12 f. 6 d. argent de France , à ceux qui exportent.

DATTES DES ÉDITS de CRÉATION.		DÉNOMINATION DES OFFICES.	DATTES DES ÉDITS & DECLARATIONS de suppression & de réunion.		OBSERVATIONS.
Mois.	Ans.	Offices Municipaux, Police, &c.	Mois.	Ans.	
Sept.	1696	De Gouverneurs héréditaires.	Juin	1700	
Déc.	1708		Août		
Févr.	1692	De Lieutenant de Roi. . . .			Les appointemens ont été réglés par Déclaration du 15. Juillet 1698.
Déc.	1708	De Major.			
Mars	1694	De Colonel. De Major. De Capitaine. De Lieutenant.			
Janv.	1704	De Commissaire aux revues & aux logemens des gens de guerre.	23. Déc.	1704	Par Edit de Septem. 1706. il a été demandé un supplément de finance.
May	1702	De Maire & Echevins. . . .	25. Déc.	1704	La Déclaration du 12. Mars 1697. prescrit leurs fonctions.
Janv	1704		26. Févr.	1709	
Mars	1709				
Déc.	1706				
May	1702	De Lieutenant de Maire & Assesseur.	25. Nov.	1704	
Août	1692		26. Fevr.	1709	
Déc.	1706				
Nov.	1695	De Conseiller Pensionnaire.. De Lieutenant - Général de Police.			Il y a un Réglement pour la Police du 27. Avril 1700.
Octob	1699				
Juille	1690	De Substitut de Procureur-Général, cy. { à la Ville. à la Police	Août	1701	
Mars	1694				
Nov.	1699				
Octob	1708	De Conseiller Avocat du Roi. cy. . . . . { à la Ville. à la Police.	12 Août	1710	
Nov.	1700		18. Oct.	1707	
Sept.	1691	De Greffier à la Ville.			
Févr.	1692				
Fév. & Mars	1693				
Mars	1694				
Sept.	1695				
Déc.	1696				
Mars	1709				
Mais	1710				

DATTES DES ÉDITS de CRÉATION.		OFFICES MUNICIPAUX DE POLICE & autres.	DATTES DES ÉDITS DECLARATIONS de suppression ou de réunion.		OBSERVATIONS.
Mois.	Ans.		Mois.	Ans.	
Nov.	1699	De Greffier a la Police. . . .			
Sept. 20.Juil	1703 1704	De Greffier des Insinuations layes.	Février	1710	Par Déclaration du 15. Sept. 1704. il est défendu de lever ces Offices en Artois.
Octob. Août 23.Jun	1691 1692 1699	De Conservateur des registres de Baptême, Morts, Mariages & Sépultures, & Controlleurs d'iceux. . .	Juillet Août	1710 1701	
Mars	1702	De Greffier aux Inventaires des biens, volontairement ou forcés.	. . . .		Ces fonctions assimilent assez à celles d'Officiers des Wies-chairs à Saint-Omer.
Janv.	1704	De Greffier de l'Écritoire. . .	23. Déc. Septem.	1704 1706	
Févr. Août	1693 1701	De Trésoriers argentiers. . .	Août	1701	
Juillet	1689	De Receveur d'octrois . . .	Août Janvier	1701 1709	
Mars	1703	De Receveurs des épices & vacations sabatines. . . .	. . . . .		
Janv.	1696	De Receveurs Collecteurs des impositions. . . .	Août	1701	
Mars Mars	1514 1694	De Controlleurs de deniers patrimoniaux & octrois . .	Août	1701	
Mars Févr.	1691 1696	De Controlleurs d'Exploits.	18.Févr. Août	1698 1701	
Août	1695	De Vérificateurs & Controlleurs des deniers patrimoniaux & octrois. . . .	Août	1701	
Octob.	1707	D'Officier de petit Sceau, & Greffier des Insinuations. .	. . . .		
Janv.	1704	De Controlleur des Greffes. .	23. Déc.	1704	Supplément de finance, Septembre 1716.
Avril	1704	De Subdélégué de l'Intendant.	Août	1701	
Déc.	1693	D'Huissiers Audiencier. . . .	Août	1701	
Nov.	1695	De Sergens à Verge.	Août	1701	
Mars	1704	De Syndic perpétuel, de Controlleur, Huissier & Procureur.	. . . .		

DATTES DES ÉDITS de CRÉATION.		OFFICES MUNICIPAUX DE POLICE & autres.	DATTES DES ÉDITS DECLARATIONS de suppression ou de réunion.		OBSERVATIONS.
Mois.	Ans.		Mois.	Ans.	
Sept.	1691	De Bailly ou Prevôt, Archers ou Valets & aman du Roi.	Août	1701	
Février	1692				
Févr.	1693				
Mars					
Mars	1694				
Nov.	1695				
Déc.	1696				
Mars	1709	De Sécretaire, Greffier alternatif & mi triennaux, Archers, Sergens, Hérault, Hoquetons, Massarts. Valets de Ville & autres, Trompettes, Tambours, Fifres, &c.	Août	1701	
Févr.	1693	D'Archers de Maréchaussée. D'Auditeur des Comptes des Communautés.	Août	1701	Création particuliere pour l'Artois.
Nov.	1697				
May	1702	De Concierge & Garde-meubles des Hôtels de Ville. .	25. Nov.	1704	
Janv.	1704				
Mars	1704	De Commissaires aux Saisies-mobiliaires.	. . . .		Les Echevins du Wieschairs font les fonctions de ces Offices à Saint-Omer.
Août	1712	De Commissaires aux Ventes & Prisées.			
Février	1556	De Jurés-Priseurs vendeurs de biens-meubles.	Août	1701	Ces Offices furent levés par Arrêt des 15 & 20 Mai 1745. & Lettres-patentes en conséquence. Mais attendu les Arrêts de Novembre 1695. 18. Juin 1697. les Villes furent reçues opposantes à l'exécution d'icelles par Arrêt du 24 Jan. 1747.
Mars	1576				
26. Mai	1587				
Sept.	1599				
Octob.	1696				
12. Mars	1697				
Juillet	1622	De Greffier - Secretaire & Controlleur des Greffes de l'Ecritoire, &c. . . .	Avril	1710	
May	1623				
May	1624				
Juin	1635				
Mars	1690				
Juil.					
Oct.					

DATTES DES ÉDITS de CREATION.		OFFICES MUNICIPAUX DE POLICE & autres.	DATTES DES ÉDITS DECLARATIONS de suppression ou de réunion.		OBSERVATIONS.
Mois.	Ans.		Mois.	Ans.	
Janv. Sept.	1690 1694	De Crieur d'enterrement & de cri public.	Août	1701	La Déclaration du 20. Juillet 1700. porte un Réglement.
Févr.	1704	De Receveur payeur des revenus des Confréries & Fabriques. .	24. Juin	1705	
Janv.	1707	D'Inspecteur de Bâtiment. .	Nov.	1710	
Octob.	1703	De Controlleur, Econome, Séquestre, Conseiller, Greffier des Insinuations ecclésiastiques, & de Controlleur des Greffes des Domaines de Gens de main-morte.	10. Févr.	1705	Réunis aux Offices d'Econome, Sequestre, Greffier des Insinuations ecclésiastiques & de Greffes de Gens de main-morte, créés par Edit de Décemb. 1691.
Mai Juillet Déc.	1690	De Greffier des Experts pour les visites, prisées, toisées, estimations des maisons. ·	Nov.	1704	Rétabli par ledit Edit de Novembre 1704. & Déclaration du 3. Mai 1705.
Mai Juillet Déc. Févr. Juin Août	1690 1654 1675 1701	De Jurés Experts & Arpenteurs-Jurés, Greffiers de l'Écritoire.	20. Mai	1702	Et rétabli par Edit du 20. Mai 1701. sous le nom d'Arpenteurs, Priseurs & Mesureurs de terres, prés, &c. incorporés aux Charges de Notaire, & désunis par Edit d'Août 1702. & ensuite incorporés aux mêmes Offices par Déclaration du 29. Décembre 1703.

On exigea le payement des augmentations
de finance fur ces Offices, pendant les tems
que leurs exercices ont eu lieu , & pour leur
fuppreffion ou réunion , on exigea des fommes confidérables.

Enfuite le rachat annuel des droits de petit
fcel fut exigé ; ces droits furent fupprimés &
rétablis par Edit de Juin 1568 & 1571 , Mai
& Décembre 1639 , Juin 1640 & autres , 17
Septembre 1697 , & furent encore fupprimés
& rétablis par Edit de Novembre 1696.

Le rachat annuel des droits de contrôle
des actes des Notaires & exploits, créés par
Edit de Mars 1693, d'Août 1669 , & tarif du
29 Septembre 1722.

Le rachat des droits de prêt , & des droits de
petit & grand annuel de tous les Offices rapportés dans l'état précédent , qui avoient été
levés par Edit de Septembre 1709 , & celui de
prêt ordinaire , levé par Edit de Juillet 1702.

Le rachat annuel du droit d'infinuation , &
centiéme denier , créé par Edit de Décembre
1703, & tarif du 29 Septembre 1722.

Le rabais & le décri des monnoyes anciennes & nouvelles.

Le rachat annuel du droit d'amortiffement,
& nouveaux acquêts créés par Edit de Mai
2708.

. . . . de franc-fief ordonné
être perçu par Ordonnance de 1255.

. . . . de la paulette.

. . . . de la capitation, créé
par Edit du 18 Janvier 1695 , fupprimée enfuite, & rétabli par Déclaration du 12 Mars
1701 , augmentée par Déclaration du 29

Août 1741 , & doublée par Déclaration du 3 Février 1760.

Les achats des rentes viageres & tontines, &c. créées par Edit de Septembre 1708 , Mai 1709 , &c.

Les droits de traites, d'entrées & forties des marchandifes & des matiéres premieres , créés par Edit de Septembre 1664 , & Arrêts rendus en conféquence (*a*).

Le rachat annuel des quatre fols pour livre , créés par Edit de 1705 & de 1715 , fupprimés & rétablis en 1748.

Le rachat annuel du droit de timbre fur le papier & le parchemin , créé par Edit de Mars 1655.

Le rachat du droit de joüiffance des eaux de Plaifance , &c. ordonné être levé par Edit d'Octobre 1694.

Les impôts & accifes fur les boiffons , tabacs, fils , &c. ou au profit du Roi , ou de la ville , ou pour les entretiens des cazernes & fortifications.

Le don gratuit.

Le prix de l'abonnement annuel du dixié= me des revenus des biens fonds , créé par Edit de 1710 , établi par Déclaration de 1715 , & fupprimé en 1717 , rétabli en 1733 , fuppri= mé en 1737 , rétabli en 1741 , & fupprimé au mois de Mai 1749.

Celui des revenus de l'induftrie & de toutes les Charges & Offices.

Les retraits des domaines aliénés depuis 1689.

***

(*a*) Voyez l'Hiftoire des droits d'entrées & forties par M. de Francheville , où ces droits font rapportés.

Les droits levés fur les denrées en 1747.

Les fommes payées par chaque Communauté, Corps & Métiers, la même année.

Les intérêts des capitaux des fommes empruntées pour être fournies à l'Etat.

Les augmentations des droits de vifite & de marque, mis en conféquence, en exécution de la Déclaration du 30 Décembre 1704.

Le prix de l'abonnement annuel ou de la régie du premier vingtiéme, & de la continuation des deux fols pour livre du dixiéme, créé par Edit de Mai 1749; celui du fecond *nommé Militaire*, créé en 1756, & celui du troifiéme, créé par Edit de Février 1760.

Le prix de l'abonnement des deux fols pour livres du dixiéme, impofés en vertu de la Déclaration de 1746, trois fols & quatre fols pour livre defdits vingtiéme & dixiéme, créés par les Edits dont je viens de parler.

Le payement des fourages de la cavalerie, lorfqu'il s'en trouve en garnifon dans la Province.

Le payement des fournitures des troupes, des lits de réfidence & des frais de paffage, les étapes n'étant pas établies en Artois.

Les fommes payées aux *Pionniers*, & pour les chariots de corvées, guerre ou non guerre.

Le payement des habillemens des Miliciens.

Les droits de confifcation.

Ceux des amendes.

Ceux des archives.

Ceux parifis.

Le rachat des différens Offices principaux des Corps, tels que ceux de Tréforiers, Receveurs, Payeurs des deniers communs des

Corps des Marchands & Communautés d'arts & métiers, créés par Edit de Juillet 1702.

De ceux de Syndic parmi les Marchands & Artisans qui n'avoient pas de jurande, créés par Edit de Décembre 1691, & réunis par Edit d'Août 1701.

De ceux de Maîtres Gardes & Jurés-Syndics des Corps des Marchands & Artisans, créés par Edit de Mars 1691, & réunis par Edit d'Août 1701.

De ceux d'Inspecteurs généraux, Contrôleurs & Visiteurs des manufactures de draps & autres étoffes de laine ou mêlées de fil, &c. créés par Edit d'Octobre 1704, & supprimés par Déclaration du 30 Décembre de la même année.

De ceux de Greffier des arts & métiers, créés par Edit d'Août 1704, réunis à ces Corps, par Déclaration du 19 Mai 1705.

De ceux de Maîtres Jurés, créés par Edit d'Août 1709, réunis aux Corps, par Déclaration du 6 Mai 1710.

De ceux des Gardes d'archives des Corps, créés par Edit d'Août 1709, réunis par Déclarations des 6 Mai & 22 Février 1710.

De ceux de Commissaires-Inspecteurs sur le poisson de mer, frais, sec & salé, & sur celui d'eau douce, créés par Edit de Mars 1705, réunis aux villes.

Des droits de paraphes des livres de Marchands & Artisans, créés par Edit de Novembre 1706, réunis par Déclaration du 18 Novembre 1707, & 25 Août 1708, aux Corps.

De ceux, d'armoiries des Corps, créés par Edit de Novembre 1696, & de celles des

Roturiers

Roturiers (*a*), créés par le même Edit.

De ceux de Controlleurs de Police des Communautés, réunis par l'art. 34. du troisiéme chapitre de l'Ordonnance de 1673, à ces Corps, défunis & recréés par Edit de Novembre 1706, & réunis encore aux mêmes Corps, par Déclaration du 18 Octobre 1700.

De ceux de Controlleurs, Commissaires & Inspecteurs de voitures publiques, créés par Edit d'Octobre 1704, & supprimés par Edit d'Avril 1705.

De ceux de Vendeurs, Lotisseurs, Déchargeurs de cuirs, créés par Edit de Janvier 1705, qui ne viennent que d'être supprimés, par Edit d'Août 1759.

Et une infinité d'autres Offices particuliers à chaque Corps, que j'ai nommés à chacun de leurs articles respectifs, & dont les supplémens de finances, exigés par la suite, ont été très-considérables.

Le payement des taxes sur les ports de lettres, actuellement considérablement augmenté.

Le payement des impôts sur les cartes, poudres, papiers, &c. levés pendant la derniére guerre.

Celui de ceux imposés actuellement sur les cartes, dont le produit est destiné pour les besoins de l'Ecole Royale Militaire.

La restriction des bornes de la plantation du tabac en 1749.

____

(*a*) Il vient de paroître en Août 1760, une Ordonnance, portant rétablissement de ces droits, sur toutes les personnes qui auront pris des armoiries ; mais elle n'a pas encore eu d'exécution.

* B

Les droits exceſſifs mis ſur l'entrée de chaque livres de tabac étranger en 1749.

Ceux mis ſur les cuirs, par Edit d'Août
1759.

Et enfin, une quantité d'autres impôts mis
ſur d'autres objets.

Tous ces rachats d'Offices & payemens
d'impôts, changerent en entier la face de cette
Province ; & ſes habitans ſurchargés de ces
taxes ſi accablantes, furent contraints d'abandonner leur commerce, de ceſſer la population, & enfin de s'expatrier (*a*).

En effet, ces impôts joints à tant d'obſtacles apportés au commerce d'exportation des
grains, firent que dans les années heureuſes,
le grain étoit à très-bon compte, faute de
débouché ; le laboureur qui n'avoit aucune
avance pour ſe ménager des grains, ſe trouvoit forcé de les vendre à chaque récolte, pour
s'acquitter des ſes charges, payer ſon maître
& pourvoir à ſes beſoins preſſants, le mieux
qu'il lui étoit poſſible : (cependant ce bled
lui avoit coûté plus d'argent pour la culture

(*a*) Si les derniéres guerres de Flandres, ont procuré
quelque reſſource à cette Province, par le débit des denrées qu'elles ont conſommé ; celles dont nous avons parlé
ci-devant, l'ont détruite ; cette deſtruction eſt ſenſible,
ſi l'on veut diſtinguer les guerres intérieures d'avec
celles extérieures ; les premiéres ruinent les Provinces
qui en ſont le théatre, les autres au contraire les enri-
chiſſent. Eh ! comment reprocher au Pays d'Artois cette
eſpéce de fortune momentanée, puiſqu'elle lui a été
repriſe inſenſiblement par les augmentations des impôts
& autres charges.

qu'il n'en retiroit ;) son indigence l'empêchoit
d'accumuler ses récoltes ; ce ne pouvoit être
que quelques citoyens mercenaires & aisés
qui remplissoient leurs greniers de grains à bas
prix, & qui le plus souvent les revendoient
à un plus haut à ce même laboureur dans les
années malheureuses : ce qui le réduisoit à la
mendicité (a).

Enfin, ce Cultivateur dans les récoltes heureuses perdoit sur ses grains ; dans les malheureuses il ne pouvoit avoir de la semence ;
découragé par conséquent, il ne s'inquiétoit
plus de cultiver, parce que la plus value à
ses besoins lui devenoit à charge.

De même, le Commerçant dans les bonnes
années pensoit à exporter les grains qu'il avoit
achetés au moment que l'on en permettoit
l'exportation ; il y employoit souvent le capital
de ses fonds, & même en empruntoit d'autres :
ces vaisseaux très-souvent n'étoient pas prêts
pour ces *chargemens* ; il se voyoit contraint
de se servir du ministere de vaisseaux étrangers ; le fret en étoit excessif, & ce bénéfice
passoit dans des mains étrangéres. Combien
de fois n'arrivoit-il pas encore, qu'au moment
de cette exportation, un rehaussement surve-
noit dans le prix des grains, & que l'on en
défendoit la sortie ?

L'infortuné étoit contraint de chercher à
recouvrer une partie de ses fonds ; & pour y

______

(a) Dans les années 1709, 1735 & 1740, on fit venir des bleds de Hambourg & d'autres lieux ; bien des
habitans se sont trouvés contraints de vendre leurs bestiaux de labour, à vil prix, pour s'en procurer ; autre
source de l'inaction dans l'ordre de la culture ?

parvenir, il revendoit ſes grains à un prix
inférieur à celui de l'achat : Eh ! à qui ? aux
Munitionnaires des vivres, qui donnoient toujours lieu à ces défenſes. Ce Commerçant ſe
voyoit donc néceſſairement entraîné dans une
faillite forcée.

Un autre ſe ruinoit par des pertes impré-
vues, ſur des ſpéculations de commerce qui
ne pouvoient que lui être malheureuſes faute
de connoiſſance.

Le Fabriquant étoit aſſujetti à la rigueur
des ſtatuts & des réglemens pour la fabrication de ſes étoffes ; ſes matiéres premiéres
étoient chargées de droit d'entrées : la contrebande procuroit de ces mêmes marchandiſes
à un prix inférieur & mieux appropriées au
goût des habitans ; & ſes magaſins ſe rem-
pliſſant ſans débouché, il étoit contraint de
vendre ſes marchandiſes à perte, pour pouvoir
alimenter ſa manufacture, s'il vouloit l'entretenir.

L'Artiſan devenant chaque jour ſans travail
& ſans appui, lié auſſi par des ſtatuts &
réglemens, tracés par ſes auteurs imprudens,
devenoit en même temps contribuable, &
comme ſujet pour les impôts perſonnels, &
comme Artiſan pour les impôts induſtriels,
& comme membre de ſa communauté, pour
le payement des intérêts dûs pour les emprunts
des ſommes qu'elle avoit fournie à l'Etat,
& enfin pour les droits de marque & de viſite
augmentés pour le rembourſement des capitaux. Il tomboit dans l'indolence & dans la
miſere ; ſon émulation & ſa capacité ſe per-
doient ; il ne pouvoit donc s'en dégager : Le

tems bien loin d'alléger ses fers, les appe-
santissoit au contraire ; chaque jour devenoit
un anneau à sa chaîne; & plus elle s'allongeoit,
& plus le poids en devenoit onéreux.

L'autre professoit une religion qui étoit défendue ; s'il y persistoit, on le forçoit de s'expatrier (*a*) ; il alloit habiter un Etat où il étoit
libre ; & où il pouvoit déployer toute son
industrie, sans crainte d'être puni par une
imposition.

Et l'autre enfin, entraîné dans le luxe,
ainsi que ce Religionnaire, ce Fabriquant
& cet Ouvrier malheureux, se voyoient
dans la dure nécessité de se défaire du mince
patrimoine qu'ils tenoient de leurs peres, pour
s'expatrier ou tomber dans les Hôpitaux : ces
biens ont passé de leurs mains en celles de
gens qui se font engraissés de leurs dépouilles,
& qui accumulant acquisition sur acquisition,
font enfin parvenus à posséder seuls, des fonds
de terres d'une étendue si prodigieuse qu'elles
suffiroient à la subsistance d'un grand nombre
d'hommes. Quelle révolution dans l'ordre des
biens du citoyen, qui, en lui enlevant ses propriétés, détruit son commerce & ruine l'Etat.

On ne peut disconvenir que les Pays d'Etat
ne soient ceux où la distribution des charges
de la Monarchie, se puisse faire de la façon
la moins onéreuse. La Province d'Artois se
trouve dans cette heureuse position, cependant, il peut quelquefois arriver qu'il se glisse
quelques abus dans cette administration ; telle
est presque toujours la force des passions des
hommes; qui sacrifient souvent l'intérêt gé-

____

(*a*) La révocation de l'Edit de Nantes.

néral à l'intérêt particulier ; mais quelque foient ces abus qu'un cœur patriote fçait réformer ; il eft toujours vrai de dire que cette régie eft celle qui a le plus de reffource pour le foulagement des peuples & la fertilifation d'un pays ; & qu'un Pays d'Etat eft plus propre que tout autre , à foutenir la forme du Gouvernement.

Il n'eft donc pas étonnant que ces habitans accablés les uns & les autres fous le fardeau d'un fi grand nombre d'impôts , d'une fi grande quantité de rachats , quelquefois fatigués par les abus qu'occafionne un ordre trop ancien de répartition d'impofitions, gênés dans leurs fabrications & leurs commerces , dénués de reffources apparentes , doués d'un efprit fimplement cultivateur, & commerçant toujours fur fes propres fonds , ne fe foient ralentis , l'un à fuivre avec fuccès la culture , l'autre le commerce , les commiffions & les entreprifes , & le dernier fon induftrie ; c'eft ce qu'ils continuent aumoyen d'une œconomie marquée dans la nourriture & dans l'habillement , ces citoyens s'attachent au fimple néceffaire ; le Laboureur languiffant , rend la vie pénible de l'agriculture redoutable ; la cultivation des bonnes terres ne fe fait plus qu'avec bien moins de foins & de produit que par le paffé ; & la plus grande partie des terres médiocres & mauvaifes , eft en friche. Le Commerçant refte inactif ; le commerce perd un de fes plus grand foutien , il ne fe continue plus dans les mêmes familles ; le fils abandonne l'état qu'il voit fi peu favorable à fon pere ; l'étranger fe répand ailleurs , & ne connoît plus la Province ; & ce commerce enfin s'éteint de plus en

plus (*a*). L'artifan dépourvû d'aifance, gémit ;
le peu de Manufactures qui reftent, dépériffent
journellement, & enfin le refte des autres citoyens chargés de familles, devient indigent ;
les fainéans rempliffent les hôpitaux ou font
vagabons, & les autres vont habiter les pays
voifins étrangers où ils fupportent une condition moins dure (*b*) ; 2,000,000 de perfonnes
qu'on comptoit en 1698, en *Artois*, étoient
réduites en 1735, à 196,778 perfonnes, & peut-
être ce dernier nombre fe trouve-t'il à préfent
diminué d'un tiers.

Telle eft la fituation de la Province d'Artois ? il eft donc queftion d'apporter un reméde pour lui rendre fa premiere fplendeur, &
même l'outrepaffer. Mais quels font les moyens
qui font les plus utiles pour ranimer l'ardeur
de fes habitans dans l'ordre de fon travail &
de fon commerce primitif ? C'eft ce qu'il eft
intereffant d'examiner.

Des moyens généraux & particuliers, de ranimer
dans le Pays d'Artois, l'Agriculture,
le Commerce & les Arts.

Le premier & le principal reméde eft dans
la bonté du Souverain ; attendons de fes foins
paternels, qu'il foulagera auffi-tôt qu'il lui

____

(*a*) Les Hollandois tirent préfentement les grains du
Nord, les Anglois en recueillent fuffifamment chez eux,
& la fabrication de tabac de Saint-Omer, & celle des cuirs
fe font près d'Ypres, Furnes, &c.
(*b*) J'ai vû prés de Friberg en Allemagne, de ces habitans qui s'y font retirés, de même dans la Flandre Autrichienne, prés d'Ypres, & dans certain canton de la Hollande ; la plûpart chériffoient encore leur patrie, & té-
moignoient l'inclination qu'ils auroient d'y retourner,
s'ils efpéroient d'y trouver leur bien-être.

fera poſſible, la Province d'Artois, de ce grand nombre d'impoſitions, dont les guerres ſucceſſives & les malheurs des tems l ont fait ſurcharger ; mais ſi le Souverain n'a la bonté de ſoutenir cette premiére tentative, cette Province ne peut encore ſe rétablir, parce qu'alarmée de ſa miſére, elle craindra toujours la revivifcence de ſes malheurs dans une augmentation d'impôts, qui ſuivra le rétabliſſement de ſes forces.

Cependant quelle que ſoit actuellement la ſituation de l'Agriculture, du Commerce & des Arts, on peut trouver des reſſources dans le cœur de la Nation, pour rétablir cette Agriculture, ce Commerce & ces Arts, les étendre même & les perfectionner.

Pour y parvenir, je penſe que les moyens les plus favorables ſeroient ; 1°. d'enſeigner le laboureur par des exemples, à rétablir l'ordre primitif de ſes cultures, les lui préſenter devant les yeux, dans des terreins ſemblables aux ſiens, d'exciter cette nouvelle méthode que l'on expérimentera, par le débit infaillible de ſes denrées, au moyen d'une exportation certaine, & de ſuivre, pour les impoſitions ſur les terres, l'ordre dont j'ai cru devoir former le tableau dans la deuxiéme partie de cet Ouvrage.

2°. D'enſeigner les Commerçans & les Artiſans : le premier, à connoître le commerce d'importation dans le premier mobile, qui conſiſte à ne tirer les marchandiſes que de la premiere main, par ſes propres navires ; à n'attirer du dehors que celles dont la Province a néceſſairement beſoin ; à tenir la balance penchée du côté du commerce de l'exportation, c'eſt-à-dire, à reſtraindre, le plus étroitement poſſible, l'importation des marchandiſes étrangéres dont on ne peut se passer (*a*) ; & enfin, à établir des correspondances exactes & suivies, & un ordre dans ces administrations : le second à porter les fabrications à leur perfection ; à préférer de n'employer, que le moins possible, les matieres premieres étrangeres ; à ne suivre que des statuts & réglemens propres au goût des consommateurs ; à gêner l'importation des matiéres & marchandises étrangeres non nécessaires ; à l'encourager pour cet effet par des récompenses ; à attirer les travailleurs étrangers ; à les recevoir sous une protection décidée ; à favoriser leur exportation de marchandises ; à anéantir les impositions quelconques sur l'industrie ; à donner les moyens de libérer les capitaux d'emprunts faits pour le service de l'Etat, & à faire ensorte de rendre les étrangers débiteurs & ne pas être le leur.

3°. Enfin, d'empêcher la consommation du superflu, du luxe, de l'or & de l'argent, s'il est possible ; d'assurer l'habitant dans les temps de disette, d'une ressource de grains pour ses besoins, dans des magasins; d'engager les Commerçans & Artisans à multiplier leurs fonds, sans permettre que des exactions ou monopoles, qui s'ouvrent carriere sous différents prétextes, leur ôtent toute ardeur de continuer leur commerce ; d'éviter de donner lieu à ces partages trop inégaux des richesses ; & sa-

---

(*a*) M. Colbert regardoit avec raison, un Royaume malheureux, quand il tomboit dans la puissance des autres, par un commerce d'importation.

crifier à l'intérêt général l'intérêt particulier, tel qu'il puisse être.

Les Gouvernemens d'Angleterre, de Suede, de Dannemarck & de Sardaigne, & encore les Etats de la Province de Bretagne dans celui de France, voyant avec douleur cette Agriculture, ce Commerce & ces Arts, se négliger si fortement chez eux, viennent de former des établissemens d'Ecoles d'Agriculture (a), de Commerce (b) & des Arts : on fait faire des essais de culture, on les rend publics, on donne des modèles, on récompense les imitateurs par des prix & par des faveurs, on encourage également les branches du Commerce & des Arts que l'on désire voir prospérer, & l'on cherche à exécuter le reste des principes précédens.

La Bretagne a été divisée en différens départemens ; dans chacun d'eux on a nommé

(a) On doit l'établissement de Bretagne, à l'excellent Mémoire de M. de Montaudoin de Nantes.

(b) Il a déja été établi en France, des Chambres pour la prospérité du Commerce ; ces établissemens ont lieu à Marseille, depuis le 3 Novembre 1650 ; à Dunkerque, dequis le premier Février 1700 ; à Bayonne, depuis le 30 Août 1701 ; à Lyon, depuis le 20 Juillet 1702 ; à Rouen, depuis le 9 Juin 1703 ; à Toulouze, depuis le 29 Décembre aussi 1703 ; à Montpellier, depuis le 15 Janvier 1704 ; à Bordeaux, depuis le 26 Mai 1705 ; à la Rochelle, depuis le 21 Octobre 1710 ; à Lille, depuis le 31 Juillet 1714 ; à Nantes & à Saint-Malo, depuis le 15 Janvier 1726. Ces Chambres font leurs rapports au Conseil Royal du Commerce établi en 1700, auprès duquel ils ont des Députés ; & quoiqu'elles ayent été étayées sur de bons principes, elles n'embrassent pas un objet aussi étendu que celui que je propose.

des Affociés éclairés & de réputation , dans
lefquels le peuple doit avoir de la confiance ;
on les a choifi dans les trois Etats ; ils s'occupent à la recherche *des caufes de la décadence
de l'Agriculture , du Commerce & des Arts , &
des moyens de les ranimer (a)* : Les obfervations de ces Affociés font envoyées au bureau
de la capitale , & de-là , elles font répandues
dans la Province.

Les Etats de l'Artois ne pourroient-ils pas
fe modeler fur ces exemples , & en adoptant
de pareils principes , former le même établiffement dans leur Province (b), & folliciter
le Gouvernement de l'autorifer (c) ?

Les nouveaux canaux , joints aux anciens
qui arrofent cette Province , aboutiffent à la
Mer , au Brabant & à la Hollande ; & les
grands chemins qui la traverfent de toutes
parts , ne lui donnent-ils pas aujourd'hui plus
de facilités défirables ; foit par les ports de mer
de *Dunkerque , Gravelines & Calais* ; foit par
le Brabant, pour lui procurer l'exportation des
grains dont cette Province abonde , & defquels

(a) La Société de Bretagne en a trouvé déja , de vrais
motifs. Voyez pag. 88. & fuiv. du Corps de fes Obfervations , années 1757 & 1758.

(b) En 1758 , il fut député des Membres des Etats d'Artois , pour connoître des Mémoires qui feroient préfen-
tés à la Province , concernant l'établiffement des Manufactures ; mais malgré tout le mérite & les talens de
ces Membres , cette Chambre ne parviendra jamais à faire
profpérer *l'Agriculture , le Commerce & les Arts* , fi on
n'établit une Société , & non une Commiffion , à l'inftar
de celle que je propofe.

(c) Celui de Bretagne fut autorifé par un Brevet du
Roi , du 1e Mars 1757.

elle peut facilement fe paffer : comme auffi ne lui donnent-ils pas celles , pour l'importation des denrées dont elle manque ?

L'impofition des centiemes établie fur les terres en 1569 , & qui fe double fuivant l'augmentation des impôts , n'affimile-t'elle pas entiérement à celles des fouâges établies en Bretagne , où le Cultivateur n'eft pas contraint de négliger fa culture pour paroître pauvre , parce qu'il ne craint pas la peine d'une impofition arbitraire , quand on le voit jouir de l'aifance qu'il n'a puifée que dans l'excès de fes peines & de fes travaux ?

On peut également encourager le Cultivateur de l'Artois comme l'a été celui de Bretagne , à défricher les terres incultes qui y exiftent , par une éxemption d'impofition & de dixme pendant vingt ans (*a*).

On diviferoit cette Province en dix départemens : fçavoir , le département *d'Arras , de Saint-Omer , d'Aire , de Bethune , de Lens , de Bapaume , d'Hefdin , de Saint-Pol , de Pernes & de Lillers.*

On établiroit des Bureaux dans chacun d'eux ; on nommeroit des perfonnes habitant ces villes pour Affociés ; ils s'affembleroient régulierement & fouvent , pour délibérer fur ce qui leur paroîtroit le plus propre à *faciliter & augmenter l'Agriculture , le Commerce & les Arts ;* ils examineroient les Mémoires contenans les plaintes de ce qui peut y être contraire. Les

---

(*a*) Délibération du 10 Février 1757 , art. 24. réitérée le 17 Février 1759. Voy. pag. 60. des Obfervations de la Société de cette Province.

Agriculteurs , Commerçans , Fabriquans &
Artifans , feroient reçus à préfenter leurs pro-
pofitions , tendantes aux fins dont j'ai parlé ;
les Affociés des différens Bureaux remettroient
leurs avis à la Société d'Arras (*a*) , cette Société
les préfenteroit avec fon avis , aux Etats , &
ces derniers accorderoient les graces & faveurs
poffibles , lorfque les objets dépendroient d'eux;
ou ils les folliciteroient auprès du Gouvernement. Toutes ces décifions feroient remifes au
Bureau de la capitale , de-là elles feroient
renvoyées dans les différens départemens , pour
être exécutées ; & ce premier Bureau inftruiroit le Public , de fes obfervations , par des
Mémoires imprimés , lorfqu'elles tendroient
au bien général.

On établiroit des Ecoles d'Agriculture auprès du premier de ces départemens , & des
Ecoles de Commerce & de Deffein dans les
trois principales villes (*b*).

On feroit exécuter tous les Edits , Déclarations , Arrêts & Réglemens concernant l'A-
griculture , le Commerce & les Arts , en ce
qui ne feroit pas contraire à leur amélioration; ce que l'on obtiendroit fans doute du
Gouvernement ?

Après que les expériences feroient reconnues
efficaces , les propriétaires des terres feroient
tenus de faire part à leurs Fermiers des projets
d'améliorations ; ils les engageroient dans leurs

(*a*) Comme ville capitale , elle feroit le centre où fe
réuniroient toutes les Obfervations.

(*b*) Je parle de ces dernieres Ecoles dans la troifiéme
Partie de cet Ouvrage.

vûes, par des gratifications & des récompenfes, qu'ils placeroient fûrement à propos, puifqu'ils fe rembourferoient avec ufure de leurs
avances. Le Commerçant & le Fabriquant fe
conformeroient à celles qui concernent le commerce & la fabrication ; les préjugés par ces
moyens fe détruiroient infenfiblement ; les
expériences des Cultivateurs & des Fabriquans
feroient éclairées ; l'émulation fe répandroit
de proche en proche ; on ne feroit plus obligé de recommencer les mêmes effais ; l'on partiroit du point où l'autre eft arrêté : enfin l'*A-
griculture*, le *Commerce* & les *Arts*, feroient
portés à leur plus grande perfection ; & les
débouchés étant affurés, le Cultivateur feroit
encouragé, le Commerçant ranimé ; & l'Artifan apprendroit promptement les pratiques
utiles des autres pays ; ceux d'entr'eux qui fe
diftingueroient par leurs talens, obtiendroient
une confidération, qui jointe au bénéfice, eft
la plus agréable récompenfe.

Tel eft ce point de vûe général que je me
propofe ; mais pour y réuffir, il faut reprendre les parties diftinctes de l'*Agriculture*, *du
Commerce & des Arts*, & nous expliquer à ce
fujet, d'une façon claire, fuccinte & intelligible ; auffi commencerai-je par l'ordre du
défrichement des terres.

Dans ce deffein, je réunis tout mon point
de vûe des défrichemens des terres que je vais
traiter, dans l'ordre de l'établiffement d'Ecole
dont j'ai déja parlé ; ce qui fait que je renferme cette explication fous le titre de l'Ecole
de l'Agriculture.

ÉCOLE D'AGRICULTURE.

Sur le Défrichement des terres.

ON affermeroit auprès de la Ville d'Arras, une de ces petites *Cenfes* ou *Fermes*, de fix à huit cent livres de revenu annuel, pendant douze ou dix-huit ans (*a*).

La manutention de cette ferme feroit entierement confiée à la Société, » parce qu'il n'eft pas poffible de croire, *dit l'Auteur de l'Ecole d'Agriculture*, » que toute une Province » s'en puiffe rapporter au dire d'un feul hom- » me qui aura vû; le préjugé pourroit préfi- » der, & fonder fon fyftême, au lieu que les » effais, les expériences & les épreuves étant » dirigées par un Corps, feront difcutées & » contredites; la véritable opinion triomphera » néceffairement; c'eft fur quoi le Cultivateur » étayera d'autant plus fa confiance : fi ce- » pendant il arrivoit, *pourfuit-il*, quelque » contradiction, le Cultivateur ne pourroit » qu'y gagner, en voyant l'effet de l'expé- » rience du fyftême de quelque Membre.

On fe ferviroit d'un Cultivateur entendu, qui porteroit tous fes foins à la réuffite des objets dont on le chargeroit.

Cette ferme confifteroit en une maifon,

______

(*a*) Il feroit inutile de faire les mêmes dépenfes auprès des villes, où il feroit pareillement établi des Bureaux, parce que les terres de l'Artois, font, pour ainfi dire, de même nature & qualités.

ecurie, étable, grange, jardin-potager, (*que le Payfan appelle courtil ou courtillage;*) d'un verger ou pâture, de terres labourables & incultes, & des prairies hautes & baffes.

On feroit fur chaque partie, les effais ci-après, & ceux que la prudence de la Société dicteroit; on répéteroit même la méthode ufitée dans la Province; & ces effais étant faits & jugés praticables & fructueux, feroient publiés.

On contraindroit l'habitant de les éxécuter; on recevroit leurs obfervations, & on leur feroit obferver tous les Reglemens rendus fur *l'Agriculture*, entr'autre la Déclaration du 11 Juin 1709, concernant la confervation des fruits de la terre; celle du 22 Juin 1694, portant défenfes de vendre les bleds verts fur pied (*a*); celle du 14 Avril 1696, portant défenfes de faifir les beftiaux du labourage (*b*); & autre confirmatif du 10 Janvier 1690, afin d'encourager d'avantage la culture & affurer l'amélioration des terres par les fumiers de ces beftiaux.

La Société trouvant des prévarications, elle en inftruiroit les Procureurs du Roi des Gouvernances & Bailliages, afin que ces Officiers en fiffent leurs rapports aux Juges, & que ces derniers puniffent févérement les prévaricateurs, en vertu du pouvoir qui leur en eft donné par l'Arrêt du 2 Octobre 1700.

L'on commenceroit à défricher les terres

(*a*) C'eft affez la coûtume de le faire dans quelques Paroiffes de l'Artois.

(*b*) On permet cette faifie malheureufement à préfent.

incultes

incultes (*a*); pour y parvenir nous puiferons dans M. *de Turbilly*, ce modéle de forme; dans l'ordre des défrichemens des terres; & comme l'Ecrit qu'il nous a donné à ce fujet, eft entre les mains de tout le monde, nous y renvoyons le *Lecteur*. Il nous apprend, cet Inventeur moderne, l'ordre & la forme néceffaire pour diftinguer les différens fols, & leurs différentes propriétés; & en nous faifant appercevoir tout ce qui peut s'oppofer au moyen d'une heureufe Agriculture, il nous affure conftamment les moyens d'un reméde prompt & efficace, comme celui de l'ufage des terres impropres à l'art de l'*Agriculture*.

D'après l'éclairciffement de ces différens modes, voici mon avis que je propofe pour ma province d'Artois, & qui peut être utile à toute autre Province, chacune fuivant les différens genres de fol renfermés dans leur fein.

L'on défricheroit donc ces terres incultes (*b*) partie avec la charrue ordinaire, l'au-

____

(*a*) Il fe trouve encore quelques terres vers *Hefdin*, *Saint-Omer*, *Aire*, &c. qui font à défricher : on connoît tout l'avantage des défrichemens, on doit donc fe porter à les éxécuter. Voyez au furplus l'*Auteur* fur la Police des grains, & le Corps d'Obfervations de la Société de Bretagne, page 98 & fuivantes.

(*b*) Ces terres font en très petite quantité en Artois, prefque toutes y font travaillées ; mais pour le peu qui s'en puiffe trouver, & que j'ai indiqué, il eft néceffaire que la Société donne les moyens de les défricher, foit pour les mettre en terres labourables, fi elles y font propres ; foit pour les mettre en prairies artificielles, (dont on parlera de la culture ;) ou foit enfin pour les mettre en bois d'une nature de femence à leur être convenable. Voy. le Traité des Défrichemens de M. *Tubilly* & l'*Auteur des prairies artificielles*, ils traitent de ces femences & plantations.

C

tre, avec celles inventées par les différens Auteurs qui ont traité de la culture, & la derniere avec la bêche, *ou le louchet, ou l'écobuë*, dont les branches font tranchantes (*a*).

On chercheroit, 1°. à trouver le tems propre pour ces défrichemens, afin d'en fixer l'époque.

2°. S'il eft plus convenable de brûler les herbes, que de ne les pas brûler (*b*).

3°. Enfin, fi la culture propofée par les différens *Auteurs* qui ont traité des défrichemens (*c*), eft préférable à celle ci-après rapportée à l'article des terres labourables.

Sur la culture des Prairies.

Quelques Auteurs affurent que l'amélioration des terres labourables, ne peut fe faire qu'avec l'aide de *l'engrais*, que le meilleur de *ces engrais* ne peut également fe faire qu'avec le fumier des beftiaux que ces prairies doivent

---

(*a*) Le défrichement à bras, eft fans contredit plus difpendieux que celui fait avec la charrue; mais peut-être qu'il lui eft préférable, par l'épargne que l'on feroit vraifemblablement fur les engrais, par l'exemption des dépenfes d'un labour *de binot*, par celle d'une opération de *la herfe* & du *rouleau*, & encore par la fupériorité de la récolte que l'on retireroit.

(*b*) Dans bien des Provinces, on eft dans l'ufage de brûler les gazons avant de défricher, parce que fi on ne fe fervoit pas de cet élément, pour confumer les herbes que ces terres produifent d'ordinaire, la racine que l'on engloutiroit repoufferoit aifément des tiges, & nuiroit beaucoup aux efpèces de productions que l'on voudroit faire produire à cette terre défrichée; d'ailleurs la cendre de ces herbes eft un engrais parfait.

(*c*) MM. *de Turbilly, Duhamel, & l'Auteur des prairies artificielles.*

nourrir ; & d'autres penfent le contraire : j'a-
dopte le premier fentiment, qui me paroît bon;
& pour parvenir à fe procurer de *ces engrais*,
en quantité fuffifante , pour améliorer les
terres de l'Artois , il eft néceffaire de rétablir
la culture des *prairies* , & même de les augmenter ; car elles n'y font ni fructueufes ni
nombreufes ; on n'y connoît que deux natures
de *prairies* , les *baffes* & *les hautes ;* ces dernieres s'appellent vulgairement *pâtures.*

Les *prairies baffes* rapportent beaucoup de
foin *entier & à demi* ; (le dernier veut dire , *re-*
gain ,) par la facilité que l'on a de les arrofer
dans le printemps, & vers la fin de l'été , par
les ruiffeaux qui les ferpentent.

Les *prairies hautes* ne fe fauchent pas communément , & ne font pas arrofées ; elles
fervent ordinairement de *pacage ou de paturage*
aux beftiaux, depuis le mois de Mai jufqu'au
mois d'Octobre inclufivement : le refte de
l'année, & pendant beaucoup de nuits des
jours de la belle faifon , ces beftiaux confomment dans les écuries & dans les étables, différentes plantes vertes & féches, qui ne peuvent que leur être nuifibles pour la fanté (*a*) ;
comme auffi ils y confomment la plus grande
partie des *foins entiers*, & généralement tous
les *regains* recueillis dans les *prairies baffes* ; d'où
il réfulte que les laboureurs ne peuvent vendre
qu'une très-petite quantité de *foins entiers.* Pour
fe procurer donc une abondance de ces derniers
foins, ou du moins empêcher le laboureur
d'en faire faire la confommation de la plus

(*a*) J'indique les nourritures propres aux beftiaux, ci-après.

grande partie par ſes beſtiaux, & le mettre en état, par ce moyen, d'élever & de nourrir un plus grand nombre d'animaux; on doit, *ce me ſemble*, exciter cet Agriculteur, à former des *prairies artificielles*.

Chaque cinquiéme ou ſixiéme année, on pourroit eſſayer de ſemer alternativement une partie des terres labourables de cette Ferme, avec ces ſortes de graines de *prairies* (a), ſi l'on ne juge pas à propos de jetter cette ſemence ſur les *pâtures & terres incultes* que l'on laboureroit.

Ces prairies artificielles donneront infailliblement une nourriture forte, ſaine, fructueuſe & ſuffiſante pour un plus grand nombre de beſtiaux, & ces productions abondantes encourageront le laboureur à doubler le nombre de ceux qu'il a aujourd'hui; il retirera parmi leurs productions ordinaires, des quantités de *fumiers*, pour rendre les terres incultes, fertiles, & améliorer les autres très à l'aiſe. Il y a plus, c'eſt que la conſommation de ſes *foins entiers* ſera modérée.

(a) Voyez Mrs. *de la Salle, Patulo* & *autres*, dans leurs Livres intitulés 1°. *Prairies artificielles*, ou moyens *de perfectionner l'Agriculture dans les terres ſéches & ſtériles*; à Paris, 1758. & 2°. L'*Amélioration des terres*, dédiée à Mad. de Pompadour, 1758, ils y traitent de cette culture. On trouve auſſi le *Mémoire de la Société de Bretagne*, *ſur la culture des Tréfles de prés à fleurs rouges*, rapporté dans le Journal de l'Encyclopédie du 15 Juin 1757. pag. 87, qui eſt de M. *Pontual*; il eſt encore rapporté pag. 66. du Corps d'Obſervations de cette Société. Les États de cette Province avoient encouragé cette ſemence, par leur Délibération du 10 Février 1757, art. 5. & elle a réuſſi. Voyez le même Corps d'Obſervations, pag. 64. & ſuivantes.

Lorſque l'Agriculteur s'appercevra que le ſol de ſa terre, ralentira les productions de ces différentes graines *de prairies artificielles*, il labourera cette terre, & la remettra en ſemences de *grains de paille*. Je parle de cette culture ci-après.

Sur les Fumiers & autres engrais.

Je me ſuis apperçû bien des fois que tout fumier, indiſtinctement pris, n'étoit pas propre à chaque ſol de terre & à chaque ſorte de production ; il paroîtroit convenable que la Société cherchât à découvrir celui qui ſeroit le plus propre à chaque nature de terre & à chaque nature de production.

On connoît le *fumier ordinaire*, qui eſt, celui de *cheval*, celui de *vache*, celui de *mouton* *, celui de *porc* & de *volailles* ; on pourroit eſſayer de le compoſer, je veux dire, en faire un mêlange, ou par proportion égale, ou par proportion inégale.

On formeroit le même mêlange de celui des *immondices* des rues des villes & paroiſſes (*a*), avec celui des beſtiaux dont je viens de parler, avec ceux des commodités, avec les cendres de tourbes &c. (*b*).

(*a*) Les Villes ſont faire ëctte exportation ; mais il eſt dommage qu'il n'y ait que les terrains voiſins de ces villes qui puiſſent en profiter.

(*b*) Si ces ſortes de fumiers étoient inſuffiſans, on pourroit s'en procurer d'artificiels. M. *de Turbilly* indique la façon de le faire pag. 108. de ſon petit Recueil. Voyez au ſurplus pag. 172. du Corps des Obſervations de Bretagne.

* Ce fumier eſt le plus chaud. Voyez encore pag. 172, des mêmes Obſervations.

Il faut enſuite ; 1°. fixer le temps que l'on doit employer pour parvenir au dégré de pu- tréfaction convenable * , & celui pour tranf- porter le fumier ſur les terres; 2°. ſçavoir s'il eſt néceſſaire de le laiſſer repoſer deſſus ces terres, combien de tems, & quand on doit l'étendre & l'enterrer; 3°. ſçavoir s'il convient de *marner* la terre en général ** , s'il n'eſt pas de certaine terre qui en ſoit exempte , ſoit qu'elle porte ſa marne ou qu'elle ſoit d'une nature équi- valente, ſoit enfin que la marne lui ſoit nuiſi- ble ; au premier cas on doit fixer en quel tems on doit marner , & la quantité que l'on doit en mettre ſur chaque meſure de terre; 4°. appren- dre s'il faut marner & fumer à la fois, & quelle quantité de *marne & fumier* il faut pour une meſure de terre de tant de toiſes (a) ; 5°. enſei- gner ſi l'uſage de faire parquer les brebis eſt con- venable , & pendant combien de temps il faut qu'une meſure de terre reçoive cet engrais ; 6°. enfin, ſçavoir ſi cet uſage du parc peut ſeul opérer l'effet du fumier , ou s'il eſt né- ceſſaire de mettre de ce fumier ſur le terrein *parqué.*

Bien des *Auteurs* , ainſi que je l'ai dit, pré- tendent que le *fumier* & la *marne* ne ſont pas utiles pour la culture ; M. *Hume* (b) prétend

---

(a) M. de Turbilly indique la maniere de tirer la marne des carrieres , & de s'en ſervir.

(b) Voyez ſa ſeconde Edition ; London , chez Mon- thy Revient ou Millart

* Le défaut de n'avoir un fumier aſſez conſommé , eſt une des cauſes de la décadence de l'Agriculture. Voyez pag. 90. du Corps d'Obſervations de Bretagne.

** Voyez pag. 174. du Corps d'Obſerv. de Bretagne.

le contraire, & je crois qu'il a raifon : pour parvenir donc à trouver le *fumier* le plus favorable, j'obferve, ainfi qu'il le fait dans fon traité fur la végétation, les principes que voici : 1°. le *fumier* que l'on met fur les terres en Artois, fe place ordinairement dans les endroits humides & au foleil ; lorfque les pluies arrivent, & que les eaux s'en écoulent aifément, les fucs de ce *fumier* fe diffolvent facilement, & le végétal s'en perd de même ; cet ufage ne peut donc qu'être préjudiciable à fa valeur : 2°. s'il arrive qu'on le mette à l'abri du foleil, foit en le couvrant, foit fans le couvrir, » les particules volatils » pour lors, *dit mon Auteur*, fe diffipent, ce » qui lui apporte une propriété peu convenable » : 3°. enfin, fi on le place dans un endroit fec, cette pofition empêche la putréfaction : Puifque ces trois pofitions fouffrent des difficultés, ne conviendroit-il pas de placer ce fumier, la moitié au fec & la moitié dans l'humidité ; dans cette fituation, peut-être obtiendroit-on fa valeur propre ? C'eft ce qu'il faut effayer.

Sur la culture des Terres labourables.

Je fuppofe que la *cenfe* affermée par la Société confifte en vingt mefures de terres, dont deux en terres incultes, quatre en prairies, deux en pâtures & les douze reftantes en terres labourables ; on divifera ces dernieres terres en différentes portions égales, que l'on numérotera pour diftinguer la nature & la culture, & l'on prendra ces terres fous les différentes expofitions.

Le laboureur de l'Artois eſt dans l'uſage de ſemer différens végétaux : dans les cantons ſupérieurs de la Province, (je veux dire ceux oppoſés à la Flandre *flamingante*) on diviſe la ferme en trois *ſols* ou en trois parties.

1°. Dans les quatre meſures de la premiere partie, on ſeme cette année au mois d'Octobre, du *froment roux ou barbu*, de *l'orge*, du *ſoucrion* & très-peu de *ſeigle*.

2°. Dans les quatre autres meſures de la ſeconde partie, on ſeme au mois de Mars ſuivant, des groſſes & petites *avoines*, de la *paumelle*, des *dravieres*, des *erces*, des *veſces*, des petites *feves*, de l'*hivernaches*, des *pois*, des *lentilles*, de la *luʒerne*, du *treffle*, du *ſainfoin*, de la *tranelle* & des *navets*.

3°. Enfin, dans les quatre autres de la troiſieme partie, on ne ſeme rien, c'eſt-à-dire, cette terre reſte *en jachere*, pour recevoir l'année ſuivante les ſemences que l'on jette dans les quatre meſures de la premiere partie, de laquelle je viens de parler.

Ces quatre meſures de la premiere partie ſemées *en froment &c.*, ſont ſemées l'année ſuivante *en graines de Mars ou légumes*, ces dernieres reſtent *en jacheres*, & ainſi ſucceſſivement.

Le laboureur de l'Artois qui habite le pays *de Lillers*, *de Bethune*, les environs *de Saint-Omer* du côté de la Flandre & le pays de *l'Alleu*, ſeme la moitié de ces douze meſures de terres, en *froment blanc*, en *ſoucrion*, en *colſat*, en *navette*, en *moutardelle*, en *lin & chanvre*, en *bled-ſarraſin*, en *carottes*, en *haricots* ; il ſeme l'autre moitié en *graines de*

Mars, & ainfi alternativement ; de façon que ces terres n'ont jamais de repos.

Ces deux ordres de culture paroiffent fort bien combinés ; mais s'il eft poffible de les changer pour mieux faire, ne doit-on pas le tenter ? Pour y parvenir utilement, j'effayerois donc à divifer les douze mefures de terres : fçavoir, celles du *premier ordre* en deux parties, je les mettrois à l'inftar de celles du *fecond ordre* ; & je fupprimerois par ce moyen, l'année de *jacheres* : ou bien j'effayerois à divifer ces mêmes terres en quatre parties, c'eft-à-dire, j'en femerois cette année trois mefures *en froment & en autres principaux grains*, trois autres *en feigle ou en autres petits grains*, trois autres *en légumes* ; enfin les trois reftantes, je les laifferois *en jacheres* ; & ainfi fucceffive-ment : au moyen de cet arrangement, il ré-fulteroit une année de production de plus. Quant au *fecond ordre*, je ne veux pas le chan-ger.

En fuppofant que ce nouvel *ordre* ne puiffe s'exécuter, & qu'il faille abfolument fuivre l'ancien ; voici les moyens d'amélioration de culture, que je trouve les plus dignes d'être propofés.

Je diftingue le premier fol ou la premiere partie des douze mefures, d'avec le fecond ou la feconde partie, & le deuxieme d'avec le troifieme : j'appelle dans cet ouvrage les terres du premier fol, *premieres*, pour dire, *terres à préparer pour recevoir la femence du froment* : celles du fecond fol, je les nomme *fecondes* ou *moyennes*, pour dire, *fol à produire l'année fuivante des petits grains ou légumes* : &

celles du troisieme ſol, je les nomme *troiſiemes* ou *jacheres*, pour dire, *ſol entiérement épuiſé par les récoltes ou devenu mauvais par la quantité d'herbes ſauvages & deſtructives qu'il a produit; en un mot, condamné à reſter ſans être ſemé.*

Dans la premiere qualité des terres de ces différens ſols du premier ordre, & dans celle du ſecond dont j'ai parlé, on trouvera ſans doute des terres ; 1°. *bonnes*, ſçavoir, l'une *forte* ou *peſante* & l'autre *légere*, de couleurs les unes & les autres, *brunes*, *griſes*, *blanches*, *rouges & jaunes*, ſoit pierreuſes, ſoit argilleuſes, ſoit ſablonneuſes, ſoit marneuſes, ſoit enfin, ſans être d'aucune de ces natures.

2°. On trouvera pareillement des terres *médiocres*, de même eſpèces & natures que les premieres dont j'ai parlé.

3°. Enfin, on trouvera des terres *mauvaiſes*, encore pareilles aux mêmes eſpèces & natures que j'ai nommées.

Je n'entreprens pas ici de vouloir engager la Société à ſupprimer la méthode de cultiver que l'on ſuit actuellement en Artois, elle peut être bonne ; je ne parlerai même pas de la maniere qu'elle s'exécute, il ſera aiſé à la Société de l'expérimenter ſur les terreins de la *cenſe* : mais il me ſemble que les méthodes que je vais propoſer, ſeront plus fructueuſes & moins diſpendieuſes, & par conſéquent, préférables à tous égards à celle uſitée : c'eſt ce que la Société pourra vérifier.

Opérations de Culture d'Automne, sur les terres qui doivent rester en jachere.

Le Cultivateur de la cense essayera de faire passer dans cette nature & qualité de terres *premieres*, ou une *charrue* du pays, ou une de celles inventées par *Messieurs Duhamel Dumonceau*, de *Chateauvieux*, *Tull*, de la *Salle* & *Patulo*, pour connoître celle qui sera la plus propre au sol (*a*).

Il faut trouver le temps convenable pour cette opération ; peut-être que celle faite immédiatement la moisson, est meilleure que celle faite quelque temps après.

En effet tous les *Auteurs*, s'accordent assez volontiers sur la méthode de labourer la terre qui doit rester en jachere, incontinent la moisson faite, c'est-à-dire, à la fin de Septemb. ou dans le mois d'Octob. & ils partent de l'expérience, avec cette précaution, disent-ils, » de s'assu-
» rer avec la bêche, que le sol est assez sec
» à la profondeur du labour précédent ; avant
» de faire passer les attelages sur le fond.
» On doit voir encore, *continuent-ils*, si la terre
» s'émiette d'elle-même, si elle est douce &
» mouilleuse au toucher ; car un labour fait
» dans un temps humide, *disent-ils avec raison*,
» n'a pas le même avantage ; le pas des che-
» vaux ou d'autres animaux lui est nuisible,
» parce qu'en marchant, ils matelassent le
» sol sous leurs pieds & rendent la terre

(*a*) J'estime la charrue de quatre coutres, qui a un *soc* fort large, la meilleure de toutes.

» en motte lorſqu'on la laboure. (*a*)

Il faut eſſayer enſuite de retourner cette terre à la profondeur ordinaire de la charrue, en tournant l'attelage à gauche ; (je crois que cette profondeur doit être de 11 à 12 pouces, afin de mieux arracher les mauvaiſes herbes * ;) (*b*) & vers le milieu de Novembre, après que cette terre aura reçu les effets de la pluie & de la gelée, on fera repaſſer cette charrue de nouveau, en croiſant les derniers ſillons, & tournant encore à gauche ; on fera entrer cette derniere charrue à la même profondeur de la premiere, de façon que les mauvaiſes herbes & le chaume, ſoient tout à fait enterrés, & qu'il ne ſe trouve pas de terre ſans être remuée ; mais s'il arrivoit que l'on ne puiſſe faire ce ſillon en croix, par rapport à l'inégalité du terrein, on appliquera le ſoc de la charrue, le plus près qu'il ſera poſſible de la raye, & on ſuivra la voye des premiers ſillons ; comme auſſi s'il n'étoit pas poſſible de labourer à la profondeur de

----

(*a*) Si on faiſoit ce labour plus tard, on faciliteroit la ſemence des mauvaiſes herbes, qui eſt une des cauſes de la décadence de l'Agriculture. Voyez pag. 90. du Corps d'Obſervations de la Société de Bretagne.

(*b*) C'eſt un des motifs de la décadence de l'Agriculture, de ne pas l'avoir retourné aſſez profondément. Voy. pag. 89. du Corps d'Obſervat. de la Société de Bretagne.

* Quelques perſonnes déſirent que l'on faſſe cette opération & la premiere de Novembre, dont je vais parler, avec deux charrues au lieu d'une ſeule, parce que ces charrues ſe ſuivant, & n'entrant que de la profondeur de cinq ou ſix pouces, qui forme celle de douze pouces, ameubliront mieux la terre.

douze pouces, par rapport au mauvais état de la feconde couche de terres, on pourroit peut-être fe contenter de labourer avec une charrue plus pefante, pourvû que toutefois l'on faffe le fillon le plus profond que la nature de la terre peut le permettre.

Si l'on peut labourer à la profondeur de 12 pouces, les bafes des fillons feront de deux fois la largeur du manche de la charrue, & leurs pointes refpectives feront diftantes l'une de l'autre, de trois fois & demi la largeur de cette même charrue : & fi cela ne fe peut, elles feront de la moitié.

On fera enfuite paffer fucceffivement la herfe pefante (*a*) & la médiocre, afin de bien ameublir la terre & arracher les mauvaifes herbes : cette opération finie, on prendra une autre charrue plus large & plus haute, qui fera tirée par cinq chevaux pour donner un troifiéme labour d'une profondeur de quinze pouces, en tournant auffi à gauche, pour bien affiler les fillons & les mettre en raies profondes de 9 pouces ou environ au-deffous des premiers fillons ; on diftanciera le fommet d'un fillon à l'autre de dix-huit pouces ; la bafe du terrein fur lequel ces fillons s'éléveront, devra avoir au moins quatorze pouces de largeur, de façon que la largeur des raies excédera celles des bafes des fillons d'environ quatre pouces ; ce champ ainfi retourné de plus d'un pied de

---

(*a*) La herfe pefante qui eft la fupérieure, doit avoir les dents plus ferrées que celles inférieures ; de façon que la premiere de ces trois herfes, ne differera de la feconde ou de la médiocre, que parce qu'elle aura les dents moins éloignées de 2 pouces ; & ainfi la feconde, de la troifiéme. Voy. pag. 184 du Corps d'Obferv. dont je viens deparler.

profondeur, fera que les mauvaises herbes se corromperont aifément : On fera caffer quelque temps après, ou incontinent ces labours, les mottes de terre, s'il s'en trouve de durcies ; car les pores de cette terre ne feroient pas difpofés à recevoir les influences de l'athmofphére, fi l'on laiffoit ces mottes (*a*). (Je penfe que le tems propre à cette opération, eft lorfque la terre n'eft pas trop humide).

L'homme occupé à ce travail, fuivra le laboureur qui donnera à cette terre le troifieme ou dernier labour (*b*) ; & enfuite on fera paffer la *herfe pefante* pour l'ameublir, fi on juge à propos de faire alors cette opération.

Cette terre reftera ainfi jufqu'au printems.

PREMIERES. Terres bonnes, fortes & pefantes, de différentes couleurs, mais pierreufes.

La méthode dont je viens de parler, peut s'exécuter fur ces fortes de terres : mais je crois qu'il fera difficile de parvenir à faire le fecond labour ; fi le terrein ne le permet pas, il faudra chercher les moyens d'ameublir le mieux poffible par les fimples labours, ainfi que je l'ai déja propofé.

PREMIERES. Terres bonnes, fortes & pefantes, de différentes couleurs, mais argilleufes.

La Société fera tenter pour la culture de celles-ci, la méthode que j'ai indiqué, mais dans les tems, entre l'humide & le fec.

PREMIERES. Terres bonnes, fortes & pefantes, de différentes couleurs, mais fablonneufes.

La même méthode que devant.

(*a*) La *bêche* ou le *maillet*, paroiffent être de meilleurs outils que le *rouleau*, pour cette opération.

(*b*) Cette opération doit également fe faire après le labour de Septembre.

Encore la même méthode que devant.

PREMIERES.

Terres bonnes, fortes & pesantes, de différentes couleurs, mais marneuses.

PREMIERES.

Terres médiocres, fortes & pesantes, de différentes couleurs, pierreuses, argilleuses, sablonneuses, marneuses, & sans être d'aucune de ces natures.

Il n'est pas douteux que certaines de ces terres seroient d'un plus grand produit si elles étoient mêlées (a) ; car l'argille pure, le sable pur, la pierre pure, la marne pure & la terre sans être d'aucune de ces natures, ne peuvent rien produire ; il faut donc essayer de les améliorer avant que de les labourer.

M. *Hume* prétend, & ce, suivant les expériences qu'il dit avoir faites, que toutes terres peuvent prendre de l'engrais, en les mêlant avec les terres qui leur sont contraires, je veux dire d'une nature opposée.

» Le terrein sablonneux, *dit-il*, ne peut
» conserver l'eau aussi long-temps qu'un ter-
» rein gras, parce qu'il ne renferme point de
» ces sucres savonneux & mucilagineux, qui
» arrêtent & retiennent l'eau ; il s'ensuit de-
» là, qu'une terre sablonneuse manque sou-
» vent d'une quantité suffisante d'humidité
» pour la nourriture des plantes, qu'elle est
» fort susceptible de chaleur & qu'elle la
» garde long-temps.

» Le sable arrosé par la pluie, *continue-t'il*,

(a) Cette opération seroit plus utile pour les terres *fortes* & *pesantes*, que l'on défricheroit, parce qu'il est censé de penser que les terres labourées d'une Ferme, de telles qualités ou natures qu'elles soient, rapportent, & qu'il ne s'agit que d'améliorer à petits frais.

» n'augmente pas de volume, aulieu qu'une
» terre graſſe enfle beaucoup ; (effet qui pro-
» vient de la fermentation intérieure qui ſe
» fait dans les particules de cette terre.) Dans
» le ſable , il n'y a pas de ces particules &
» fort peu dans les terreins ſablonneux qui
» ſoient ſuſceptibles de fermentation : delà
» vient , qu'ils manquent de particules nutri-
» tives ; que loin d'augmenter de volume , ils
» diminuent lorſqu'ils ſont imbibés ; la raiſon
» en eſt , que l'eau agiſſant ſur les particules
» de ſable , les arrange d'une façon plus ré-
» guliere ; & par-là , bouchant les interſtices ,
» diminue par conſéquent la maſſe.

» Les deux défauts des terreins ſablonneux ,
» ſont donc que l'eau paſſe trop aiſément au
» travers & qu'ils contiennent trop peu de par-
» ticules nutritives.

» Il eſt aſſez difficile de trouver des expédiens
» qui remédient à ces deux défauts : L'argille ,
» à la vérité , retiendra l'eau , mais fournira
» très-peu de nourriture.

» Pour remédier à tout, M. Hume ne connoît
» rien de meilleur que la mouſſe ; car l'eau peut
» encore moins la pénétrer qu'elle ne fait l'ar-
» gille ; & la mouſſe eſt d'ailleurs un végétal
» qui contient plus d'huille qu'aucun autre
» qu'il connoiſſe.

Un terrein ſablonneux & léger fut partagé
en quinze portions égales ; dans le quarré ,
n°. 1., on couvrit ce terrein ſablonneux de
deux pouces d'argille.

N°. 2. de trois pouces.

N°. 3. de quatre pouces.

N°. 4. de deux pouces avec une égale quantité de limon.   N°.

N°. 5. de trois pouces & de trois de limon.

N°. 6. de quatre pouces & d'autant de limon.

N°. 7 de deux pouces d'argille avec une médiocre quantité de fumier.

N°. 8. de trois pouces d'argille & d'autant de fumier.

N°. 9. de quatre pouces d'argille & d'autant de fumier.

N°. 10. de six pouces d'argille.

N°. 11. de six pouces d'argille avec autant de limon.

N°. 12. de six pouces d'argille avec autant de fumier.

N°. 13. rien , ou fable pur.

N°. 14. médiocre quantité de limon.

N°. 15. enfin , une quantité ordinaire de fumier.

Au mois de Juillet , il trouva que les expé-riences faites aux n°. 1 , 2 , 3 , 4 , 5 , 6 , 14 , étoient toutes mauvaifes ; n°. 7 , fort bonnes ; n°. 8 , 9 , 12 , excellentes ; n°. 10 , 11 , fort mauvaifes ; n°. 13 , les pires de toutes ; n°. 15 , fort bonnes : il les réitéra & elles fe trou-verent les mêmes (a).

De façon que l'on peut conclure ; 1°. que le terrein fablonneux quand de foi-même , il eft incapable de produire aucun grain , bonifie à un dégré confidérable avec du fumier feu-lement ; mais avec de l'argille feule , ou du

______

(a) M. Hume rapporte encore différentes expériences , que je laiffe à la prudence de la Société d'expérimenter fous fes yeux ; elles paroiffent auffi utiles que celles ci-deffus.

D

limon, on ne le bonifie prefque point. 2°. Enfin, que le terrein fablonneux & léger ne s'améliore guére par un mélange d'argille & de limon ; mais l'argille & le fumier l'améliorent prodigieufement.

On effayeroit au furplus à fonder avec l'inftrument inventé par différens *Auteurs*, s'il ne fe trouve pas fous la couche du fable quelque couche de terre ; & s'il s'en rencontroit, on enléveroit de cette terre de diftance en diftance ; on la placeroit fur le terrein de fable, dans la proportion que l'on auroit reconnu la plus convenable par l'expérience, & l'on combleroit enfuite les trous avec du fable.

La Société pourroit effayer encore d'améliorer les autres natures de terres, de la façon que M. Hume le propofe pour le terrein fablonneux ; c'eft-à-dire, par le contraire.

Les terres argilleufes amendées avec du fumier, font très-propres pour produire des *foucrions* ; & les mêmes avec du limon fans fumier, font propres pour l'*avoine*, la premiere année de leur amélioration (*a*).

La méthode de cultiver ces terres, eft celle précédemment indiquée.

Comme je ne prévois pas que l'on puiffe tirer grand parti de ces terres, en les employant au labour ; je penfe que l'on doit fe contenter de ce qu'elles pourront produire, en exécutant la méthode de cultiver, que j'ai

PREMIERES. Terres mauvaifes, fortes & pefantes, de différentes couleurs, pierreufes, argilleufes, fablonneufes, marneufes & fans être d'aucune de ces natures.

____

(*a*) Ce même Auteur, M. Hume, prétend avoir également réuffi à femer la premiere année, un champ de terre fort légere & fablonneufe, de cette forte de graine.

rapporté ; ou bien on pourra les employer en bois &c.

On essayera de faire sur ces terres les mêmes opérations projettées ci - devant pour la terre *forte* des différentes *natures & couleurs,* & je crois que l'on parviendra par ces moyens à l'amélioration de celles-ci ; à l'exception des *mauvaises* qui doivent subir le même sort de celles *pesantes* de même qualité, dont je viens de parler.

PREMIERES, Terres bonnes, médiocres & mauvaises, légeres, de différentes couleurs & qualités.

Opérations de Culture d'Automne, sur les terres qui doivent être semées en graines de Printemps.

Ces terres ayant été semées de *froment,* l'année précédente, il faut les semer, celle-ci, en *graines de Mars :* on n'exécutera pour cette opération, que les deux premiers labours que je viens de proposer, & cela incontinent ou quelque temps après la moisson des grains ; ainsi que l'opération des herses pour mieux arracher le chaume, s'il n'est pas brûlé (*a*) ; & elles resteront telles jusqu'au 20 Fevrier, ou le mois de Mars suivant.

SECONDES. Terres bonnes, médiocres & mauvaises, pesantes & légeres, de différentes couleurs & natures.

Quant aux améliorations de ces terres *secondes,* de l'une & de l'autre espèce & nature, elles

---

(*a*) Si on ne juge à propos d'enterrer ce chaume *, on pourroit le brûler avant le labour, après l'avoir rassemblé par le moyen de la herse **, & ensuite on en étendroit les cendres.

* *Cette méthode de brûler le chaume, est très-goûtée ; elle améliore considérablement & bien vite, les terres, parce que les mauvaises herbes se brûlent en même tems que le chaume.*

** *La herse pesante.*

peuvent fe faire à l'inftar de celles que j'ai propofé pour les *premiéres*.

Opérations de Culture d'Automne , fur les terres que l'on a laiffé en jachéres.

TROISIEMES OU JACHÉRES, de différentes couleurs & natures, bonnes, médiocres & mauvaifes, pefantes & légeres.

Ces terres ayant produit l'année précédente des *graines de Mars* , & ayant été travaillées incontinent , ou quelque temps après la moiffon de ces productions, recevront vers le mois de Juillet , les mêmes labours que je vais propofer de donner au printemps, aux terres *premieres* du fecond ordre de culture ufité en Artois , & elles refteront ainfi , jufqu'au tems de la femaille d'automne.

On fe gardera de marner en hyver , ces *jachéres* , ainfi qu'il eft d'ufage de le faire en Artois ; à moins que cette amélioration ne foit exigée par le befoin que j'ai cité à l'article des terres *premiéres*, de différentes natures & *couleurs*.

Opérations de Culture du Printemps , fur les terres du premier & du fecond ordre de culture ufité en Artois, femées & à femer en grains de paille d'hyver.

PREMIERES. Terres bonnes , fortes ou pefantes, ou légeres , bonnes , médiocres ou mauvaifes , de différentes natures & couleurs.

L'ufage général étant en Artois de femer les terres du 1er. & 2me. ordre en Automne, il ne fe trouve pas de labour à faire au printemps fuivant fur celles ci ; mais comme l'on feme quelquefois des *froments* &c. en cette faifon, entre autres, dans les pays où le *fecond ordre* de culture, dont j'ai parlé, eft fuivi, il faut par conféquent alors donner un labour à ces terres.

J'ai cité ci-devant les méthodes de culture d'automne que je crois être les plus convenables pour la culture des terres que l'on doit laiffer & que l'on a laiffé *en jachéres*. Il faudra exécuter fur celles-ci du fecond ordre , les deux premiers labours des opérations de l'automne , exécutées fur les *jachéres* ; former des rigoles en pente , à travers ces terres pour l'écoulement des eaux pluviales & autres , & les laiffer ainfi fans être *marnées* ni *fumées* jufqu'au 20 Février , ou au premier Mars fuivant.

Au Printemps , c'eft-à-dire , au 20 Février ou au premier de Mars , ces terres reftées pendant l'hyver ou en fillons ou autrement , feront remuées avec la herfe : On pourroit au premier cas joindre deux herfes en front , de façon qu'il n'y ait qu'un fillon qui fépare les deux chevaux des deux autres , & revenir ainfi fucceffivement pour ne rien obmettre d'être herfé ; on remplira par ce moyen les raies & on unira le terrein , fans néanmoins vouloir dédétruire les veftiges des fillons , afin que l'on puiffe reconnoître leur place , pour diriger de nouveau la charrue que l'on fera paffer , en mettant pofitivement fon foc fur la couronne des anciens fillons ; en tournant l'attelage à droite pour combler les anciennes raies , & en faifant ces fillons auffi profondement qu'il fera poffible , fi le tems n'eft pas humide , & fi la nature du terrein le permet.

Ces opérations finies , on donnera encore un labour profond , tel que le fecond des opérations faites en Automne , & pour lors cette terre fera difpofée à recevoir les femences de *froment* , fi on ne juge pas à propos de faire paffer , la herfe *pefante* fur ces terres , incontinent ce fecond labour, pour mieux les ameublir & arracher les mauvaifes herbes qui auroient crû pendant l'hiver.

*Opérations de Culture du Printemps , sur les terres
qui doivent être semées en graines de Printemps.*

SECONDES.
Terres bonnes, médiocres & mauvaifes, pefantes & légeres, de différentes natures & couleurs.

Ces terres reftées ameublies pendant l'hyver feront labourées de nouveau ; & ce labour fera celui que j'ai indiqué de faire au printems fur les terres premieres du fecond *ordre* de culture , fi l'attelage peut paffer fans nuire , & elles refteront ainfi jufqu'à la femaille des graines de Mars.

*Opérations de Culture du Printemps , sur les terres
qui doivent refter en jachéres.*

JACHÉRES.
Terres bonnes, médiocres & mauvaifes, pefantes & légeres, de différentes natures & couleurs.

Celles-ci refteront telles qu'elles auront été mifes par le labour d'automne & d'été, dont j'ai parlé.

Il ne faut pas les *fumer* à la S. Jean , parce que le fumier étant expofé à la plus grande ardeur que puiffe avoir le foleil , il perd de fon fuc.

*Sur la premiere Culture des Prairies , pour être
mifes en Terres Labourables.*

Partie des *prairies hautes ou baffes* qui fe trouveront de la dépendance de la *cenfe* , pourront, comme je l'ai déja dit , être mifes en labour , fi leurs productions en *foin* ou en *pacage* fe trouvent trop médiocres ; mais ayant obmis de parler de cette méthode , je dis ici ce que j'en fçais.

Pour y parvenir , il me femble qu'il faudroit s'attacher , & c'eft ainfi que le penfe un certain *Auteur* (a) , à détruire parfaitement toutes les

____

(a) Cet Auteur eft Anglois ; il prend le nom de *Rufticus* ; & il affure partir de l'expérience.

herbes, & même les mauvaifes qui auront pû croître dans le gazon, telles que *chardon* &c. : pour cet effet, on paffera la charrue (*a*) vers la S. Martin dans ces prairies, pourvu qu'il faffe un temps, ni trop humide, ni trop fec ; cette charrue enlévera le gazon de la profondeur de deux pouces ; on le laiffera couché, & on fera paffer enfuite une autre charrue (*b*) qui fuivra la précédente ; cette derniere entrera à la profondeur de cinq pouces & jettera la terre fur le gazon pour le couvrir entiérement ; on herfera enfuite avec une herfe la plus *pefante* (*c*) & on y femera des grains de paille ou autres : il faudra cependant avoir attention de ne point déterrer les gazons (*d*) avec les dents de la herfe, lorfque l'on herfera fur la femence : » de cette culture & femence, on » doit, *dit cet Auteur*, efpérer une bonne récolte.

Je ne ferois pas tout à fait d'avis de femer des grains immédiatement cette premiere culture (*e*) ; je préférerois d'attendre au printemps, après avoir donné un nouveau labour à cette terre dans l'automne : c'eft au furplus à la Société de choifir le fyftême qui lui paroîtra le plus avantageux.

Vers l'automne de l'année fuivante le fond fera encore doublement labouré, c'eft-à-dire, on fera fuivre la premiere charrue par une

---

(*a*) Cette charrue aura un foc large d'environ 9 pouces.

(*b*) Celle-ci fera plus large dans le manche, & aura un foc ordinaire

(*c*) J'ai parlé de ces herfes.

(*d*) J'ai déja dit qu'il feroit plus à propos de brûler ces gazons.

(*e*) C'eft cependant l'ufage de l'Artois.

D iv

autre, de façon que les sillons de la seconde couvriront ceux de la premiere, & que la couche de dessous, où les gazons avoient crû, sera mise de nouveau en dessus ; on hersera ensuite avec la herse *pesante*, la *suivante* ou la *médiocre*.

On trouvera alors que les gazons n'embarrasseront plus ; que la fermentation & la putréfaction en auront été faites par la rigueur de l'hyver dernier, & que le sol sera devenu meuble au moyen de l'opération de la herse *pesante* & d'une *autre plus légere*, dont les dents seront éloignées de 4 pouces, l'une de l'autre.

On semera de suite ce terrein en *grains de paille ou de plantes* d'hyver ; & s'il paroît quelques mauvaises herbes, on se servira du *hoyau* ou *béche courbée* pour les détruire.

Si l'on ne juge pas à propos de semer alors cette terre, vers le mois de Mai de l'année suivante on retournera son fonds & on l'ameublira de la façon que je viens d'indiquer ci-dessus ; on la semera ensuite de graines de printemps, & l'on hersera avec les herses dont je viens de parler, quoique cette semaille de printemps ne se fasse ordinairement qu'en Avril.

Cette terre ne sera pas mise en *jachére* la troisiéme année, ainsi que celles ordinaires labourables se mettent, au contraire, on la semera avec des semences d'hyver ; la quatriéme année, on y jettera des semences de printemps, & ainsi alternativement jusqu'à ce que le laboureur s'apperçoive d'un épuisement prochain ; pour lors il la mettra en *prairies*, dont la culture est celle que je propose de

faire en automne. J'indique ci - après cette
femaille.

Sur la Culture des Terres Incultes , pour être mifes en Terres Labourables.

J'ai déja fait plufieurs obfervations fur la
culture des terres incultes : mais je n'ai pas
parlé de la méthode à fuivre pour leur culture,
afin d'éviter les répétitions. L'*Auteur* qui a
traité de la culture des *prairies* pour être mifes
en terres labourables, propofe également une
méthode de culture pour porter celle-ci à fa
perfection , & je la trouve des meilleures pour
cet effet.

Il fuppofe un terrein *pefant* ou *léger* , l'un
& l'autre *bon* ou *médiocre* , & il dit de faire
la premiere opération que j'ai indiqué pour la
culture des *prairies* , fi le fond peut fupporter le
paflage des deux charrues fucceflives ; mais fi
cela ne fe peut, il propofe de brûler les herbes
& de n'en paffer qu'une ; & il veut que l'on
laiffe cette terre en fillon pendant l'hyver ,
l'une ou l'autre opération fe faifant.

Au printemps il fait paffer fur le fillon la
herfe la plus *pefante* & enfuite la plus *légere* ,
ou la troifiéme ; pour faciliter , dit-il , l'ac-
croiffement des mauvaifes herbes ; & les herbes
n'étant pas tout à fait grandies au point de
ne pouvoir être renverfées & enfévelies fous
la terre retournée , il y fait paffer la charrue
qu'il fait fuivre d'une feconde , conformément
à la feconde opération indiquée précédemment.

Il unit enfuite le terrein , & les nouvelles

herbes paroissant, il prend une bêche pour voir si les premieres enfoncées par le dernier labour sont entiérement corrompues : si cela se trouve ainsi, il retourne de nouveau la terre & il l'applanit avec une herse *pesante* ; mais si cela ne se trouve pas, il ne fait qu'un léger labour pour engloutir les nouvelles herbes qui seront sur pied, & il se sert pour lors d'une herse d'épine.

Vers le mois d'Août, il retourne la troisiéme production des plantes sauvages par le double labour pareil à celui ci-devant indiqué en premier : il enfouit les nouvelles herbes & en ramene les premieres sur la surface ; à moins que les pluies très-froides n'ayent interrompu la fermentation : Si cela arrivoit, il suspend un peu plus long-temps.

Il laisse cette terre ainsi jusqu'au temps de la semence d'automne, c'est-à-dire, sans être hersée ; & avant la semaille, dans un temps propre, il l'herse avec la herse *pesante* pour applanir le terrein & pour arracher encore les mauvaises herbes ; ensuite il fait passer les *herses serrées*, suivies par un buisson qui leur est attaché : par ce moyen il ameublit la terre, de façon que le sillon qu'il fait ensuite, devient plus propre à recevoir la semence.

Il range par la suite, ces terres à la méthode de ses autres *terres labourables ordinaires*.

M. de *Turbilly* n'est pas entré dans des détails aussi étendus sur ces objets ; mais ses principes n'en sont pas moins bons, & la Société ne peut se refuser d'expérimenter l'une & l'autre de ces méthodes.

Sur la premiere Culture des Terres d'un pauvre terrein, resté depuis longues années en JACHÉRES, *pour être trop rempli de mauvaises herbes.*

Ces sortes de terres doivent se travailler de la même maniere que celles en *prairies &* *incultes*, dont je viens de parler ; & ces opérations finies, on les juge très-propres à la production des *fromens* la troisiéme année (*a*), ainsi qu'à celle du *soucrion* la seconde.

Sur la premiere Culture des houblonnieres, *& des* *Marais propres à cette plantation.*

Les terres destinées pour des *houblonnieres*, sont ordinairement en Artois dans le voisinage des maisons, je veux dire dans les jardins qui les avoisinent : cette situation leur est impropre, parce qu'elles les prive toujours de l'entiere exposition du soleil qui leur est absolument nécessaire.

La terre ayant été préparée, comme celle destinée à recevoir des grains d'automne, on percera, dit un *Auteur Ecossois inconnu*, des trous de trois pieds de largeur sur autant de profondeur, à neuf pieds de distance les uns des autres en tous sens, & à quinze pieds des *hayes* qui fermeront ces houblonnieres : (car rien ne nuit tant au houblon que de le planter serré) On jettera au fond de ces trous de la chaux & de bon fumier ; l'on y mettra ensuite de ces plantes, & on les couvrira de bonnes

____

(*a*) C'est un Auteur moderne & inconnu qui l'assure.

terres qui feront relevées en mottes. On peut femer ou planter dans les intervalles quelques légumes, mais légérement.

On deftinera un de ces cantons de la *Cenfe*, pour cette plantation, & l'on y fera l'effai de ce que je viens de propofer; comme auffi l'on cherchera la terre qui lui fera la plus propre. Si les diftances & les profondeurs dont je viens de parler, ne font pas jugées convenables, on fixera la diftance que chaque trou doit avoir de l'un à l'autre pour le plan; fa profondeur & largeur; les engrais à mettre au fond de ces trous; ceux à mettre après chaque récolte fur chaque mottes de terre; le tems propre pour bêcher les mottes; & enfin celui propre pour renouveller le plan.

Il y a plus, la Société ne peut s'empêcher de répéter l'éxpérience qu'a fait en Ecoffe, fur les marais, ce même *Auteur inconnu*, il dit avoir parfaitement bien réuffi; & je le crois : fi cette expérience fe confirme utile, lorfque la Société l'aura répétée en Artois, les terreins marefques de cette Province, feront mis en valeur.

Différentes villes de cette Province, & bien des particuliers, poffédent des marais & autres terres aquatiques; il s'en trouve entr'autre, des quantités prodigieufes près de Saint-Omer, près d'Aire, près de Bethune, près d'Hefdin & près d'Arras, qui ne produifent d'autres revenus que des *tourbes* (a), *ayles*, ou de l'herbe le plus fouvent remplie de joncs,

---

(a) Voyez M. Billery, qui a traité de la tourbe de Picardie; cette tourbe affimile à celle d'Artois; on doit voir fon Ouvrage, pour cette fabrication.

par conféquent très-mauvaife pour la nourriture des chevaux.

En m'écartant un peu plus longtems de mon
objet, je parle de ces marais fitués près de
Saint-Omer & près d'Aire que je connois; on
y trouve de ces terreins autrefois inondés pendant la moitié de l'année; mais au moyen des
travaux que la ville de Saint-Omer a fait faire
fur les fiens, & des nouvelles éclufes que l'on
a conftruit à Gravelines, les eaux s'en écoulent facilement.

Ces marais, dis-je, font de couleur noires
& rouges; les noires fourniffent quelques
pacages, ainfi que je l'ai déja dit, & la terre
eft propre à former de la *tourbe*, laquelle
étant brûlée produit beaucoup de cendres (a);
les rouges au contraire, ne produifent rien,
& les cendres des tourbes qui en proviennent,
forment un engrais parfait; quoi que cette derniere nature de terre de marais, foit la plus
fruétueufe, fi elle eft cultivée. Cet *Auteur* qui
part de l'expérience, répétée pendant quinze
années, affure que la rouge eft la plus propre
à produire du *houblon*; & voici, par extrait,
fa méthode de cultiver.

Il creufe un foffé de douze pieds de largeur, il fouille même jufqu'au premier gra-
vier, qu'il trouve quelquefois à quatre pieds
de profondeur; il proportionne encore cette
profondeur à la hauteur que l'on doit don-

(a) Ce font ces cendres que les Hollandois vendent aux
Flamans, pour fervir d'engrais à leurs *prairies hautes*,
parce qu'elles ne réuffiffent pas chez eux fur leurs endroits
marécageux.

ner à la digue. Cette terre eſt jettée à deux ou trois pieds du côté de la riviére ou ruiſſeau qui innonde ; & la hauteur de la digue doit être déterminée par celle que peut avoir l'inondation, afin de l'excéder au moins de deux pieds.

» L'extrémité de la terre ſervant de guide, doit, *dit-il*, » être aplanie de trois pieds, & » former un talut du côté que vient l'eau ; » de façon qu'un pied de hauteur perpendi- » culaire, emporte trois pieds de pente, & » que du côté des terres la pente ſoit moins » douce de moitié.

» On revètira, *pourſuit-il*, ce talut de ga- » zon ; on le ratiſſera ; on y ſemera du » foin ſi la terre le permet, & on élévera ces » digues (*a*), dans des tems ſecs, & très- » promptement.

» S'il ſe trouve un terrein ſablonneux, ou » des terres propres à la tourbe, le talut de » la digue doit avoir plus d'étendue ; il » faut ſemer des herbes marines ou roſeaux ; » mêler de la paille, ou des branches d'arbres » parmi ces terres ; & y enfoncer des pieux, » afin de les contenir.

« On fera enſuite des ſaignées en ligne di- » recte, & on établira une écluſe ſimple à » l'entrée du foſſé de décharge, afin que l'en- » trée de ce foſſé, ſoit fermée aux eaux lorſ- » qu'elles groſſiront ; qu'elles puiſſent au con- » traire s'écouler lorſque la pluïe en aura inon- » dé le terrein, & que les bateaux puiſſent

___

(*a*) Pareilles digues ſont élevées en Hollande & en Angleterre, & elles mettent à l'abri des inondations, des terreins très-étendus.

» aller & venir pour exporter les tourbes, &c.

» On fera un fecond foffé dans le terrein
» defféché le long du premier, à la diftance
» de quatre pieds; il fera de deux pieds de pro-
» fondeur, fur deux autres de largeur; on le
» remplira de terres convenables, pour y plan-
» ter des faules que l'on élaguera à une certai-
» ne hauteur, ainfi qu'on le pratique déja.

Non-feulement ces arbres feront de bon produit, mais ils pareront auffi ces terreins, des mauvais vents qui pourroient nuire au *houblon*.

» On aura de diftance en diftance dans les
» intervalles des rangs des plans de *houblon*,
» des petits foffés, dans lefquels il fera aifé
» de prendre des eaux pour arrofer le *houblon*
» dans les grandes chaleurs. Cet Auteur prétend que les eaux ftagnantes font merveilleu-
fes pour cette culture, & que l'on doit s'en fervir de préférence à toutes autres : quoique cela ne fe foit jamais pratiqué en Artois ni ailleurs. Je crois cependant que cet ufage peut être bon.

On fera enfuite les trous, à la diftance que j'ai indiqué précédemment ; & les terres que l'on tirera de ces trous & du foffé dans lequel on plantera les faules, font encore des terres propres à fabriquer de la tourbe, que l'on pourra exporter. Il faudra remplir ces trous de bonne terre ; mais comme il en faudra une quantité immenfe, & que l'importation du fupplément à celles des terreins hauts voifins de ces marais que l'on aura déja enlevé, en feroit difpendieufe quoique par eau, attendu l'éloignement des lieux où elles pourront être prifes ; peut-être ne jugera-t'on pas à propos d'exécuter ce projet ? Mais s'il s'exécute, on brûlera dans les marais les tourbes & les gazons des terres defféchées, & on en mêlera la cendre avec les terres importées ; on y pourra même joindre encore du *coulain*, que l'on puife dans la riviere d'Aa, &c. du bon fumier confommé, & en même tems de la chaux. On laiffera opérer la fermentation fur le tout, & elle fera faite en très-peu de tems. Cette terre fera la plus convenable ajoûte notre Auteur, pour le *houblon*; & fi ces effais réuffiffent en Artois, les houblonnieres que l'on pourra établir, ne pourront être que très-avantageufes aux villes (*a*) & à la Province.

____

(*a*) La Société pourroit prendre un terrein près de Saint-Omer, dans les marais de la gauche ou de la droite de la riviere d'Aa après les fortifications du fauxbourg du Hautpont, pour faire faire cette expérience ; on choifiroit le terrein le plus élevé, de crainte d'être arrêté par l'eau qui en trempe toujours les fondemens, ou même qui en couvre affez fouvent la furface.

S'il arrivoit que les terres marefques de l'Artois puiffent produire fructueufement du houblon, les Corps des villes, qui s'attribuent la propriété de ces terres, comme *biens patrimoniaux*, pourroient en afféager à différens particuliers fous une redevance annuelle, & fe conferver celles où ils ne feroit pas poffible d'exécuter ces cultures, pour y prendre des tourbes pour les chauffages des troupes.

Comme tout terrein vague appartient au Roi, & que cette maxime eft depuis longtems établie en France ; les Communautés les ont achetés, & la propriété leur en a été vraifemblablement accordée par les Déclarations du 6 Novembre 1677, & 11 Juillet 1701, à condition qu'ils ne payeroient plus de droit de huitiéme annuel pour leur confirmation : elles devroient aujourd'hui en folliciter une nouvelle confirmation motivée, fur le bien qu'apporteroit à l'Etat l'amélioration de ces *terres marefques*.

Sur

Sur l'opération des Engrais.

J'ai reconnu que différens Auteurs font d'accord de faire faire cette opération après le dernier de tous les labours d'automne, ou d'été, que j'ai déja proposé ; c'est-à-dire, de faire cette opération précédemment celle de la femence, plûtot que de la faire à la Saint Jean, ainsi qu'il est d'usage en Artois.

J'ai engagé la Société de statuer sur cet objet, & je ne parlerai ici de l'opération de ces engrais avec du fumier (a), que relativement aux autres opérations de culture, que je viens de propofer.

Les tems des femailles d'automne (b) ne feront peut-être pas toujours propres en Artois pour faire le tranfport des fumiers fur les terres, & ces motifs pourront fans doute préfenter un obftacle pour exécuter cette opération d'engrais dans ces momens ; c'eft pourquoi je rapporterai ici tous les fentimens.

Quelqu'un de ces *Auteurs* veulent donc *fumer* à ces époques, & ils difent que les terres *légeres* qui font les plus fufceptibles d'engrais, les recevant alors, doivent être labourées de nouveau, après que l'on aura étendu le fumier deffus leur furface, & qu'elles doivent être herfées enfuite, avec la troifiéme herfe dont j'ai parlé.

(a) Il n'eft pas queftion ici de l'opération de la *marne*, ni des autres ; j'en ai déja traité.

(b) Les terres deftinées pour être mifes en femence au printemps, ne doivent pas être fumées.

Les autres *Auteurs*, au contraire, ne veulent pas une nouvelle opération de labour ; ils prétendent qu'en herfant ce fumier avec la femence, cela fuffit ; c'eft ce que je ne penfe pas.

Il me paroit à propos de fuivre ce que propofent les premiers Auteurs ; & pour lors il faudra fe fervir, d'une petite charrue, vulgairement appellée *binot*, pour faire ce labour, afin *d'enfoncer* ou de *couvrir* ce fumier de terre ; l'ameublir en même tems ; & difpofer des fillons à recevoir commodément la femence.

On peut encore fe fervir de la *drill*, de *la houë à chevaux*, ou de la *charrue à femer*, ou du *femoir* (a), qui forment le fillon en même tems qu'elles jettent la femence, & fe paffer de *binot*.

On *fume* ordinairement les prairies pendant l'hiver.

Sur l'opération des Semailles *de grains de paille à femences volantes, & autres.*

<table>
<tr><td>Grains de paille d'automne & de printemps, à femences volantes, & coulées fans intervalle.</td><td>Si l'on juge à propos de fe fervir de la drill ou charrue à femer, ou du femoir, &c. dont je viens de parler, la graine de femences fera répandue en même tems que le fillon s'ouvrira, & cela à la profondeur ou diftance que</td></tr>
</table>

____

(a) MM. *Tull* & *de la Salle*, ont donné la defcription de cette charrue, & la nomment *charrue légére*. M. Duhamel l'a rendu beaucoup plus fimple, & plus à portée de tout le monde : je l'opterois de préférence à la premiere ; mais peut-être ne fera-t'elle pas convenable au fol de l'Artois ? Voyez au furplus pag. 182. du Corps d'Obfervation des Etats de Bretagne.

l'on jugera convenable (*a*). Le fillon fe refer-
mera fur le champ, en enterrant la femence :
cela me paroît plus commode, & moins difpendieux que la façon ci-après.

Si l'on fe fert, au contraire du *Binot*, on
femera *à bras*, en la maniere accoutumée,
& on recouvrira cette femence avec la herfe.

Dans les terres *fortes ou pefantes*, on y jettera un peu plus de femences, que dans les
terres *légeres*, parce que dit-on ; & je le
dis auffi ; plus une terre eft riche en fucs
nourriciers, plus elle peut nourrir une plus
grande quantité de plantes.

Pour parvenir donc à bien exécuter cette
opération de femailles, dans ces terres *légeres*,
il faut que le *Semeur à bras*, (fi c'eft cette méthode que l'on préfere,) mêlange du fable
avec la graine de femence, ou qu'il empêche
l'écoulement trop rapide de la *charrue à fè-
mer*, (fi c'eft cette feconde méthode que l'on
adopte).

Dans les *terres pierreufes*, cette charrue ne
paroît pas fort convenable, les pierres la faifant fauter lorfqu'on la traîne, lui feroient
toujours porter beaucoup de femences dans
un endroit, & point du tout dans l'autre :
& cette charrue ne détruiroit pas les mauvaifes herbes qui auroient pû croître depuis
le dernier labour; parce qu'en s'en fervant,
on eft obligé de les farcler.

Quant à la nature de la femence propre à
chaque fol, c'eft à la Société à l'indiquer,

(*a*) Ces fillons doivent avoir huit ou dix pouces de
profondeur.

après les effais qu’elle aura fait faire fur cha-que différentes natures & qualités de terres que l’on a en Artois. J’indique cependant, dans différens endroits de cet Ouvrage , les propriétés de quelques terres ; j’y renvoye le Lecteur & je vais parler préfentement de l’épo-que favorable pour l’opération *de la femaille.*

Dans bien des cantons, on feme au mois de Mars , des *grains de paille* , dans d’autres , c’eft le contraire, on ne les feme qu’en au-tomne : & je crois, en effet, que les Agricul-teurs qui fement lors de cette derniere épo-que , ont raifon de préférer cet ufage , à moins que les rigueurs de l’hyver n’ayent fait périr la récolte.

Bien des Auteurs veulent que ces grains des principales femences , tels que le *froment* , le *feigle* , &c. (grains dont je parlerai), fe femant en automne , foient paffés dans la chaux vive, dans une faumur de fel marin , &c. (*a*) ; & plufieurs veulent éviter cette opé-ration. La Société fe décidera peut-être pour la faire , parce qu’elle préviendra par ce moyen la *carie des grains* (*b*) , *le charbon & la niéle.*

La foible préparation actuelle des femen-ces , ne peut empêcher que différentes grai-nes de mauvaifes herbes , ne reftent parmi elles ; il faudroit effayer de les purger de ces

---

(*a*) Voyez pag. 115. du Corps d’Obfervations de la Société de Bretagne.

(*b*) M. *Duillet* propofe au furplus un reméde pour préferver les bleds de la carie ; les expériences en ont été faites à Trianon ; & je les crois efficaces.

plantes, parce qu'elles les étouffent affez fouvent, lorfqu'elles s'élévent ; & je propofe de fe fervir pour cet effet, de différens cribles de fil de fer ou d'airain (*a*).

Enfin bien des Auteurs veulent que l'on change de femence (*b*) ; ce qu'il faut encore effayer.

M. *Tull* propofe une méthode de femer toute différente de la précédente ; il en affure même la réuffite étayée fur des expériences multipliées : il fait une intervalle dans fix pieds de terrein de cinq pieds, & enfuite une divifion d'un pied ; il place fes deux rangs de bled dans cette divifion, & met la femence à la largeur d'un demi pouce ou environ.

Grains de paille d'automne & de printemps, à femences par intervalle.

Dans cette intervalle, il exécute le labour dont j'ai parlé à l'art. de la culture des terres deftinées à femer au mois de Mars en froment ; enfuite une bonne façon au hoyau dans la divifion & un farclage à la main, ou avec un inftrument de fer dans les rangs des grains levés.

Cette opération fera faite ainfi chaque année, fuppofant toujours la terre au premier *ordre* dont j'ai parlé ; de façon que le pied de terrein mis cette année en *froment* &c., eft mis en grains de *Mars* l'année fuivante : Un pied de terre oppofé, de l'intervalle qui eft en *jachére* fe met en *froment* &c., & ce pied de terrein de l'intervalle mis cette année en *Mars*, eft l'année fuivante en *jachére*.

_____

(*a*) M. *Duhamel* a donné les modèles de ces uftenciles ; ils paroiffent fort commodes & utiles.

(*b*) C'eft auffi de ne l'avoir pas ainfi pratiqué, qu'eft venue la décadence de l'agriculture. Voy. pag. 91. du Corps d'Obfervations de la Société de Bretagne.

On obferve que de cette méthode de cultiver & de femer, il réfultera ; 1°. que le terrein recevra plus aifément les richeffes de l'athmofphère ; 2°. que le fol, *continuellement rempli de principes nourriciers & débarraffé de mauvaifes herbes*, fournira néceffairement au grain de paille femé , la nourriture, la force & la vigueur que les différens dégrés de végétations exigent ; 3°. que le Cultivateur pourra préparer les façons de l'année fuivante , pendant le cours de laquelle toutes ces opérations doivent être répétées de la maniere que je l'ai propofé ; 4°. enfin , que néceffairement la terre *légere* s'épaiffira par dégré , & aulieu d'être affoiblie , elle fe trouvera dans un état de vigueur plus parfait , qui ne manquera pas de multiplier les fuccès.

Il profcrit tout fumier & tout ufage de rouleau pour cette culture.

S'il en réfulte les quatre avantages ci-deffus ; (qui , infailliblement, feront procurés également en fuivant les premieres méthodes que l'on a traité ci-devant) il en réfultera deux inconvéniens , que voici :

1°. Une perte de terrein , par conféquent de *récolte* ; à moins de ne faire l'intervalle que de trois pieds , dont deux cultivés chaque année en grains de *paille* & de *légumes* , & l'autre refté en *jachére* : mais pour lors la premiere méthode prévaudroit : Je veux dire celle dont j'ai parlé précédemment :

2°. Des récoltes le plus fouvent infructueufes par les vents qui courberoient les grains , parce qu'ils n'auroient pas la force de foutenir leurs tiges , étant fi diftanciés l'un de l'autre , ou parce qu'ils pourroient en être endommagés ou mangés par les beſtiaux, en faiſant les opérations du printemps & de l'automne, pour la culture des *Mars* & pour celle des *grains d'hyver*.

Un autre Auteur inconnu propoſe la méthode ci-après, qui approche de celle de M. *Tull*, dont je viens de parler ; mais il ne donne pas de repos à la terre la troiſiéme année, & ſi le temps eſt ſec avant la S. Michel, il lui fait ſans ceſſe produire des grains de paille : Il aſſure au ſurplus, de même que le premier l'a fait pour la ſienne, l'avoir expérimenté avec ſuccès.

Il ſeme donc ſon grain en rang de dix-huit pouces ou environ à travers le champ, ſans autre diſtinction d'intervalle & de diviſion, & il ſarcle dans ces eſpaces, par une ſimple application de la *houe à chevaux*, dont j'ai parlé : Mais (il faut, dit-il,) que le fond ſoit préparé de la façon ſuivante : qui eſt de mettre la terre en ſimple ſillon & de ſe ſervir de herſe *peſante*, plûtôt que de légere, pour mieux détruire le *chaume* & les racines des mauvaiſes herbes, s'il en reſte, & pour mieux ameublir la terre.

Il place enſuite ſon ſoc au milieu du ſillon, qui ſe diſtingue encore pour en former d'autres, & il emploie de nouveau la herſe *peſante* qui acheve d'enlever ces pailles & ces racines ; après cette ſeconde opération avec la herſe peſante, il ſe ſert d'une plus ſerrée pour mieux unir le terrein : Il a auſſi attention d'obſerver ſi le champ eſt bien ſec, avant d'y faire paſſer l'attelage ; s'il le trouve encore humide après la S. Michel , il se borne à y semer au printemps des légumes , à des distances qui permettent l'usage de la *houë à chevaux* & à disposer la terre après cette récolte à produire du froment l'année suivante.

On désapprouve cette méthode , & je crois que l'on a raison : En effet ; 1°. la terre ne peut pas être bien disposée pour recevoir la semence de l'année suivante , par le simple usage de la *houë à chevaux* , qui ne peut entrer dans la terre qu'à bien peu de profondeur.

2°. Les herbes ne peuvent pas exactement s'enlever , quoiqu'il assure le contraire , avec une charrue sans *coutre* & sans un large *soc*.

3°. La tige naissante du bled peut être offensée de ce sarclage.

Et 4°. enfin , le laps de temps de la récolte à la S. Michel , n'est le plus souvent pas suffisant pour préparer le fond convenablement ; au lieu que par les autres méthodes la terre se trouve toujours prête.

Dans les Provinces méridionales , cette façon de cultiver pourroit peut-être bien s'y exécuter , parceque les moissons s'y font à bonne heure ; peut-être encore pourroit-on pareillement l'exécuter en Artois, dans les *terres grasses* , telles que dans celles du canton de *Lillers* , de *Béthune*, & dans celles où les mauvaises herbes ne viennent pas en abondance.

Cet Auteur ne veut pas , non plus que le précédent , se servir de fumier ni de rouleau.

Un troisième propose de semer au contraire , le bled par rangs de deux pieds ou environ ; & par ce moyen , *il retire*, dit-il , *huit récoltes pour six , dans huit ans* , parce qu'il fait produire les terres pendant trois ans fur quatre, quoiqu'elles foient *pefantes* ou *légeres.*

Cette méthode n'eft pas meilleure que les précédentes, & elle eft auffi fufceptible d'inconvéniens.

1°. En ce qu'elle fe trouve expofée à être dévorée à l'aife par les oifeaux.

Et 2°. enfin, en ce que l'on peut lui faire les mêmes obfervations que j'ai faites à celle de M. Tull.

Cet *Auteur inconnu*, rejette auffi l'ufage du fumier & du rouleau, (ce qui formeroit réellement une épargne au Cultivateur, fi ces opérations étoient trouvées convenables au fol de l'Artois, &c.); mais il fe fert *toujours de la houë à chevaux*.

Mrs. *de la Salle*, *Patulo* & *Duhamel* traitent chacun en particulier, de différentes façons de cultiver & de femer; on doit également effayer leurs méthodes.

Les grains étant femés, la Société propofera la herfe la plus convenable, pour les couvrir de terre, & fixera l'époque pour faire utilement cette opération (*a*).

On ne négligera rien pour établir les écoulemens aux eaux des orages, &c. dans les terreins femés.

Les jardins des Cenfes, &c. étant les lieux où ces plantes filamenteufes fe cultivent, les Agriculteurs donnent tous leurs foins à cette culture, & y portent volontiers les engrais néceffaires; de forte que cette culture paroît

Plantes filamenteufes à femences volantes.

____

(*a*) L'ufage en Artois, eft de faire fuivre l'opération des femailles par celle-ci.

être portée à sa perfection : mais aujourd'hui il est question d'étendre cette semaille ; il faut par conséquent exciter les Agriculteurs à s'y livrer.

La culture que j'ai proposé pour les froments est celle propre pour ces plantes, & la semaille, au lieu d'être faite en automne, doit être faite au printemps, après avoir donné à la terre, la culture de cette saison, dont j'ai parlé.

Plusieurs *Auteurs* sont d'avis que l'on fasse cette semaille dans l'automne (*a*), & que le grain soit jetté beaucoup plus clairement qu'on ne le fait ; je suis volontiers de leur sentiment, parce que ces tiges prendront plus de nourritures ; un grain de semence produira plusieurs tiges, & les lins & les chanvres n'en seront que plus fins & plus beaux ; mais j'appréhende que le climat d'Artois y apporte des obstacles : c'est ce que la Société pourra expérimenter. Le lin doit être semé clair (*b*).

Les terres en *prairies*, mises en terres labourables, sont très-propres à cette semaille, & ces plantes y viennent en abondance ; j'en ai vû les effets : La premiere année, le lin ou le chanvre étoit des plus beaux ; la seconde approchant de même, & la troisiéme beaucoup inférieurs. Les terres neuves & argilleuses, sont également propres à cette production.

On ne sçauroit trop porter d'attention, pour empêcher que les *taupes* ne parcourent les

____

(*a*) Cela se pratique dans bien des Provinces.

(*b*) Voyez le Corps d'Observations de la Société de Bretagne pages 131. & 132.

terres enfemencées de ces graines ; car en labourant la terre, comme ils font ordinairement, ces animaux détruifent la femence; il eft différens *piéges*, dont on peut fe fervir, pour parer à ces inconvéniens ; lefquels étant mis à propos, pourront détruire ces animaux.

Après la femaille, on fera la même opération des herfes pefantes, que j'ai indiqué aux cultures des terres labourables ; & je crois qu'après avoir bien ameubli la terre, il faudra fe fervir du rouleau, ainfi qu'il fe pratique déja en Artois, pour mettre la terre le plus uniment qu'il eft poffible.

On aura foin de former des rigoles, pour empêcher que les eaux ne croupiffent en hyver, dans cette terre, au cas que l'on juge à propos de faire alors cette femaille.

Les légumes rurales, vulgairement appellées *Mars*, parce qu'elles fe fement dans le mois de Mars dans les terres mifes l'année précédente en froment, &c. ont été de tous les tems en affez grande abondance en Artois ; mais elles feroient plus fructueufes, fi l'on changeoit la méthode de les planter ou de les femer.

J'ai précédemment indiqué leur culture, & voici leur plantation ou femence à expérimenter.

Les *féves petites & groffes*, & *les haricots*, dit un *Auteur* (a), doivent être plantées dans des rangs de trois pieds d'intervalle & diftanciées de fix pouces les unes des autres. La plantation fera faite en fuivant la charrue, &

____

(a) Chriftian *Reichard*, Auteur Ecoffois.

l'on fera paſſer une herſe peſante pour les couvrir : cette méthode me paroit excellente,
quoiqu'elle détruiſe l'ancienne.

Les ſillons ou rangs doivent être tirés avec
une charrue bien légere, à la profondeur de
quatre pouces.

Le panais, quoiqu'on ne le ſeme que dans
les jardins, peut ſe ſemer auſſi dans la campagne ; ſa culture eſt rapportée page 85. du
Corps d'obſervations de la Société de Bretagne.

Les *navets*, *carotes*, *pois*, *choux*, *lentilles*,
erſes, *veſces*, *draviéres*, *hyvernaches*, &c. doivent être ſemés de même, à l'exception que
les ſillons doivent être tirés droits, de la profondeur de trois pouces ; la ſemaille de ces
légumes ſe fait par le Cultivateur qui ſuit la
charrue, & il doit laiſſer couler chaque grain
à la diſtance d'un pouce ou environ, l'un de
l'autre.

On pourroit même ſe ſervir de la *drill* ou de
la houë à chevaux, pour la ſemaille de ces dernieres graines, & on feroit paſſer enſuite une
herſe d'épines pour les couvrir de terre ; cette
herſe doit être différente pour les *pois*, *lentilles*, *veſces*, &c. ce doit être la médiocre ;
& pour les *navets*, *carottes*, &c. ce doit être
une plus légere : c'eſt ce que la Société pourra
vérifier.

Les *pois* & *navets* peuvent ſe planter encore
avec ſuccès, dans un pauvre terrein, rempli de mauvaiſes herbes, la premiere année
de ſon amélioration : ces pois ſe conſervent
mieux que d'autres. J'ai déja parlé de cette
culture de terre. De même le terrein *argilleux*,
engraiſſé avec du *fumier*, eſt très-convenable

pour produire des *pois.* M. *Hume* dit avoir réussi dans les deux plantations que je viens de citer.

Ce même Auteur prétend encore que le choux vient parfaitement dans le terrein *sablonneux & fort léger*, la seconde année de son amélioration.

Je ne crois pas que l'on puisse trouver une meilleure culture & faire une meilleure opération de semailles de *légumes potageres*, que celles usitées près de Saint-Omer ; les habitans de ces fauxbourgs ont un talent tout particulier pour parvenir à retirer de leur jardinage tous les avantages que l'on peut désirer ; ils procurent des légumes à bien des villes de l'Artois, même à quelqu'unes de celles de la Flandre ; & je crois en effet qu'il ne sera pas nécessaire d'expérimenter ces sortes de culture & semaille (*a*).

Légumes de jardin de toutes espèces.

Les habitans de la campagne ont leurs jardins ou courtils près de chez eux, où ils portent leurs principaux soins ; ceux des villes, ont une partie des habitans de leurs fauxbourgs qui s'y livrent en entier, & d'autres s'occupent à en cultiver pour leurs amusemens : de façon que ces cultures & semailles paroissent avoir reçu un degré honnête d'amélioration : Au surplus, les habitans du Hautpont, dont je viens de parler, pourront en instruire.

Les graines propres à la fabrication des *huiles, moutarde & tabac* se sement en automne ou vers la fin de l'hyver ; sur des couches ou

Graines propres aux fabrications d'huile, moutarde & tabac.

(*a*) *On n'estime pas les légumes que ces habitans recueillent, parce que les terreins de leurs jardinages sont maresques.*

terreins les mieux préparés, dans le voisinage des maisons, & à l'abri des mauvais vents :
au printemps on les plante dans les terres préparées à cet effet, lesquelles font précisément
celles propres pour les *mars*, ou même pour
le *froment*; ces dernieres auront passé l'hyver
en *jachéres*.

On devroit empêcher de se servir des terres
propres à produire le *froment*, pour les productions dont je viens de parler, parce que ce
premier grain, qui y seroit semé, est beaucoup plus précieux, à tous égards, que ne
sont les plantes dont est question.

La meilleure préparation de ces terres, consiste, je crois, à être bien *amendées* avec du fumier.

L'opération de la plantation doit se faire à
l'instar de celle des haricots, dont j'ai parlé,
& le *binot* ou *charrue légere*, formant un autre
sillon, rejettera la terre dans la raye dans laquelle ces plantes feront placées.

Grains de Plantes. Le *bled noir* ou *bled farrasin*, se seme comme le grain de paille ; j'aimerois mieux ce-
pendant faire cette semaille comme j'ai proposé celle des navets.

Grains de Bled de Tur-
quie, ou de gros, médio-
cre & petit millet. Le *gros millet* ou *bled de Turquie* se plante en
Languedoc, en Quercy, &c. à un pied de
distance, sur les terres propres à recevoir la
semence du *printemps*, on se sert pour cette
opération, d'un bâton, & on perce des trous
à un demi pied de profondeur ou environ ;
pour moi je préférerois l'usage de la plantation des graines destinées à la fabrication des
huiles ; & au lieu de semer ces graines en
automne, comme on seme ces premieres, le
millet se semeroit sur les couches au prin-

temps; peut-être auffi paffèroit-il fort bien l'hyver ? Si cela fe pouvoit , la production n'en feroit que plus forte.

On feme de diftance en diftance , parmi ce millet , des graines de *choux* , de *citrouille* , de *callebaffe* , de *potiron* , de *lentille* , d'*haricots* , &c.

Le *médiocre millet* fe jette au printemps dans la terre , à l'inftar des lentilles , dont j'ai pareillement indiqué la méthode de femaille ; ces grains font très-recherchés & très-connus en Bretagne.

Le petit fe jette en même tems que le froment ; il ne fert gueres qu'à la nourriture des oifeaux privés , & l'on n'en feme que dans les jardins.

On feme les graines *de prairies artificielles* de même que celles du printemps ; la tranelle , &c. fe jette cependant dans les tertes de *mars*, ou à terre perdue ou en rayons , & parmi l'avoine , le froment , le lin & le chanvre. Lorfque la femaille de chacune de ces graines eft faite , on peut refter cinq ou fix ans fans la renouveller ; & d'ordinaire les terres qui en auront produit , ne font plus propres à recevoir de ces femences , à moins qu'elles ne foient *amendées.* On eft d'ufage de changer de terres labourables , pour y jetter cette femence (*a*).

Cette opération de femaille fe fait de même que celle de la *tranelle* , dont je viens de parler ; excepté que ces terres en *prairies* fubfiftent telles , pendant un plus grand nombre d'années.

Graines de prairies artificielles.

Grains de foin.

(*a*) Voyez le Corps d'Obfervations de la Société de Bretagne , pag. 64. jufques & compris 88.

Grains & plantes de teintures.

Ces *végétaux* se sement ainsi que l'on fait les grains de printemps ; à l'exception *du pastel*, dont la culture est indiquée dans les instructions données par le Gouvernement le 18 Mars 1671, depuis l'art. 259 jusques & compris 286, & encore dans l'Arrêt du 17 Octobre 1699 (*a*).

Plantation du houblon.

Les plans du *houblon* se mettent dans les trous que j'ai proposé ; on les couvre ensuite de terre & l'on forme une espèce de mottes sur leur surface : cette plantation une fois faite, est pour des temps infinis.

Plantation de fruits de terre.

Les *patates* doivent être distanciés de neuf pouces dans les rangs au lieu de six, & on doit se servir d'une herse pesante pour les couvrir de terres.

Les pommes de terre se coupent en morceaux & se plantent de même que les patates.

Graines de chardon.

Cette semaille doit se faire à l'instar de celle du bled de Turquie.

(*a*) L'art. 290. & les suivans, jusques & compris l'art. 298. regarde la culture de la *garance*. Voy. aussi *Christian*, il en a traité, édition de 1759.

Les articles 301-à 305. concernent le *vermillon* ; ceux 304. & 305. la *sarrette* & la *genestrolle* ; l'art. 305. le *fovic* & *rodouille*, arbrisseau ; & l'art. 299. la *gaude*.

Sur

Sur les natures de Semences & de Plantes à jetter & à mettre dans les terres.

Semences d'Automne.

IL y a deux fortes de froment en Artois, dont il faut continuer la femence ; fçavoir, le *blanc* & le *roux*, ou *locart*, ou *barbu* &c. ; le froment *blanc* eſt celui qui ſe ſeme vers Lillers & la Flandre dans les terreins gras : mais il n'a pas la même propriété de l'autre, ſoit pour la conſervation, ſoit pour l'emploi.

Le roux barbu ou ſans être de cette eſpece, qui eſt le meilleur, ſe ſeme dans tout le reſte de l'Artois ; on en pourroit augmenter la production par une ſemence plus conſidérable : il ſe conſerve, & il eſt convenable aux beſoins des *Manufaćtures de farines* & aux *tranſports qui peuvent s'en faire en nature, par Mer*, ſi l'exportation en eſt permiſe pour toujours.

Cette récolte de ſeigle eſt des plus médiocres en Artois ; il ne s'en ſeme que pour avoir des pailles pour les *liens*, qui ſe peuvent également faire avec toute autre paille de grains : Cela eſt bien étonnant, tandis que dans toutes les Provinces du Royaume on en fait de ſi grandes récoltes, & que le Peuple fait un pain parfait de ſa production, pour ſa nourriture ; ſoit que ſa farine ſoit mêlée avec celle du froment, ou ſoit qu'elle ne le ſoit pas : C'eſt par ce moyen

F

que ces Peuples économisent le froment : (*grain si précieux & si utile par tout & sur-tout pour l'Artois.*) D'ailleurs : 1°. la *fleurison* & la *moisson* de ce grain de *seigle* qui sont primitives à celles de celui de froment, empêchent l'intempérie de l'air *de cette saison* d'attaquer cette récolte, ainsi qu'elle a bien souvent attaqué celles de ce dernier grain ; celle de seigle pour lors peut donc y suppléer? 2°. Il résiste beaucoup mieux à la rigueur de l'hyver : en effet, n'est-il pas souvent arrivé que le Cultivateur étoit dans le cas de labourer son champ de froment perdu, ou par les froids, ou par les eaux, pour y semer de la *paumelle* ou autres petits grains de cette espece ; & cependant son *seigle* existoit ? 3°. Il se consomme beaucoup de seigle pour la fabrication du pain de munition, qui se livre aux troupes continuellement en garnison dans les Villes de l'Artois & dans celles de la Flandre : s'il s'en trouvoit ici, les Munitionnaires ne seroient plus obligés d'en tirer de France, ou de l'Etranger ? 4°. Enfin, il sert de matieres premiéres aux Fabriquans de pain d'épices &c. Voilà des avantages qui doivent ce me semble, engager la Société de faire augmenter cette semence.

Je n'entends pas pour cela, vouloir engager les Cultivateurs à diminuer la semence ordinaire de leur froment, pour semer en son lieu & place du *seigle* ; mais je voudrois les engager à semer ce seigle dans les terres préparées pour être semées en avoine & autres grains de paille ou de plante de *Mars* ; parce qu'il me paroît que la préparation de la terre pour cette femaille d'automne, pourroit aifément être faite depuis le moment de la moiffon des froments, jufqu'à l'inftant de la femaille de ces grains de feigle. C'eft encore ce que la Société devra effayer.

Je penfe que l'on m'objectera que cette nouvelle méthode de femaille pourra préjudicier aux productions des *Mars*, parce que l'on n'en aura plus de récoltes confidérables ; mais je répondrai que le *feigle* fera mille fois préférable aux erfes, vefces &c., que les habitans employent verds ou fecs pour la nourriture des beftiaux, quoique nuifibles. D'ailleurs, on pourra y remédier facilement & même y fuppléer, par les productions artificielles, dont les femences n'employeront pas autant de terre que les femences des erfes &c. en employent.

Cette femence eft une *mixtion* de froment & de feigle qui fe feroit mieux avec les productions ; car le feigle fe trouve mur avant le froment ; il *s'écoffe* & perd fon grain : On devroit donc en fupprimer l'ufage. *Méteil qui fe jette comme le feigle.*

La production de ces grains s'emploie pour faire de la biére, qui eft la boiffon la plus commune des habitans de l'Artois : On ne fçauroit trop encourager cette *femaille*, parce que ce grain s'exporte chez l'Etranger pour faire les mêmes boiffons, *brazé*, ou *toutreillé*, ou *germé*, c'eft-à-dire, réduit en *malt* ; ou non toureillé, brazé & germé. *Orge ou foucrion, qui fe feme comme le froment, mais dans les meilleures terres premieres, & encore dans un pauvre terrein amandé.*

Semences du Printemps.

C'eft affez l'ufage dans bien des cantons, de femer ce grain au printemps comme en *Froment qui fe feme dans les fecondes.*

automne ; mais fa production n'eſt jamais ſi fructueuſe : à la bonne heure de le ſemer comme je l'ai déja dit, ſi l'hyver avoit perdu la récolte de celui ſemé en automne & que l'on s'en apperçoive en Février ; parce qu'alors l'indigence forme la loi.

Il y a deux ſortes d'*avoine*, la groſſe & la petite ; la petite ſe ſeme le plus communément en Artois, & dans toutes les terres ; l'autre ne ſe peut ſemer pour le mieux, que dans les terres *fortes, peſantes & graſſes*.

Ce ſecond grain, non-ſeulement peut ſe ſemer dans les *ſecondes terres* ; mais on peut le ſemer auſſi dans les pâtures nouvellement défrichées, dont la culture a été rapporté : la production de ces grains pour lors eſt très-abondante, & ſur-tout dans les terreins bas & ſecs où la tige vient d'une hauteur prodigieuſe. On continue cette ſemence pendant trois ou quatre années de ſuite ſur le même terrein, & on ſeme parmi la ſemence de la quatriéme & derniere année, celle de foin, de trefle &c., pour remettre cette terre en prairies.

Ces ſemailles d'avoine dans les pâtures labourées ſe font en automne, quoique bien des Agriculteurs la font également au printemps ; & elle réuſſit de même.

Les ſemailles d'avoine peuvent encore ſe faire dans les prairies, dans leſqu'elles on aura récolté du lin pendant deux ou trois années, & la ſemence s'y jettera au printemps plûtôt qu'en automne.

La production de cette graine n'eſt abſolument pas ménagée en cette Province : il eſt même étonnant que les habitans se privent d'un revenu qu'ils tireroient à l'aise de ces récoltes, par la vente qu'ils en feroient aux troupes de Cavalerie en quatier chez eux, &c. Il est des nourritures connues & propres pour les chevaux, qui équivalent même en quelque façon l'avoine, dont je parlerai. Pourquoi ne pas s'en servir pour l'économiser ?

Ces grains sont très-mauvais pour la nourriture des hommes ; tout au plus s'ils sont bons pour celle des bestiaux ; leur culture, il est vrai, en est bien peu dispendieuse & il leur faut bien peu de temps pour croître & mûrir ; une façon de *binot* & de herse suffisent sur une terre qui aura été semée l'automne en froment, ou en autre grain, que l'hyver aura faire périr ; & leur moisson se fait encore avant celle de tout autre grain ; cependant on n'en doit semer, le cas ci-dessus n'arrivant pas, que dans des terres très-médiocres ; car s'il s'en semoit dans toute autre, on devroit absolument l'empêcher, puisque l'on a tant de grains beaucoup plus précieux à récolter.

Cette graine se seme dans les environs de la Flandre : on devroit en semer aussi dans les Pays hauts de l'Artois ; elle fait une très-bonne nourriture pour le Peuple (a), sa paille même est propre à celle des bestiaux : Mais le chaume est nuisible à l'amélioration de la terre, s'il reste quelque tems dessus ;

____

(a) Les habitans de bien des Provinces de France s'en nourrissent.

il faut par conséquent le faire enterrer par un labour aussitôt la récolte levée.

Quelques Cultivateurs font dans l'usage de femer la graine de *moutarde*, ou *moutardelle*, à *femence perdue*. Il me femble que l'on feroït mieux de la femer en automne fur des terreins préparés, ainfi que l'on feme la graine de colfat; & de planter enfuite les plans au printemps (*a*) : Quant à la femence de la navette, je crois qu'il faudroit continuer de la jetter à femence perdue ; mais *plus clairement*.

La graine de *moutarde* n'eft connue que du côté d'*Ardres*, & la *navette* ne l'eft que du côté de *Bethune*, *Lens*, &c. : On doit néceffairement étendre ces femences dans tous les départemens, parce que l'une eft matiere premiére à un commerce néceffaire, & l'autre alimente des manufactures.

Non-feulement ces plantes font données vertes aux beftiaux pour leur nourriture ; mais encore il leur en eft donné de feches en hyver. Ces nourritures font nuifibles à la fanté des animaux ; & d'un autre côté leur femence & leur plantation occupent des emplacemens immenfes dans les terres *fecondes*, qui pourroient produire, ainfi que je l'ai déja dit, des grains bien plus précieux. J'ai donné au furplus les moyens d'y fuppléer : Il feroit donc à propos que l'on en reftreigne la femence.

On ne connoît point cette premiere femence

(*a*) Peut-être que ces plantes ne peuvent fupporter les rigueurs de l'hyver, comme celles du colfat ; il faudra en faire l'expérience.

en Artois, cependant les terres y font très-propres ; on devroit donc en femer, & pour cet effet fe procurer de la graine de *Languedoc* ou de *Bretagne* ; elle eft ronde & blanche, de la groffeur de celle *du choux*. On fait de très-bon pain de ces productions & bien d'autres nourritures.

Le petit millet y eft connu au contraire, & il fe feme dans les jardins ; on le donne en nourriture aux oifeaux apprivoifés.

Cette plante croît dans le *Languedoc*, dans d'autres *Provinces méridionales* & dans l'*Amérique* ; on l'appelle en ce dernier lieu *mays* : fa farine fait de très-bon pain, fur-tout lorfqu'elle eft mêlée avec celle de froment (*a*).

On devroit tenter cette plantation en Artois, où le climat n'eft pas affez froid, ce me femble, pour en empêcher la production.

Quoique ces légumes foient très-utiles, & pour la nourriture humaine, & pour le commerce qui s'en fait ordinairement, on ne doit pas cependant en permettre la femence fur les *premiéres* terres ; ni en exciter une augmentation de femence fur les *fecondes*.

Cette femence fe peut jetter encore dans un pauvre terrein la premiere année de fon amélioration ; les *pois* & les *navets* y viennent avec fuccès & ils font de *conferve* : De même les *pois* viennent encore parfaitement dans les terres *argilleufes* (*b*) engraiffées avec du

---

(*a*) Les peuples de ces pays ne mangent d'autre pain que celui-là.

(*b*) M. Hume prétend avoir réuffi dans ces fortes de terres.

fumier ; & les *choux* viennent pareillement dans un terrein *fablonneux* & fort *léger*, la deuxieme année de fon amélioration.

Herbes des prairies artificielles.

Tranelle ou tremeine, ou grand trefle, qui fe feme dans les fecondes & dans les premieres, pour cinq ou fix ans.

Cette graine (*a*) vient d'Hollande : il s'en feme beaucoup dans les environs de *Lille* : on devroit en exciter la femence en Artois ; parce que fa plante eft une bonne nourriture pour les beftiaux. M. BARENTIN dans fes mémoires obferve, que lorfqu'elle eft femée en même tems que le froment & l'avoine, elle pouffe la premiere année des petits rejets, qui fe mêlant avec les bleds, rempliffent les gerbes d'un bon fourage ; que l'année fuivante ce trefle repouffe fi fortement, que l'on le coupe deux ou trois fois pendant cette année ; & qu'après la derniere coupe, on le laiffe encore pouffer pour le laiffer manger verd par les beftiaux, en automne.

Le *petit trefle* n'eft pas moins propre à cette nourriture que le grand, on l'appelle vulgairement *clave*.

Sainfoin & luzerne, qui fe fement dans les premiéres & fecondes terres de couleur grife, blanche & rouffe, pour cinq ou fix ans.

Ces herbes font fructueufes dans les terres *rouffes* (*b*), & non pas dans les *blanches* & *grifes* ; dans lefquelles terres on les feme ordi-

---

(*a*) La femence en eft excitée en Bretagne, par l'art. 5. de la Délibération du 10 Février 1757; & elle y a réuffi. Voy. le Corps d'Obfervations de la Société de Bretagne, pag. 64. jufques & compris 74.

(*b*) L'Auteur des prairies artificielles n'eft pas d'avis de jetter cette femence dans les terres *fablonneufes*, à moins que la terre ne foit pas éloignée de la fuperficie du fable. Voyez le Corps d'Obfervations de la Société de Bretagne, pag. 74. & fuivantes.

nairement en Artois : Leur production eft auffi
avantageufe que le petit *trefle*, dont je viens
de parler.

On connoît beaucoup cette *prairie* en Ecoffe, & elle eft excellente pour les beftiaux : On peut s'en procurer de la graine pour en femer pareillement en Artois, où le climat eft plus doux (*a*). *Reygraff ou faux feigle, qui fe feme dans les fecondes.*

On feme beaucoup de ces *navets* en Bretagne & ces femences y font fructueufes ; on doit s'en procurer des graines de *Londres* : elle font les meilleures. Ces productions feront avantageufes en cette Province, parce qu'elles y nourriront parfaitement les *bêtes à cornes* (*b*). *Gros navets ou turneps.*

On ne feme ordinairement cette racine que dans les jardins ; elle eft cependant très-propre pour la nourriture des beftiaux : On doit fe procurer de cette femence (*c*). *Panais.*

Plantes filamenteufes.

La graine *de Riga* & *de Zélande*, eft la meilleure pour la femence ; on doit en procurer au laboureur au prix coûtant (*d*) & défendre *Lins & chanvres, qui fe fement dans les premieres, ou dans les jardins.*

(*a*) Voyez le Corps d'Obfervations de la Société de Bretagne, pag. 79.

(*b*) Les États de Bretagne en ont excité la culture, par l'art. 5. de leur Délibération du 10 Février 1757 ; & cette femence a réuffi. Voyez pag. 27. & 33. des Obfervations de la Société de cette Province, années 1757 & 1758.

(*c*) Voyez pag. 85. du Corps d'Obfervations de la Société de Bretagne.

(*d*) C'eft ce qui fe pratique en Bretagne, en exécution de l'art. 5. de la Délibération du 10 Février 1757, & qui réuffit. Voyez le Corps d'Obfervations de la Société, pag. 41.

l'ufage de celle du pays, qui n'eſt aucunement fructueuſe. On ne doit pas ſe refuſer d'exciter cette ſemence, parce que ſa production eſt une matiére premiére à un commerce d'exportation conſidérable : De même celle du chanvre (*a*).

Spartum & herbe de ſoye, &c. qui ſe ſement dans les premiéres.

On trouve la *premiére de ces plantes* en Eſpagne & l'autre en *Amérique* ; peut-être pourroient-elles être plantées en Artois & y produire ; C'eſt ce que l'on devroit eſſayer ? L'une eſt matiére propre à la ſuture ou calfatage des vaiſſeaux, & l'autre s'emploie dans les étoffes (*b*). On a découvert encore une autre plante de lin appellée *lin de Sibérie &c.* que l'on pourroit ſemer en Artois (*c*) : de même, l'ouette (*d*).

Des autres Plantes.

Tabac qui ſe ſeme & qui ſe plante dans les premiéres.

Quoique cette *plantation* ſoit reſtrainte par les réglemens de 1745, dans des bornes étroites ; on ne doit cependant pas diſcontinuer de la faire, parce que cette production donne lieu à un commerce permis en Artois, & d'ailleurs très-conſidérable ;

(*a*) M. DODART Intendant du Berry a animé la culture du chanvre, en faiſant accorder par le Gouvernement, des récompenſes pour l'encourager ; & la Société de Bretagne l'a pareillement fait. Voyez pag. 137. du Corps de ſes Obſervations.

(*b*) Cette plante donne un fil plus fin que celui du lin & du chanvre ; auſſi moëlleux & auſſi beau que la ſoye ; & qui prend les mêmes luſtres & les mêmes couleurs.

(*c*) Voyez pag. 133. du Corps d'Obſervations de la Société de Bretagne ; on y indique différentes plantes.

(*d*) Voyez pag. 145. du même Corps d'Obſervations ; on parle de cette plante.

mais le tabac du cru de cette Province ne fera jamais de la qualité de celui de l'Etranger (*a*) ; & pour lui donner une préparation convenable & s'en procurer le débit, on ne pourra s'empêcher de le mêler avec celui de ce dernier.

Dans le Gatinois on feme beaucoup de *faffran*, dont la fleur eft utile : Peut-être que le climat de l'Artois en certain canton, n'en empêcheroit pas la production ; l'on devroit en tenter la femence dans les meilleures terres à l'abri du nord. Saffran.

Le fenouil vient en Artois, fur-tout dans les *terreins blancs, fecs & chauds* ; on devroit en femer des quantités, parce qu'il eft néceffaire. Anis.

Teintures.

Cette teinture fe tire de l'*Angleterre* & de la *Hollande* ; il en croît auffi près de *Lille en Flandre :* elle pourroit croître également en Artois, où le climat eft tempéré ; & l'on pourroit tirer des racines de cette plante de la derniere ville (*b*). Garances, &c.

Le Gouvernement a donné des inftructions fur la méthode de la cultiver, le 18 Mars 1671,

---

(*a*) Ce qui eft fingulier, c'eft que dans les pleines de Gottingen, en Allemagne, celles de la Virginie & de la Caroline, en Amérique, qui font fous un climat plus froid que ne font celles de l'Artois, & qui ont un fol égal à celui-ci, le tabac y vient parfaitement, & il eft d'une qualité fupérieure.

(*b*) Les Etats de Bretagne ont encouragé ces femences, par l'art. 5. de leur Délibération du 10 Février 1757, & cette plante y a réuffi. Voyez les Obfervations de la Société, pag. 28.

qu'il faut fuivre : je les ai indiqué. Il en doit être de même pour la culture du vermillon, de la farrette, de la geneftrolle, du fovic, du rodouille & du tournefol.

Paftel. Cette *plante* fe recueille en Languedoc & dans les autres Provinces fes voifines ; il ne fera peut-être pas difficile d'en femer en Artois, quoique le climat n'y foit pas auffi chaud que dans les premiéres Provinces : C'eft ce que l'on devroit effayer ; on en a fait des effais en Bretagne qui y ont réuffi (*a*).

Le Gouvernement a pareillement donné des inftructions fur cette culture & femence, que j'ai rapporté.

Chardons. On trouve beaucoup de ces *plantes* en Artois dans les terres en friches, qui font d'une très petite efpèce & qualité ; on devroit en femer dans les fecondes terres : elles font utiles aux Manufactures.

Houblon qui fe plante dans les premieres & dans les marais. Une plus grande extenfion dans la plantation du *houblon* en cette Province, fupprimeroit l'importation confidérable qui s'en fait des Provinces voifines, & donneroit lieu au contraire à une exportation.

Sur la Culture des terres, les Grains étant en herbes.

Grains de paille. Au printemps, avant que les grains ne montent ; c'eft-à-dire, *lorfqu'ils font en herbe*, la Société feroit effayer fi l'ufage du rouleau eft néceffaire pour faire prendre au plan différentes tiges : bien des Auteurs veulent cette opération, lorfque les *gelées fortes* ont fait lever

---

(*b*) Voyez le Corps d'Obfervations, pag. 28.

le terrein, & que les pluyes subites ont mis les racines des grains à découvert.

La Société expérimenteroit encore si l'usage de la herse retournée, est convenable pour *plier* la tige naissante du bled, afin qu'il double ses racines & ses épis, surtout lorsqu'il est semé dans un terrein *gras ou fort* : cette méthode me paroît un peu *rude & nuisible.* Je pense que le rouleau vaudroit mieux. En effet, par cet instrument, la terre ne peut pas être déchirée, ni la racine du grain enlevée, ainsi que le feroient les têtes des dents de la herse, à moins qu'elles ne soient rivées & mises à l'unisson du bois dans lequel elles sont arrêtées.

Quelques Auteurs estiment, au contraire, de faire passer rapidement les brebis sur ces grains en herbes, afin que la tige ayant son extrémité coupée, puisse *touffer* davantage, & *se doubler* : c'est ce que la Société doit encore essayer. Je crois que cet usage peut être aussi favorable que le premier.

On est dans l'habitude de *sarcler* le froment*; la nouvelle méthode de cultiver, exemptera cette opération, toujours dispendieuse, parce qu'on parviendra indubitablement à supprimer la croissance des mauvaises herbes.

Il en sera sans doute de même pour celui de l'avoine ; grain qui se trouvoit toujours étouffé par les chardons ; cependant s'il en pa-

---

* On prétend que ce défaut de sarcler, est une des causes de la décadence de l'Agriculture. Voyez pag. 90. du Corps d'Observations de la Société de Bretagne.

roiſſoit , on pourra ſe ſervir d'un inſtrument appellé *faucille* (*a*).

Les autres grains de paille , &c. auront le même avantage d'être délivrés de ces herbes.

Prairies artificielles ou grains de plante, dont la tige ſert à pourrir les beſtiaux.

On doit bien ſe garder de mettre , ou les *brebis*, ou le *rouleau*, ou enfin la *herſe*, ſur ces plantes, lorſqu'elles ſont levées, parce que ces animaux les dévoreroient, & les deux inſtruments en briſeroient les tiges d'une façon à ne pouvoir plus ſe relever. On doit plutôt ſarcler s'il eſt néceſſaire de le faire; car je penſe, comme je l'ai dit précédemment, que la nouvelle méthode de cultiver les exemptera de ce ſarclage (*b*).

Plantes filamenteuſes, & celles propres à la fabrication des huiles , & le ſaffran.

1°. On fera les mêmes opérations que je propoſe de faire aux terres dans leſquelles on ſemera les plantes dont je viens de parler; 2°. enfin lorſque le chanvre ſera monté ; le femelle doit être arraché , parce qu'il ne porte point de ſemences.

Légumes , bled de Turquie , tabacs & fruits de terre.

Différens légumes exigent également le *ſarclage* avec la *faucille* ; mais les feves , haricots &c. bled de Turquie & le tabac , exigent le ſarclage du *hoyau* : Je n'en vois pas de plus propre pour cette opération que le hoyau inventé par MM. *Tull* & *Duhamel*. On fait cette opération lorſque ces plantes ſont aſſez élevées, afin d'ameublir en même tems la terre & les ſéparer : Ces *ſarclages* ſont fructueux lorſqu'ils

____

(*a*) MM. *Tull* & *Duhamel* propoſent un autre *inſtrument* qui paroît plus commode.

(*b*) Les Etats de Bretagne ont donné un Mémoire pour la culture du *tremeire*, qu'il faut ſuivre , ſi les principes s'accordent au ſol de l'Artois.

font faits dans un tems bien fec, parce que les mauvaifes herbes pour lors périffent étant coupées & arrachées.

Si le *hoyau*, dont je viens de parler, ne fe trouve pas convenable, quelques Auteurs propofent la *charrue légére* ou *efpèce de binot*; ils difent de la faire paffer dans les intervalles à la profondeur ordinaire, pour détruire les mauvaifes herbes & procurer à ces plantes une nourriture convenable; ce qui me paroît moins commode que le hoyau, parce que le cheval qui traînera cette charrue pourra rompre les plans, & une fois rompus, les tiges, ainfi que je l'ai dit, ne peuvent plus fe relever.

Les tiges du *tabac* étant élevées, on en coupe la fuperficie, afin de lui faire produire les feuilles plus larges; de même, celle du bled de *Turquie*, afin de lui faire donner par la racine toute la fubftance dans l'épi qui fe trouve au pied de la tige. La premiere de ces opérations, je veux dire celle qui regarde le *tabac*, fe fait lorfqu'il eft monté à une certaine hauteur, & l'on brife en même tems la tige de femence du tabac femelle : celle du bled de Turquie fe fait au contraire lorfque la tige fupérieure a fleuri & elle fe coupe à la hauteur de la tige inférieure, ou celle portant fruit. Ces dernieres tiges étant coupées fervent à nourrir les vaches &c. & les autres reftent fur le fol.

Les terres de *jardins* n'ont befoin que d'un farclage, ou avec la *houe*, ou avec la *faucille*, & cela paroit fuffifant. *Légumes de jardins.*

Le *houblon* étant levé à quatre pouces de hauteur ou environ, on doit le *châtrer*, c'eft-à-dire, ne laiffer que les tiges dont on prévoit la fertilité. *Houblon.*

Pour en farcler les mauvaifes herbes qui croiffent dans les intervalles des mottes de terres, on peut fe fervir de la *charrue légere* ou du *hoyau*; mais pour le farclage des herbes qui croiffent fur les *mottes*, il faut abfolument fe fervir de la *faucille* ou d'une *béche à deux tranchants* & fe garder de toucher aux racines du plan & aux tiges, de crainte de les couper: Cette opération étant finie, il faut planter les perches qui font d'une longueur de vingt ou de vingt-fix pieds. Elles ne doivent pas être pelées, parce que la tige ferpente beaucoup plus facilement à l'entour & s'y attache mieux.

Peut-être feroit-il plus convenable de laiffer au fommet de ces perches des branches, afin de faciliter l'extenfion des extrémités des tiges qui portent le fruit; elles foutiendroient d'autant mieux le poids & l'étalage de ces mêmes tiges; & le fruit recevroit mieux les chaleurs du foleil qui le feroit mûrir plûtôt, & l'empêcheroit de fe pourrir lorfqu'il eft inondé parles pluies; ainfi que cela arrive très-fouvent.

Il feroit encore à propos de prévenir la rupture des perches par les grands vents; ce qui occafionne ordinairement des pertes confidérables de fruits. Pour les éviter, il me femble qu'on devroit attacher à leur fommet des *perches en travers*, de façon que toutes les perches plantées fe tiendroient de l'une à l'autre, & de droite & de gauche.

Bien des Auteurs veulent que l'on arrofe les houblonnieres dans les temps des fechereffes, & je crois que cela eft utile: La Société doit l'effayer, afin d'approuver ou défapprouver ce fyftême.

Il.

Il faut avoir foin d'arrofer les prairies baffes d'eau de riviere, qui eft préférable à celle de fontaine, lorfqu'on le peut faire : Cet arrofement fe fait au printemps, au moment que les herbes prennent couleur : on doit cependant au préalable faire étendre les mottes *des taupes* ou *des mulots*. Cette derniere opération doit fe faire également fur les prairies hautes, quoiqu'elles ne produifent point de foin, & ces eaux doivent être retirées des prairies baffes vers la S. Jean.

Foins.

Le Gouvernement a donné des inftructions pour cette culture, que j'ai indiqué.

Plantes de teintures.

Ces plantes doivent être *farclées* avec un *hoyau* ; de la même maniere que l'on fera les bleds de Turquie.

Chardons.

Sur les Moiffons & les Préparations des grains, &c.

Je préfume que le tems propre pour cette opération, eft lorfque les grains font prefque parvenus à leur maturité, c'eft-à-dire, lorfqu'ils ne peuvent pas *s'écoffer* fi facilement : Cependant la Société devra fixer l'époque qu'elle croira devoir être la plus favorable.

Grains de paille & plantes.

Les différens inftrumens pour la coupe des grains de paille & de plante font goûtés des uns & défapprouvés des autres : il n'eft pas moins néceffaire que la Société fe détermine fur ceux qu'elle reconnoîtra les plus commodes à la nature des grains.

On fe fert en Artois pour couper les grains de paille & de plante, à l'exception de l'avoine, de la paumelle &c., de la *faucille* & du *picq* : Le plus ufité eft ce dernier ; cependant le premier femble être plus convenable & plus avantageux, quoique plus pénible pour les moiffonneurs; & la main-d'œuvre plus longue & par conféquent plus difpendieufe ; parce que cet ouvrier obmet de couper avec les pailles du froment &c. , les mauvaifes herbes, telles que chardons &c. ; ce qu'il ne peut obmettre avec le fecond inftrument.

Peut être que parvenant, avec la nouvelle méthode de cultiver, à enlever les mauvaifes herbes, l'ufage *du picq* pourra être admis.

On fe fert d'une *faux à couche d'ofier* pour les coupes de l'avoine, de la paumelle &c. ; & je crois cet inftrument commode , & le travail abrégé.

On arrache les feves, les chanvres, les lins (*a*), les colfats, les bleds noirs & de Turquie &c. ; quelqu'un même coupe avec *le picq* ces premieres denrées, mais mal-à-propos, parce que la racine eft nuifible au fol, ainfi que celle du bled noir.

Dans bien des Provinces, & fur-tout dans celles où il eft d'ufage de fe fervir de la *faucille*, l'on coupe la paille du grain à deux pieds ou environ de hauteur : par ce moyen on évite ; 1°. de couper les mauvaifes herbes & de les mêler avec les pailles des grains, ce que l'on ne peut s'empêcher de faire avec le *picq* ; 2°. on procure un chaume plus confidérable à brûler ; 3°. enfin, le travail en eft plus actif & moins difpendieux : Mais

---

(*a*) Voyez pag. 129. & fuivantes du Corps d'Obfervations de la Société de Bretagne, l'époque qui a été déterminée pour arracher le lin.

comme l'on retire moins de fourages, & que la plante des mauvaises herbes n'est pas si facilement coupée (*a*), je préférerois toujours l'usage de l'Artois, qui est de couper le grain à trois ou quatre pouces de hauteur.

La Société doit s'attacher à connoître l'utilité ou l'inutilité de laisser les grains coupés sur terre pendant un certain tems, & elle le limitera, si elle en adopte l'usage. On laisse ordinairement pendant quelques jours les froments, les seigles &c. en monceaux, soit qu'on les coupe avec le *picq*, soit avec la *faucille* ; & on laisse les avoines, la paumelle &c. ainsi que ces pailles tombent de la couche d'osier de la *faux*, c'est-à-dire, *épars ou étendu*, pendant plusieurs jours, sur-tout l'avoine : Peut être seroit-il utile d'étendre les pailles de froment &c. comme celles des derniers grains, & de les retourner au bout de certain temps, parce que les influences de l'athmosphere peuvent donner au grain dans l'écosse quelque bonne qualité : ce qu'il prendroit aisément, la paille étant étendue (*b*).

On doit s'appliquer encore à connoître : 1° quel est l'endroit le plus favorable pour placer ou disposer les gerbes des grains de paille, de plantes & de légumes : lorsqu'elles sont bien séchées & liées. On se sert ordinairement des *granges*, & lorsqu'elles sont pleines, on en forme des *tas*, ou des *meu-*

(*a*) Cause de la décadence de l'Agriculture. Voyez pag. 90. du même Corps d'Observations.

(*b*) Voyez le Corps d'Observations de la Société de Bretagne, pag. 119.

les, ou des *mois*, que l'on a foin de couvrir : 2°. enfin, s'il vaut mieux *dépiquer ou battre* ces grains pendant l'hyver ou après la gelée, que de les dépiquer incontinent la récolte, ainfi qu'il fe pratique dans bien des Provinces du Royaume, fur-tout dans celles méridionales (*a*). Je penfe que les grains mis en grange & dépiqués dans le cœur de l'hyver, valent mieux que les autres, parce que, non-feulement ils s'écoffent plus aifément, mais ils ont pris une nourriture pendant le laps de tems qu'ils ont refté dans l'écoffe, qui leur donne une meilleure qualité (*b*).

La méthode de fe fervir du *fléau*, d'une groffeur fupérieure au manche, *ainfi qu'on eft dans l'habitude de fe fervir en Artois*, me paroît préférable ; 1°. à celui dont on fe fert dans les autres Provinces ; (*qui eft, ou un fléau de même groffeur & à peu près de même longueur du manche* ;) & 2°. à l'ufage des chevaux.

Après avoir *battu* les grains, il eft queftion de déveloper certains grains qui reftént dans les épis caffés ou féparés de la tige, & encore d'en enlever la petite paille qui formoit l'écoffe : On fe fert pour cet effet en Artois d'un panier plat d'ofier, que l'on appelle *Wan* ; dans d'autres Provinces on jette ces grains au vent. J'ai reconnu que cette derniere méthode paroiffoit meilleure, parce qu'elle étoit plus commode, qu'elle nétoyoit davantage le grain & qu'il ne s'en perdoit pas autant qu'il s'en

---

(*a*) C'eft à la plus belle expofition du foleil, que fe fait cette opération.

(*b*) Voyez p. 110. des Obfer. de la Société de Bretagne.

perd en fe fervant du *Wan* : Je crois cependant qu'en adoptant l'une ou l'autre de ces métho-des, on ne pourra éviter l'opération du grand crible (a), ni celle du petit, pour nétoyer plus parfaitement les grains deftinés à être em-ployés, ou pour femence, ou pour les ma-nufactures de farines, ou , enfin , pour le commerce de l'exportation.

Je fais les mêmes obfervations pour tous les autres grains de pailles, de plantes & de légumes.

On ne peut s'écarter, je crois, de la pré-paration que propofe M. *Marcandier* pour le chanvre (b). La voici en abrégé : Lorfque le chanvre eft bien féché , il veut que l'on en coupe les deux extrêmités , fur-tout la ra-cine , & il le fait rouir : Quatre jours fuffifent pour cette opération. On cherchera , dit-il , des eaux tempérées, les plus belles & les plus claires ; on lavera ces plantes rouies dans les rivieres, ou eaux courantes ; on les broyera enfuite pour les féparer de leur paille ou de leur chenevotte ; on les divifera en paquets de deux liv. Au contraire , fi l'on vouloit tirer un

Plantes fila-
menteufes.

(a) Ce font les inftrumens dont on fe fert dans les Fa-briques de farine de *minot*, dont je parlerai. M. *Duha-mel*, d'ailleurs, donne des modéles de ces inftrumens affez reffemblans aux premiers, peut-être plus utiles & plus faciles à manœuvrer, parce que le vent y a plus de prife.

(b) La Société de Bretagne n'a pas encore jugé à propos de faire répandre les Mémoires de cette préparation , parce que ces opérations font trop difpendieufes ; cepen-dant il eft ajoûté dans leurs Obfervations, pag. 30. que ceux qui en ont fait les effais en grand, ont été fatisfaits de cette méthode.

autre parti plus avantageux du chanvre &
lui donner une autre qualité, il faut, pour-
suit-il, le réduire en petits paquets ou poignées
d'un quarteron ou environ, que l'on pliera par
le milieu, en les tordant mollement, ou bien
on les liera avec une ficelle pour se donner la
facilité de les remuer aisément dans l'eau sans
les mêler : après les avoir imbibés d'eau, il
faut les mettre dans un vaisseau de bois ou
de pierre que l'on remplira d'eau : il faudra
quatre jours pour cette opération ; mais en
remuant souvent le chanvre & changeant
d'eau, il ne faudra que trente heures : on les
retirera par poignée, on les tordera & on les
lavera à l'eau courante ; ensuite on le battera
légérement, poignée par poignée, sur une
planche, & on le lavera de nouveau à
l'eau courante : Ce chanvre étant sec, on le
battera & après on le peignera.

Les étoupes se pourront carder comme de
la laine, & elles serviront aux manufactures.

Cette préparation me paroît fort bonne,
& je la préférerois à celle de rouir ces végétaux dans l'eau dormante, dans laquelle on
les charge mal-à-propos de bois ou de mottes
de terre ; parce que ces natures d'eau, ce
bois & ces mottes de terre, ne peuvent que
nuire à la filature & à la blancheur du
fil (a).

______

(a) Cet ouvrage de rouir dans l'eau claire, &c. se pratique à Harlem en Zélande, & autres lieux ; & les
Etats de Bretagne n'ont pû s'empêcher d'autoriser & d'exciter cette préparation par l'art. 5. de leur Délibération
du 10 Février 1757. Voyez ensuite le Corps d'Observations de la Société, pag. 141. & suivantes.

Ce fruit étant mur, il fera aifé de le cou- *Houblon.*
per par le moyen des échelles ; ainfi que de
démonter les perches pour les mettre à l'abri
de rigueurs de l'hyver.

Les payfannes arrachent enfuite le fruit &
le dépofent fur des couvertures qu'elles expofent au foleil pour le fécher.

Après que les feuilles font détachées de la *Tabacs.*
tige, on l'arrache, parce qu'elle nuit au fol,
& ces feuilles s'enfilent ; on les fufpend au
foleil à l'abri de la pluie, jufqu'à ce qu'elles
foient parfaitement féches, & enfuite on en
forme des paquets de plufieurs poignées.

Ces productions, après être *arrachées*, fe *Colfat &*
fechent & fe battent comme les grains de *autres grains*
pailles, & la paille n'eft utile que pour fumier *propres à fai-*
ou pour brûler. *re de l'huile*
& moutarde.

Cet épi fe coupe de la tige que l'on *arrache* *Bled de Tur-*
enfuite, & étant bien féché au foleil, le *quie.*
payfan *l'effroue* ou *en tire les grains en frotant* les
épis les uns contre les autres : *La tige & l'épi* qui
a porté le fruit, étant dépouillés des grains,
ne font propres, les premiers que pour fumier
& l'autre pour brûler.

Ces premiers fourrages fe coupent trois fois *Prairies ar-*
l'année & fe fechent : on laiffe la quatriéme *tificielles &*
coupe pour être mangée verte par les beftiaux. *ordinaires.*

Ces feconds fourrages fe coupent à la S.
Jean : on fait bien fécher & retourner ce foin
avant de le mettre dans les greniers, de
crainte qu'il ne fe brûle ; on remet l'eau fur
la prairie immédiatement après l'enlévement
de cette denrée, & on en coupe quelquefois
vers l'automne un regain, ou on le laiffe
paître par les beftiaux.

G iv

Fruits de terre. Les pommes de terre & les patates s'arrachent, & le fruit se trouve aux racines.

Saffran. Les paysans enlevent les feuilles des fleurs de cette plante ; on les fait sécher ensuite au soleil, & le reste s'arrache : ces feuilles au bout d'un certain tems se mettent en poudre.

Teintures. Le Gouvernement a donné des instructions sur ces cultures que j'ai indiqué.

Chardons. Ce chardon étant prêt à mûrir se coupe & la tige s'arrache ; on le laisse sécher ensuite au soleil.

Sur la conservation des Récoltes

Froment, seigle & autres grains. M. *Duhamel* a donné des instructions les plus étendues sur la façon de former des greniers porpres à la conservation des grains, & ils me paroissent les plus commodes & les plus convenables pour cette conservation (a) : il enseigne même les opérations que l'on peut faire pour ne pas altérer cette conservation de grains , soit en empêchant qu'ils ne s'échauffent, soit en empêchant qu'ils ne soient mangés par un insecte appellé *calende* †, ou par tout autre , ainsi que cela arrive ordinairement. Il a donné en conséquence des modeles de cribles d'une invention bien plus aisée & bien plus facile que ceux ordinaires appellés *passoirs.*

Quelques Négociants & Marchands de grains en Artois & les Chartreux avoient de

____

(a) Les Romains * & les Hollandois les conservoient & conservent dans des souterrains.

* *On trouve à Ardres , de ces lieux de conservation , bâtis par ces premiers.*

† *Charançon.*

ces paſſoirs, qu'ils ont fait venir d'Hollande ; leſquels ſont d'une façon qui aſſimile beaucoup à celle des cribles de M. *Duhamel* : Mais ceux de ce dernier ont quelque perfection de plus.

La conſervation de toutes les autres denrées doit ſe faire de même que celle des grains dont je viens de parler.

Je crois que les fourrages ſe conſervent beaucoup mieux dans les greniers à jour, que dans ceux dont le plancher eſt ſolide : C'eſt ce que l'on pratique bien mal-à-propos dans les autres Provinces.

ÉCOLE D'AGRICULTURE.

Sur les Pépinieres & les Plantations.

NOn-ſeulement l'Agriculteur doit porter ſes ſoins à la culture des terres, il les doit auſſi porter aux pépinieres (*a*) & aux plantations des arbres : car ces parties de l'Agriculture lui procurent aſſez ſouvent des bénéfices honnêtes (*b*) ; pour d'autant plus exciter ſon application à ces cultures, la Société fera former des *pépinieres* & fera enſeigner aux cultivateurs la méthode de les ſemer ; l'époque des temps propres à jetter les ſemailles ; la mé-

Arbres fruitiers.

(*a*) Les Payſans Artéſiens les nomment *nocqueries*. Il faudroit que la Société ſe procurât des *greffes* d'Orléans & de Normandie, au prix coûtant, juſqu'à ce qu'on en ait pû élever ſuffiſamment pour les beſoins des pépinieres particulieres.

(*b*) Voyez pag. 147. & 186. du Corps d'Obſervations de la Société de Bretagne.

thode d'élever les plans d'arbres & de les *greffer* ou *enter*, & enfin, l'époque des tems propres à faire les plantations : Ces opérations répétées dans les départemens, pourront repeupler cette Province d'arbres fruitiers, utiles, néceſſaires & fructueux ; & l'on parviendra à détruire ceux qui ne portent que de très-mauvais fruits, nuiſibles à la ſanté, dont le nombre eſt conſidérable en Artois.

En effet, les jardins ou courtils des payſans ſont *complantés* en pruniers, noyers & noiſettiers, de la plus foible eſpéce : leurs prairies hautes ou *pâtures* le ſont en pommiers & en poiriers, en noyers, en ceriſiers, en pruniers & en neſſliers, de même nature ; & les jardins des ſeigneurs de paroiſſes, curés & rentiers des villes & de la campagne, le ſont auſſi d'abricotiers, pruniers, poiriers, pommiers, ceriſiers, muriers, amandiers, figuiers & vignes, de même qualité.

Cette qualité inférieure de fruit, n'eſt pas le ſeul motif qui doive faire étendre la plantation de ces arbres ; il ſe rencontre encore un autre inconvénient dans cette même plantation. Le voici : Les pruniers, les noyers &c. qu'on a planté dans les pâtures ne ſont pas aſſez diſtanciés l'un de l'autre ; le défaut de les *élaguer*, ou *ébrancher*, ou *tailler*, les a laiſſé ſe rabougrir ; ils ont produit des tiges *touffues*, mais fort peu élevées, & non-ſeulement ils préjudicient, par ce moyen, à la croiſſance de l'herbe (*a*), mais encore ils em-

---

(*a*) Cauſe de la décadence de l'Agriculture, lorſqu'ils ſont plantés auſſi près l'un de l'autre. Voyez pag. 90. du Corps d'Obſervations de la Société de Bretagne.

pêchent le fruit de *mûrir* ; d'un autre côté, les trois quarts de ces arbres font creufés par vétufté, d'autres font courbés à un point que fouvent bien des beftiaux qui veulent paffer deffous, s'eftropient.

En obligeant les Agriculteurs de détruire ces plantations ; 1°. on ne permettra de planter leurs prairies hautes, que d'un rang de ces nouveaux arbres fruitiers, le long des rives ou bords des chemins, à une diftance de quarante pieds au moins les uns des autres ; 2°. on les obligera à les élaguer chaque année (*a*), afin qu'ils s'élevent davantage & foient plus droits ; 3°. enfin, on engagera ces Agriculteurs à complanter quelques-uns de leurs champs de ces fortes d'arbres, dont le fruit eft propre à faire le *cidre*, dans les mêmes diftances, que je viens de citer : cette boiffon de cidre feroit fûrement préférable à celle de *bouilly*, que l'on compofe en Artois (*b*).

On devroit planter des chataigners, des cormiers, des marronniers d'indes & des muriers (*c*) : ces arbres réuffiroient peut-être, ainfi qu'ils ont réuffi dans les Provinces méridionales, en Bretagne, en Poitou &c.

J'ai vu quelque cultivateur faire bêcher à l'entour de ces arbres en automne, pour empêcher que la mouffe ne monte le long du

---

(*a*) On doit fixer l'époque de cette opération.

(*b*) Cette boiffon fe fait avec du fon & de l'eau.

(*c*) Voyez pour cette plantation de mûriers, ce que dit la Société de Bretagne, dans fon Corps d'Obfervations, pag. 149. Il y a déja quelques Particuliers qui la projettent pour la Province d'Artois.

tronc ; ils faifoient même porter de la marne au pied, pour bonifier, difoient-ils, la terre & donner plus de vigueur au plan : Cette opération m'a paru néceffaire, cependant la Société doit l'expérimenter avant que de l'adopter.

Arbres de conftruction. Si les arbres fruitiers font utiles, ceux pour la conftruction ne le font pas moins.

Les forêts & bois de cette Province, tant ceux appartenans au Roi que ceux des particuliers, produifent beaucoup de chênes *francs & autres* ; mais ils n'en produifent pas fuffifamment pour les befoins des conftructions des moulins, des bâtimens, des *belandres* & des bateaux ; & ne fourniffent pas fuffifamment de *pelures* ou *écorces*, pour les befoins des tanneries &c. Il y a lieu d'appréhender qu'ils en produiront encore moins, fi l'on n'obferve ponctuellement les ordonnances rendues concernant les Eaux & Forêts, ainfi que les Officiers de cette partie les font exécuter dans les autres Provinces du Royaume, foit pour la coupe, foit pour le plan. J'ignore pourquoi ces Officiers n'ont aucun droit de les exécuter en Artois fur les bois des particuliers.

L'Artois produit beaucoup de *bois blanc* ou tremble, des ormes, du peuplier, du frêne, du hêtre, du tilleul, du érable, de l'aune, du fouteau, du bouille, du noifettier & cerifier fauvage, des faules, des ofiers &c ; & ces bois croiffent dans les bois & forêts & dans les *prairies hautes & baffes*, foit à travers, foit à l'entour d'elles, par double & triple rang, foit enfin, dans les *haies* qui environnent ces fortes de terres : Ces dernieres plantations, à double & triple rang &c. ne peuvent que nuire infiniment à la production de ces prairies; on devroit les défendre & ne les permettre au contraire que fur un rang, le plan diftancié de vingt-quatre pieds de l'autre; & encore ne le permettre que le long des haies de ces prairies hautes qui bornent les chemins.

Les avenues des châteaux pourroient être plantées également en marronniers d'Indes, par préférence aux plans de tilleuls, parce qu'outre le beau coup-d'œil que ces plantations donnent, le fruit de ces arbres eft une matiére première de manufacture dont je parlerai. On trouvera toujours fuffifamment de tilleuls dans les bois, pour les befoins des Sculpteurs.

Dans bien des villages les vergers, les prairies hautes &c. font clofes par des haies de bois morts; qui s'enlevent chaque hyver; ce qui donne lieu à une confommation immenfe de fagots d'épines & d'autres bois pour les *renou-veller* ou *retouper* au printemps : Ne vaudroit-il pas mieux, fi le terrein le permet, planter des haies d'aube-épine, de fureau, de faule, d'érable, de charme, de houx ou de noifet-tier fauvage ? Ainfi qu'il s'en voit dans bien des paroiffes de la campagne de cette Province : outre la main-d'œuvre que l'on épargneroit annuellement & que les vergers feroient tou-jours fermés, on retireroit des fagots de ces bois, lorfqu'on en auroit déterminé la hau-teur ; qui devroit être au moins de douze pieds. Cependant fi le terrein ne permet-toit pas cette plantation, on fe modeleroit fur la méthode des Cultivateurs de Bretagne qui s'attachent à élever des doubles murailles de pierre ou de gazon, de la hauteur de quatre ou cinq pieds fur un pied & demi de largeur : chaque muraille eft diftanciée l'une de l'autre de quatre pieds, dans laquelle diftance, ils jettent des terres & y plantent des haies de noifettier fauvage ou d'autres bois.

Dans les terreins incultes & humides, l'Agriculteur doit tenter la plantation des faules nains, fur lefquels on pourroit couper chaque année des *vimes ou* des *ofiers*.

Le chataigner fauvage, que l'on méconnoît en Artois, eft encore très-propre, lorfqu'il eft *à coupe* ou *en taillis*, pour la formation des cercles. Ces cercles furpaffent en qualité ceux faits de bois de *faule* : On devroit donc s'en procurer du plan.

On recueille fur différentes terres incultes, & encore dans bien des haies, de la *bruyere* ou *dorgne*, des *genéts*, des *genevriers* & des *ronces*, qui fervent à chauffer les fours : On en fera vraifemblablement privé par la fuite, fi l'on vient à défricher ces terres & à les employer, ou en grains, ou en bois de toutes efpèces ; ce ne peut pas être un malheur funefte que de ne plus avoir de ces productions qui ne font qu'un très-mauvais chauffage, & on s'en dédommagera dans l'inftant, au moyen des fagots que l'on recueillera en abondance dans les nouveaux bois taillis.

Quant au *genevre* ou *genievre*, on devroit en cultiver dans les terres fecondes, parce que cette graine eft utile.

Dans ces terres incultes à défricher, on trouvera fans doute des terres *fablonneufes* ; on pourra les femer en pruffe, en pin & en sapin, qui viennent si parfaitement dans le Nord, en Bretagne, en Anjou, dans les Pyrénées &c. J'en ai fait l'expérience en Bretagne & M. *de Turbilly* l'a fait en Anjou : Nous y avons l'un & l'autre parfaitement bien réussi (*a*).

On pourroit pareillement semer des *buits*, que l'on ne voit guere en cette Province que dans les jardins : Ils viennent facilement dans les pays *froids* & *pierreux*, entr'autres dans les Pyrénées & autres montagnes sur lesquelles il y a très-souvent de la neige ; peut-être réussiroient-ils en Artois où le climat est plus doux.

La plus grande partie de ces plans doivent s'élever dans les pépinieres que l'on engageroit de former, ainsi que je l'ai proposé pour les arbres fruitiers, & l'on doit en même tems fixer l'époque de celui propre pour la coupe (*b*) & pour les élaguer.

Les branches de Chêne & tous les troncs Bois à brûler. des arbres en général qui ne peuvent être travaillés, servent pour le chauffage des citoyens, pour celui des fourneaux & même encore pour faire le charbon : On exporte assez souvent de ces bois & de ces charbons sans altérer le

---

(*a*) Ce même M. *de Turbilly* traite de cette plantation, dans sa Pratique sur les Défrichemens. Voyez au surplus les Observations de la Société de Bretagne, pag. 147.

(*b*) Le bois se coupe au printemps dans bien des Provinces, & je crois que l'on fait mal, parce qu'alors le bois étant en seve, il se seche moins vite & ne se travaille pas si facilement. La coutume d'Artois de le couper pendant l'hyver, me paroît préférable.

befoin de la Province, parce que le peuple
fe fert volontiers, ou de tourbes des marais, ou
de celles des tanneurs. Cette exportation de-
viendra d'autant plus confidérable par l'augmentation des plantations : ce qui fera un avantage. On ne borne pas ce commerce d'exportation à celui du gros bois ; on fait auffi celui
de fagots de différentes groffeurs & qualités,
qui fe forment d'un bois de la coupe de neuf
à dix ans, & il deviendroit beaucoup plus
étendu, fi ces habitans s'accoutumoient à
en diminuer la confommation en fe fervant
de gros bois, par préférence.

On fe fert du *bouille* pour former des balets
de différentes efpèces, pour l'ufage des habitans de la Province & pour celui des peuples
des Provinces voifines : On devroit en augmenter la plantation.

Bien des terres incultes feroient propres à
ces plans de bois à brûler de toutes efpèces,
entr'autres celles qui ne font que fables *vifs*
& *brûlans* ; en un mot, ce fable avec lequel
on fait du mortier en le mêlant avec de la
chaux, foit *blanc*, foit *jaunâtre*, foit, enfin,
rouge (a) : On regarde cependant ces terres
comme ftériles & elles font très-propres à ces
productions. M. de *Turbilly* indique page 21
de fon petit Recueil, la culture que l'on doit
exécuter pour parvenir à ces plantations ; il
veut qu'on y feme la première année du bled
farrazin, & l'année fuivante il veut qu'on y
jette des femences de bois de fapin &

____

(a) Telles font les terres des Bruyeres de Saint-Omer.

de pin, de celles de chêne (*a*), de celles de
chataigner &c. dans la plantation defquels bois
l'on réuffira parfaitement, puifque fon obftacle, dans les lieux où il en a fait l'expérience,
étoit de ce qu'il fe trouvoit beaucoup de cerfs
qui mangeoient les plans, ou qui fe frottoient
contre les arbres lorfqu'ils étoient un peu forts :
ce que l'on ne doit pas appréhender en Artois,
où ces animaux font très-rares.

Il fera à propos que la Société expérimente
ces plantations & fixe l'époque pour femer
ces graines, ainfi que je l'ai déja dit.

Le climat ne permet pas en Artois la plantation de la vigne (*b*), mais bien du mûrier : je
fçai qu'un particulier fe propofe d'en planter
près d'Arras, & il y réuffira ; on pourra s'en
procurer des plans des Provinces méridionales.

Vignes &
mûriers.

(*a*) Ce chêne s'appelle en latin, *robur*, & l'écorce ne
peut fervir aux Tanneurs ; le terrein du bois de Boulogne,
près de Paris, & celui de Compiegne, font de cette
nature, & les chênes y viennent parfaitement.

(*b*) Les habitans n'ont que des vignes de treilles dans
les jardins.

ÉCOLE D'AGRICULTURE.

Sur la Nourriture des Animaux.

Chevaux.

L'Ufage depuis un tems infini en Artois, eft de tenir les chevaux, les bœufs & les vaches, fermés dans les écuries & étables, depuis le 15 Novembre jufqu'au 15 ou 20 Mai fuivant : Cet ufage peut être bon ; 1°. en ce que les fumiers font recueillis ; 2°. en ce que ces beftiaux n'alterent pas la racine des herbes des pâturages, & 3°. enfin, en ce qu'ils font fouftraits aux captures des bêtes fauves ; auxquelles ils font fujets en cette Province : mais auffi il ne peut l'être ; 1°. en ce que ces animaux y confomment des quantités immenfes de fourrages de toutes efpèces, & 2°. en ce que leur fanté peut être altérée par une tranquillité perpétuelle dans ces longues & obfcures retraites. Il me femble que l'on devroit fuivre de préférence la coutume ufitée dans les autres Provinces du Royaume, à l'exception de la Flandre, où l'ufage eft contraire : Dans ces Provinces ces beftiaux font dehors pendant toute la durée de l'hyver ; on ne les retire que pendant les mauvais tems & pendant la nuit, ainfi qu'on retire en Artois les moutons & les cochons ; quoiqu'à ces avant-derniers, la retraite foit bien mal-à-propos donnée. D'ailleurs, fi on obfervoit que cette retraite n'eft faite que pour préferver ces animaux des maladies épidémiques, on auroit, ce me femble,

le même tort de la donner ; car s'ils en font
attaqués, ce n'eſt que lorſqu'ils font retirés
dans les écuries & dans les étables, ou vers
le printemps ou dans l'automne : Au ſurplus,
on a traité parfaitement de toutes ces maladies, & on a trouvé les remedes efficaces pour
les en guérir radicalement. On doit procurer
ces recettes à chaque Communauté pour
inſtruire les habitans de s'en ſervir dans l'occaſion.

La conſommation des foins & autres fourrages que ces animaux font dans leur retraite
empêche que le laboureur ne puiſſe vendre
une grande quantité de ces productions ; mais
aujourd'hui que l'on pourra ſuppléer à ces con-
ſommations par des productions de nourritures
auſſi bonnes que le foin & même meilleures, on procurera à cet Agriculteur une reſſource dans la vente de cette derniere denrée.

On donne aux chevaux *du foin*, *des pois*
communs, *de la draviere*, *de l'hyvernache & de*
l'avoine, pour leur nourriture ; cependant le
foin ſuffoque dans le moment le cheval, le
rend pouſſif lorſqu'il travaille incontinent &
enſuite débile : les autres denrées l'échauffent
infiniment, & enfin la grande quantité d'avoine le rend *fourbu*. Je ne veux pas dire pour
cela qu'il ne faille pas donner du foin aux
chevaux, mais il feroit bon d'en modérer la
ration : Un cheval de cavalier a ſa ration par
jour compoſée de quinze livres de foin & de
cinq de paille, & il ſe tient en très-bon état.
Celui-ci ne peut-il pas faire de même ? Mais
on dira, il travaille davantage que ce dernier,
il faut lui donner une plus forte portion ?

Soit , & l'on y gagnera toujours davantage qu'on ne fait actuellement.

On augmentera donc cette fixation de quinze livres de foin , & celle de trente livres d'herbes , lorfque la faifon le permettra , ou bien on fubftituera , au lieu de ces foins & de ces herbes , des fourrages de fainfoin , de tranelle , de trefle , de raygraff verts ou fecs , fuivant les temps , de panais cuits ou crus (*a*) ; comme auffi on leur donnera de la paille de feigle (*b*) , de celle d'avoine , de celle d'orge & de celle de foucrion , au lieu de celle de froment , & on vendra cette derniere pour les nourritures de la cavalerie &c. qui fe trouvent dans les villes de la Province.

Quant à l'avoine , il me femble que l'on pourroit également la ménager en leur donnant en fa place de la paille de *froment hachée & mouillée* (*c*). Cette paille hachée foutient beaucoup ces animaux: On pratique cet ufage en Allemagne. On donnera encore fi l'on veut aux chevaux des *feves trempées* dans l'eau chaude & refroidies , ainfi qu'on le fait dans les haras & maneges , ou enfin des réfidus & gros-ounoirs d'amidon que l'on tirera des manufactures en ce genre.

(*a*) Voyez pag. 73. du Corps d'Obfervations de la Société de Bretagne. On leur donnera vert , pendant les mois de Juin , Juillet , Août & Septembre ; & après l'automne , on les leur donnera fecs ; ceux-ci proviendront de la feconde & troifiéme coupe. On prétend que le panais leur eft nuifible. Voyez pag. 86. du même Corps d'Obfervations.

(*b*) M. *de Turbilly* la trouve bonne , & il a raifon.

(*c*) On connoît en Artois l'inftrument propre pour hacher cette paille.

On pourra au furplus mener ces chevaux *paître* vers l'automne, fur les champs qui produifent la tranelle. Ils y trouveront une nourriture fi forte, dit M. de BARENTIN dans fes mémoires fur la Flandre, qu'il fera de la prudence de ceux qui les y conduiront, d'empêcher qu'ils n'en crêvent en en mangeant trop : Il en fera de même de toutes les plantes, telles que de celles de trefle, faux feigle ou raygraff &c.

Ces beftiaux ne confomment pas moins que les premiers, les fourrages dont je viens de parler ; pour y obvier on devroit également fixer leur ration. M. de *Turbilly* a expérimenté de leur donner des pailles de feigle & de bled farrafin, & il a reconnu que cette nourriture ne leur étoit point nuifible : Si l'on prend la réfolution de leur en donner en Artois, on évitera une grande confommation des foins & d'autres denrées précieufes.

Bêtes à cornes.

On fçait que la tranelle, le fainfoin, le trefle, la luzerne, les navets ou turneps (*a*) verts ou fecs, le panais (*b*) cuit ou crud, les tiges vertes des bleds de Turquie, les herbes de farclages & une quantité d'autres herbes leur font propres & fructueufes. En effet, je les préférerois volontiers aux erfes, vefces, dravieres, hyvernaches, pois communs, qu'on eft en ufage de leur donner verts ou fecs.

On leur donne encore les *tourteaux* de marc de lin, de chanvre, de colfat, de navette

___

(*a*) Les turneps leur font fingulierement propres, & ou eft affuré que cette nourriture ne donne aucun goût au lait.

(*b*) Ce légume leur eft propre. Voyez pag. 86. du Corps d'Obfervations de la Société de Bretagne.

H iij

&c. (dont je parlerai de la fabrication) que l'on démêle dans leur breuvage. Les perfonnes qui habiteront près des villes pourront auffi fe procurer des réfidus ou noirs de l'amidon, & du marc de biére appellée *drague* : Ces denrées leur font également très-propres.

L'infuffifance de nourritures dans bien des villages, a engagé les habitans de leur donner des feuilles d'arbres d'orme, d'houblon, de liers, des fruits gâtés &c. il me paroît qu'une telle nourriture ne peut être que très-mauvaife par plufieurs raifons que perfonne n'ignore : On évitera de la leur donner aujourd'hui au moyen des fourrages des prairies artificielles que l'on aura en abondance.

J'ai parlé précédemment de leur retraite d'hyver ; je crois que ce que j'en ai dit pourra déterminer l'Agriculteur à fupprimer cet ufage.

Bêtes à laine & à poil.　La nourriture commune de ces animaux dans la crêche, eft du foin ou des feuilles de tremble & de peupliers féchées, qui ne peuvent que leur être nuifibles ; car le pacage doit être leur unique nourriture, fur - tout celui des herbes odoriférentes des montagnes, comme *ferpolet* ou *thym* & les petites herbes que produifent les *jachéres*. Dans les nuits de l'hyver, fi on les retire dans leur crêche, ou, fi l'on juge à propos de les laiffer en parcs fur les *guérets* ou les *jachéres*, on pourra leur donner des fourrages de prairies artificielles.

L'attention des *pâtres*, ou *pafteurs*, ou *bergers*, doit être d'empêcher les chêvres de manger les feuilles des arbriffaux, parce que non-feulement elles ne fe contentent pas de manger cette feuille, mais elles coupent auffi les rejettons des tiges (*a*).

Je parlerai ci-après de la retraite de ces animaux.

Au retour du pacage de ces beftiaux, qui fortent, ou de deffus les *jachéres*, ou de deffus les *chaumes ou éteuilles*, ou des bois, dans lefquels ils trouvent des glans de chênes &c. ou enfin de deffus les terres incultes, on leur donne dans l'étable des breuvages compofés de feves, de pois, d'erfes, de bleds de Turquie, de vefces de panais, l'un & l'autre de ces grains font moulus & délayés dans des laits aigris, avec des fruits gâtés ou des réfidus & noirs de l'amidon &c. ; & ces racines, comme elles font arrachées de terre : ces nourritures leur font propres ; & je ne défapprouve pas non plus l'ufage de leur donner des mêmes breuvages un peu plus forts en matiéres, l'orfque l'on juge à propos de les renfermer pour les engraifter.

Porcs ou cochons.

Les marcs des biéres, le millet, le bled noir & de Turquie, les pois communs, les erfes, les vefces, les réfidus de l'amidon & les paffures des grains, me paroiffent fuffifantes & convenables à la nourriture des volailles de toutes efpeces, & même pour les engraiffer lorfque l'on les tient fermées.

Volailles.

M. *Palteau* propofe avec raifon de placer les ruches de ces infectes dans les voifinages des avoines, des prairies, des farrafins, des

Abeilles, & pofition favorable pour leurs ruches.

(*a*) Ces deftructions reconnues, ont donné lieu à différens Arrêts du Confeil, qui ont défendu d'en élever en Languedoc & en Provence, où le bois eft affez rare.

H iv

bois , des bruyeres ou terres incultes , des montagnes couvertes d'herbes odoriférentes & dans l'éloignement des étangs & des rivieres ; il ajoûte que ce font les pofitions les meilleures & où elles peuvent prendre l'excellente nourriture.

Les pofitions moins bonnes font , dit-il , les plaines abondantes en bled, les prairies, la proximité des bois, des terres en friches & des petits ruiffeaux.

Et enfin les médiocres , les cantons des plaines de bled , les prairies & les petits ruiffeaux.

M. de *Réaumur* propofe , avec connoiffance entiere , de tranfporter les ruches dans l'automne , lorfqu'il ne fe trouve plus de bled dans les campagnes, où il y auroit des fleurs propres à la nourriture de ces infectes, telles que luzerne , tranelle &c. (a)

(a) Voy. pag. 156. & fuivantes du Corps d'Obfervations de la Société de Bretagne.

ÉCOLE D'AGRICULTURE.

Sur les Haras, Ménageries & éducation d'Animaux, de Volailles & Insectes.

ON se sert de chevaux pour labourer en Artois, & leur espèce est des plus petite & des plus foible, à l'exception de ceux que l'on voit dans les cantons de *Lillers* & de *Bethune* : dans le reste de la Province, sur-tout dans le Comté de *Saint-Paul*, dans la Gouvernance d'*Arras* & dans les Bailliages d'*Aire* & d'*Hesdin*, on en met jusqu'à six pour tirer une charrue très-légere, qui seroit tirée dans bien des Provinces avec deux chevaux ou deux bœufs; d'où il s'ensuit même que le travail est fait imparfaitement, & que ces animaux consomment autant de fourrages que de bons chevaux ; d'un autre côté cette espèce est stérile, & le peu de poulains que l'on éleve servent au remplacement des anciens, sans qu'il leur soit possible d'en élever pour les remontes de la cavalerie &c.

Cette espèce n'étant abâtardie que par le défaut de fourrage & par la mauvaise substance de celui qu'ils consomment avec profusion ; on pourra y remédier aujourd'hui par les nouvelles nourritures dont j'ai parlé : Il n'est question présentement que de donner les moyens d'étendre cette espèce.

La Société doit pour cet effet proposer aux Etats d'établir des haras dans certains cantons des différens Départemens de la Province, que l'on peuplera d'étalons & de juments, ou d'*Espagne*, ou de *Hongrie*, ou de *Dannemarck*, ou d'*Angleterre*, ou de *Normandie*, ou enfin, d'autres Royaumes étrangers & d'autres Provinces de France.

Il seroit loisible aux habitans d'y conduire leurs juments de la nouvelle espèce gratis ; il leur seroit défendu d'avoir chez eux des étalons de crainte qu'il n'abâtardissent l'espèce projettée, & ce, jusqu'à ce que l'ancienne soit entiérement détruite : comme aussi il seroit fait des défenses expresses de sortir les poulains de la Province ; car les habitans de l'Artois, sur-tout ceux des villages voisins de la Flandre, ont deja la coutume de les conduire dans cette derniere Province, faute, disent-ils, d'avoir des nourritures pour les élever : C'est ce qui ne leur manquera plus aujourd'hui (a).

Cet établissement a lieu en Bretagne depuis 1754, & il a parfaitement bien réussi (b).

Le Gouvernement avoit établi autrefois de ces haras par Edit de 1500 ou 1600, lesquels n'ont pas eu de succès par le défaut de personnes propres à cette administration. Cependant ayant reconnu de plus en plus l'utilité de ces établissemens, & que l'on pourroit remédier aux inconvéniens, ils furent rétablis sur de

---

(*a*) Les sorties des bestiaux, sont une des causes de la décadence de l'Agriculture. Voyez pag. 88. du Corps d'Observations de la Société de Bretagne.

(*b*) On reconnoît aujourd'hui l'abus des chevaux nationnaux en Bretagne ; on propose d'en supprimer la race. Voyez pag. 96. du Corps d'Observations de la Société.

nouveaux principes par Arrêts des 2 Janvier 1684 & 28 Octobre 1685, & quelques-uns fubfiftent encore dans différentes Provinces : On a même accordé par l'Arrêt du 21 Mai 1695, des priviléges aux gardes étalons, foit en les exemptant des impofitions arbitraires, foit, autrement, pour les engager à y donner tout leur foin : On pourroit octroyer également à ceux-ci quelques faveurs ?

Le Cultivateur fe trouvant avoir des chevaux propres aux remontes, au moyen de ces établiffemens, il puiferoit dans ce nouveau fecours une aifance pour les remplacer & pour exécuter parfaitement les opérations de fa culture : Ce feroit, ce me femble, en fe fervant de bœufs conjointement fes juments.

On pourroit établir auffi des haras pour obtenir une nouvelle efpèce d'âne & d'âneffe, aufquels ânes l'on procureroit de ces nouvelles juments, qui engendreroient des mulets, dont on connoît l'ufage commode & le débouché affuré ; l'on parviendroit aifément à en avoir d'équivalens à ceux d'Auvergne. L'on repeupleroit en même tems le pays d'Artois de nouvelles âneffes, dont l'efpèce y eft très-affoiblie : on fçait que l'ufage de ces animaux y eft très-utile & que la nourriture en eft très-peu difpendieufe.

On devroit empêcher que l'Agriculteur ne fe ferve plus de ces écuries, où les chevaux ont toujours les pieds dans leurs urines. Il lui feroit aifé de mettre ce terrein en pente pour favorifer cet écoulement. De même, l'on devroit empêcher de lui laiffer ferrer fes chevaux à chaud, parce que l'une & l'autre de ces méthodes occafionnent la perte de leurs cornes.

Les rateliers doivent être toujours très-éle-vés, & l'on doit bien fecouer les denrées qu'on leur donne pour nourritures ; avant de les y placer.

Ménageries de bêtes à cornes.

Les bœufs que l'on confomme en Artois pour les befoins des boucheries, y viennent de Normandie & d'autres Provinces pour y être engraiffés : on pourroit cependant parvenir d'en élever pareillement dans celle-ci, dans laquelle on aura un fourrage propre & fuffi-fant : D'ailleurs la nourriture qui fert à ces beftiaux étrangers, lorfqu'on les y amene jeunes, ferviroit à ceux originaires.

Il conviendroit pour cet effet de ne pas laiffer vendre aux bouchers l'entiere quantité de jeunes bœufs, jufqu'à ce que la population en foit reconnue plus confidérable.

Il eft réellement étonnant, qu'ayant les mêmes fourrages & les mêmes pacages, dans les Pays-Bas de l'Artois, propres à engraiffer ces animaux mâles & femelles, & à faire donner du lait par ces dernieres, qu'ont les habitans de la Normandie & de la Flandre, l'on ne puiffe parvenir à engraiffer & à rendre fructueux ceux de l'Artois : Le vice eft fans doute dans la nature ou dans l'efpèce de ceux-ci.

L'efpèce de vaches que l'on a dans les Pays-Hauts de l'Artois ne produit prefque point de lait, & la raifon eft fans doute de ce qu'ils n'ont pas de pacages dans ces cantons ; mais aujourd'hui que l'on en aura en abondance & de très-fains, il fera aifé à ces habitans de retirer des productions plus confidérables ;

fur-tout fi l'on change l'efpèce de ces animaux (*a*).

Mon fentiment feroit donc, pour parvenir à détruire cette efpèce & fupprimer par conféquent la coutume où l'on eft d'en tirer des Provinces voifines, 1°. D'etablir dans les différens Départemens des ménageries, dans lefquelles on placeroit des taureaux d'une bonne efpèce. On pourroit en tirer du pays de *Diximude* en Flandre, ou du pays de *Caen* en Normandie, ou d'*Irlande*, ou d'*Angleterre*, pour fervir utilement une nouvelle population, fans permettre aux habitans d'en avoir, de crainte qu'ils n'en méfufent.

2°. On feroit détruire infenfiblement tous ceux & celles qui exiftent actuellement & qui font peu convenables à l'efpèce projettée.

3°. On procureroit à cette ménagerie des vaches de *Furnembarck*, de *Diximude* & d'*Irlande* pour leur faire produire la nouvelle efpèce.

4°. On feroit modérer la deftruction des veaux femelles & des geniffes.

5°. Enfin, on empêcheroit que cette efpèce réformée ne produife, & l'on puniroit févérement les gardes taureaux des ménageries, qui auroient favorifé ces productions.

Outre la confommation des bœufs que l'on

(*a*) On le propofe auffi en Bretagne. Voyez pag. 96. du Corps d'Obfervations de la Société de cette Province, & on l'a accepté. Voyez pag. 97. du même Corps.

feroit dans les boucheries, on en employeroit encore aux *labourages* : quoique cette méthode ne foit pas connue en Artois, elle y fera fûrement reçue, lorfque l'on reconnoîtra ; 1°. que la culture en fera mieux faite & qu'elle en fera par conféquent plus fructueufe ; 2°. que ces animaux ne confommeront pas de nourritures précieufes, telles qu'avoine, paille de froment &c. & 3°. enfin, que lorfque ces animaux feront rebutés du travail ou devenus eftropiés par quelques accidens, on pourra les vendre pour les befoins des boucheries ou des armemens.

On doit foigneufement recommander aux Agriculteurs de ne point laiffer fubfifter leurs étables de plein pied ; de les engager, au contraire, d'élever le terrein de devant, afin que les urines de ces animaux s'écoulent, & d'élever encore leurs auges, ainfi que l'on eft dans l'ufage de le faire en Flandre & en Bretagne : ce qui me paroît plus commode & plus propre pour la fanté de ces beftiaux, qui prennent fouvent des dégoûts de ce que leurs urines inondent la nourriture que l'on met dans leurs auges à rez de chauffée.

Bêtes à laine.   L'on a une grande quantité de ces beftiaux en cette Province, mais non pas fuffifamment pour les befoins de la culture, des manufactures & des boucheries.

Différentes perfonnes ont effayé d'améliorer leurs terres en les faifant parquer deffus pendant la durée de l'été, & ils y ont réuffi : on devroit également tenter de les faire parquer pendant l'hyver, tout ainfi qu'il fe pratique depuis long-temps en Angleterre & depuis peu en Normandie (*a*).

L'Angleterre, & entr'autre sa Province d'Ecosse, est située dans un climat beaucoup plus froid que celui de l'Artois & que celui de Normandie ; ce dernier assimile beaucoup à cette Province. On y est dans l'usage de laisser parquer les brebis pendant l'hyver : Ne peut-on pas adopter cet usage en Artois ?

Je conviens que l'espèce de ces animaux n'est pas des meilleures dans cette Province pour produire des laines bonnes & belles , mais l'Artois a cela de commun avec toutes les autres de la France ; cependant s'il est possible de se procurer de l'espèce convenable de ces animaux pour avoir des laines meilleures pour les besoins des Manufactures que l'on projette d'établir, pourquoi ne le pas faire ? (*b*)

Les laines employées en France dans les Manufactures de drap &c. sont mixtes, c'est-à-dire, du crû du Pays, de l'Espagne ou de Barbarie, & il a semblé jusqu'ici qu'il étoit impossible de se passer de ces dernieres laines.

Si l'Espagne & la Barbarie en défendoient l'exportation de chez eux , ainsi qu'a fait l'Angleterre , on ne pourroit donc plus fabriquer en France des draps &c. ? Pour obvier à ces

---

(*a*) M. *Feydeau de Brou* , Intendant de Rouen , essaya de le faire en 1757 , & il a trouvé qu'il en résultoit deux avantages , 1°. que les terres s'amélioroient parfaitement , & 2°. que la laine en étoit plus fine & meilleure.

(*b*) On a proposé cet établissement en Bretagne, & on l'a accepté. Voyez pages 97. & 167. du Corps d'Observations de la Société.

inconvéniens, qui ne peuvent être que funes-tes, si l'on n'y porte remede, il faudroit que la Société travaillât à trouver les moyens d'a-méliorer la laine (*a*).

En effet, l'opération de tenir les moutons en parcs l'hyver ne me paroît pas suffisante; il faut de toute nécessité, ce me semble, se procurer des beliers & des brebis, ou Barba-resques, ou Espagnols, ou Anglois; en établir des ménageries dans chaque Département, pour en multiplier l'espèce & en détruire l'an-cienne, en faisant observer ce que j'ai proposé pour les chevaux & les bêtes à cornes (*b*).

On ne tondra pas les brebis avant que la laine soit venue à sa maturité, de crainte qu'il n'y ait trop de perte dans la fabrication des étoffes : On connoît aisément lorsqu'elle est prématurée. La laine tombée du mouton est la moindre qualité, celle qui se sépare de la peau avec de la chaux est la seconde, & celle qui se tond est la premiére.

On trouve encore dans le pays de Furnem-barck une espèce de mouton qui a une taille supérieure, & qui porte jusqu'à quatre & cinq agneaux à la fois : peut-être que ces ani-maux seroient trouvés aussi avantageux en

---

(*a*) M. *de Blancheville* a donné une Dissertation qui traite de la façon de perfectionner la qualité & d'aug-menter la quantité des laines en France ; cet Ouvrage qui fut couronné à l'Académie d'Amiens, donne de très-bons principes pour exécuter ces opérations.

(*b*) La Suede n'a pas laissé échapper cet établissement ; & on est parvenu à y nourrir & élever de cette espèce de mouton, quoique dans un climat beaucoup plus froid que celui de l'Artois.

Artois

Artois pour la production, qu'ils le font dans ce pays-là, parce que celui-ci feroit plus fertile en différentes nourritures qui leur font propres. On devroit effayer de tenir dans la ménagerie de l'une ou de l'autre de ces efpèces.

Je penfe que la laine de ces derniers moutons ne vaudra pas celle des brebis dont j'ai parlé ; mais on propofe tant de Manufactures, où l'emploi des laines eft néceffaire, que celle-ci pourra être reçue, quoique d'une qualité inférieure.

On ne connoît pas beaucoup ces animaux en Artois, je l'ai déja dit : ils donnent cependant des productions recherchées ; on devroit donc en tenir dans les ménageries pour en étendre les efpèces dans la Province.

On s'en procureroit de Barbarie & des autres pays, ou l'on fe pourvoiroit des moutons (a), dont je viens de parler.

L'efpèce de ces animaux qui exifte en Artois, eft affez bonne ; mais peut-être eft-elle trop peu étendue pour augmenter le commerce qui s'en pourroit faire, foit pour la confommation qui s'en feroit dans les boucheries, foit pour celle qui s'en feroit dans les armemens, frais ou falés.

Il ne fe trouve guére de *ménager* de la campagne qui n'en éleve & engraiffe un ou deux pour fa confommation, & aujourd'hui qu'il aura abondamment les nourritures dont il manque, il fe portera volontiers à en doubler le nombre.

Chevres.

Porcs.

(a) Les Anglois & Hollandois en donnent l'exemple, & ils y ont réuffi.

I

Bêtes fauves & animaux domestiques.

Il se trouve plusieurs cerfs, biches, sangliers, loups, renards, loutres &c. dans les forêts & étangs, mais dans une quantité bien peu suffisante pour empêcher une importation de peaux dont on a besoin : On y pourroit remédier en empêchant leur destruction ; mais il est plus avantageux d'avoir recours à l'importation des peaux de ces animaux, que d'en exciter une population plus considérable, qui n'est que trop destructrice des productions terrestres : Productions toujours beaucoup plus précieuses.

Quant aux lievres, lapins, fouines, chats, chiens &c. on trouve leur production assez forte pour servir aux besoins ; de même celle du gibier volatile.

Volaille.

Au moyen d'une plus grande production de grains, il sera aisé d'élever une plus grande quantité de volailles, telles que coqs, poules, chapons, poulardes, poulets, pigeons, coqs & poules d'Inde, canards, oyes & toutes les autres dont on aura un grand débouché, soit intérieur, soit extérieur. (a)

Abeilles.

La production de ces insectes fait la richesse d'une partie du Brabant & de la Flandre, & par cette raison, cette Province d'Artois, qui est voisine de ce premier pays, ne doit pas perdre de vue d'engager les habitans de la campagne d'élever des mouches à miel : il est très-certain que le produit de ces mouches ne coûte aucun autre frais que la *cathoire* ou

---

(a) MM. *de Réaumur* & *Chomel*, ont traité amplement de cette ménagerie ; on pourra puiser dans leurs Traités des principes pour élever plus facilement ces animaux.

la *ruche*, & un très-petit affujettiffement.

Du peu qui s'en trouve actuellement en Artois, le produit en a beaucoup diminué par la fureur que l'on a de les étouffer chaque année pour vendre une plus grande production ; cependant une ruche en peut produire feize au bout de quatre ans, en calculant feulement fur le pied d'une ruche par année (*a*).

Les ruches inventées par M. *Palteau*, femblent préférables à celles de pailles, ufitées depuis long-tems en cette Province, & que M. *Simon* approuve ; ainfi que celles que propofent la Société de Bretagne (*b*).

En effet, ces ruches de bois font conftruites d'un certain nombre de hauffes de bois de pin ou de fapin ; il y ajoûte auffi un furtout du même bois, un cadran à la porte pour condamner l'entrée de la ruche au befoin, ou à la réduire à un petit efpace.

Il établit chaque ruche fur une table de bois de chêne, au milieu de laquelle, il y a une élévation qui ne doit recevoir que la ruche feule, & fon furtout eft pofé fur la table : Cette élévation, fur laquelle la ruche eft pofée, a un efpace ouvert au milieu, & au-deffous une couliffe qui ferme cette couverture que l'on tire par derriere la ruche, garnie d'une plaque de fer-blanc à jour, pen-

---

(*a*) Mrs. *Swammerdam, Maraldy, de Réaumur, Simon & Palteau*, ont donné des Mémoires fur cette partie, que l'on ne peut s'empêcher d'examiner ; & on choifira la méthode la plus convenable au Pays, pour l'exécuter.

(*b*) Voyez pag. 163. de fon Corps d'Obfervations.

dant les grandes chaleurs , & d'une plaque de fer-blanc unie , le reſte de l'année.

Le ſapin n'eſt pas rare en Artois : il le fera encore moins au moyen de la plantation propoſée ; d'ailleurs , je penſe que le bois blanc , l'orme ou le hêtre , vaut ce premier bois.

Il réſultera , au ſurplus , des avantages que l'on ne rencontrera pas dans l'uſage de la *cathoire* qui ſe fait avec de la paille de ſeigle en forme de dôme : 1°. En ce qu'elle empêche , au moyen du cadran qui ſe met à l'entrée de la ruche , l'entrée aiſée des guêpes & des frêlons au moment de leur guerre déclarée, parce que ces dernieres mouches ne peuvent y paſſer qu'une à la fois , & que la défenſe en eſt facile pour celles qui ſont attaquées.

Cette entrée eſt très à craindre , car ſi elle réuſſiſſoit , *dit M. Palteau* , ces ennemis des abeilles s'y réfugieroient , les détruiroient & leur enléveroient les proviſions ; il eſt vrai que l'on pourroit mettre de pareils cadrans aux cathoires anciennes , mais il ne ſeroit pas poſſible d'en empêcher les événemens dont je vais parler.

2°. Ces ruches de bois mettent les abeilles en ſureté contre les attaques des ſouris , des rats , des mulots , des oiſeaux & des renards , pendant l'hyver ; ce que celles de paille ne peuvent pas faire.

3°. On ne peut pas donner les proviſions d'hyver dans les ruches de paille & en ôter leur ſuperflu , ſans étouffer les mouches avec du ſoufre , ou ſans renverſer la ruche : cette opération eſt très-dangereuſe pour celui qui la fait, & nuit aussi - bien aux abeilles que la premiere : On l'évite dans les nouvelles ruches, en relâchant la premiere hausse d'en haut ; il est alors aisé de couper les rayons qui la réunissent à la hausse inférieure ; & pour conserver les abeilles qui n'habitent pas en grand nombre le haut de la ruche, on prend un linge allumé, avec la fumée on en chasse les abeilles & elles descendent : On en use de même au cas que la récolte soit abondante, & on ôte la seconde hausse.

M. *Palteau* observe que c'est ici que ces mouches placent ordinairement & abondamment leurs provisions, ainsi que la meilleure qualité de leur récolte (*a*).

4°. Quelle facilité n'a-t'on pas pour proportionner la grandeur de ces ruches au nombre des mouches qui l'occupent, chaque fois qu'on le souhaite, soit en ôtant des hausses pour la rendre plus petite, soit en en ajoûtant pour la rendre plus grande.

5°. Ces ruches peuvent encore se transporter de place à autre très-aisément.

6°. Elles font parfaitement garanties de la

(*a*) Je pense qu'il seroit à propos de faire passer dans ces hausses supérieures & inférieures, des bâtons en croix ; qui se tireront par un trou percé à travers les planches des hausses, pour soutenir les gateaux, de crainte que la pesanteur ne les fasse écrouler & tomber sur les abeilles ; ce qui les écraseroit infailliblement. Il faudroit au surplus faire les hausses plus larges dans le haut que dans le bas, pour la même raison : ces planches de hausses seroient attachées avec des vis, ou bien une de ces planches se couleroit dans une coulisse que l'on formeroit d'un côté, afin de pouvoir couper la production, qui empêcheroit que la hausse ne glisse.

pluie & de l'humidité, qui ne font que très-nuifibles à ces mouches, au moyen de l'élé-vation de la table fur laquelle elle eft pofée, & par le furtout, dont le deffus eft coupé en talut. Il n'en eft pas de même de la *cathoire*, quoiqu'il y ait ordinairement au deffus un toît de paille ou autre en tuile &c.

7°. On peut nettoyer ces ruches en tirant la plaque de fer-blanc mife en couliffe au pied, & on ne peut le faire aux autres.

8°. Si l'on trouve que ces mouches ayent befoin d'être airées dans les grandes chaleurs de l'été, il eft facile de lever la plaque de fer-blanc percée à jour, pour leur en donner; au contraire, fi elles ont befoin de chaleur dans les grands froids de l'hyver, il eft facile de placer des cendres chaudes dans un réchaud fous la plaque de fer-blanc, non à jour.

9°. Si les ruches paroiffent plus coûteufes pour l'achat, que ne le paroiffent les cathoires, ces derniéres ne le font pas moins, fi l'on con-fidere les fréquents renouvellemens que l'on eft obligé de faire; car la durée des premiéres, au moyen de deux couches de peintures, fans odeur, que l'on leur appliquera, fera au moins de cinquante ans.

Il eft effentiel, *dit mon Auteur*, que l'on n'affoibliffe pas trop les ruches, en ne les laiffant pas affez fortes en mouches, lorfqu'il eft quef-tion d'en fortir dans les mois de Juin, Juillet & même en Août, les effaims ou abeilles nouvellement néés, pour les loger dans de nouvelles ruches. Cette opération fe fera ainfi qu'on l'a dit ci-devant à la quatrieme preuve d'utilité de ces ruches, en cas que la ruche ſoit trop grande. Lorſqu'au contraire elle ſera trop petite, il faudra prendre la ruche, faire tomber le dernier eſſaim ſur une table à force de la ſecouer, & on poſera promptement ſur cet eſſaim la ruche moins peuplée ou une ſans l'être. On doit ſe garder de ne faire la tranſvaſion des abeilles d'une vielle ruche dans une nouvelle, que tous les quatre ans, parce que la cire, *dit M. Palteau*, en eſt meilleure, & qu'elle peut ſe conſerver ce tems.

Différens *Auteurs* ſont unanimement d'avis de préférer la mouche nommée petite *hollandoiſe* ou *flamande* à la *groſſe* & à la *médiocre*, parce qu'elle eſt plus agile dans le travail, qu'elle conſomme moins de proviſion & qu'elle donne la récolte de miel & de cire la plus abondante : en effet, je penſe auſſi, qu'elle eſt la meilleure.

La Société d'Agriculture de Bretagne a propoſé, en 1757, aux Etats de cette Province, à l'art. 5. de leur Mémoire, d'encourager ces productions. On ignore pourquoi il n'a été rien déterminé ſur cet objet, puiſqu'ils ſe ſont déterminés ſur tous les autres (a).

M. *Feydeau de Brou*, Intendant de Rouen, n'a pas héſité de le faire, en modérant la capitation de ceux qui s'adonnent à cette culture, proportionnément au nombre de ruches qu'ils ont chaque année. La Province d'Artois pourroit ſe modeler ſur cet exemple, en modérant les centiémes.

(a) Voyez les Obſervations de la Société de Bretagne, pag. 156 qui traitent des abeilles & de leurs ruches, que je n'approuve pas.

Vers à soye. Différens particuliers ont élevé & élevent des vers à foie en cette Province, mais en très-petite quantité, parce que le climat n'y eft pas des plus favorables; cependant fi l'on réuffiffoit à la plantation des mûriers, ainfi qu'on le projette, on pourra élever une plus grande quantité de ces infectes (*a*).

Ce n'eft pas affez d'avoir porté mes vues fur les Propriétaires & autres Cultivateurs, il eft de mon devoir d'affurer l'état des Fermiers qui font comme les Ordonnateurs de l'Agriculture: Ce que je dirai à ce fujet, n'eft que pour exciter l'émulation, fans prétendre de contrevenir à l'ordre des Loix à cet égard.

Du Fermage des Terres.

On ne connoît d'autre ufage en cette Province pour affermer les terres que celui de les donner pour trois, fix, ou neuf ans, foit en rendage en grains, foit en rendage à prix certain en argent. Ne feroit-il pas plus convenable de doubler la derniere fixation de délai, ainfi que plufieurs *Auteurs* le penfent prudemment?

» Toute l'induftrie du Fermier, *difent-ils*, » confifte à ne faire d'amélioration que celle » dont il peut jouir pendant la durée de fon » bail: Il a le plus fouvent pour fucceffeur un » homme que fon intérêt porte à fuivre les » mêmes principes. Quand il n'en réfulteroit » que le défavantage de ne porter fur les terres

---

(*b*) Voyez les Obfervations de Bretagne, pag. 152. qui traitent de cette éducation.

» que des fumiers nouveaux & de ne les en-
» graiſſer que très-rarement avec des fumiers
» bien conſommés , ce ſeroit un préjudice
» étonnant par bien des raiſons qui ne ſont
» ignorées d'aucun Cultivateur.

Mais s'il ſe trouvoit quelqu'obſtacle qui empêchât de paſſer d'auſſi long baux, ne ſeroit-il pas poſſible d'en paſſer deux à la fois, du terme de neuf ans ſucceſſifs ? Cet uſage ſe ſuit volontiers en Bretagne dans les cantons des fermages *à domaines congéables.*

CONCLUSIONS.

ENFIN , il ſeroit convenable que la Société fît toutes les expériences de fumier , de culture de terres ordinaires & incultes , de ſemences , de plantations , de moiſſons , de dépiquemens , de préparations & de conſervations de grains & denrées les plus convenables aux ſols des terres du diſtrict des Départemens , dans l'un & dans l'autre ordre de diviſion de la cenſe , c'eſt-à-dire , ſur les terres que l'on ſeme , dans différens cantons de la Province , alternativement en grains de paille d'automne , en grains de paille de plante & en légumes de printemps.

Il en ſera de même ſur le troiſieme ordre de diviſion , s'il eſt poſſible qu'il ait lieu : (C'eſt celui des terres miſes en quatre ſols.)

La Société indiquera auſſi la méthode d'élever & nourrir les beſtiaux , celle de planter les arbres , les enter & les couper , & d'élever les inſectes.

Dès que toutes ces expériences auront réuſ-ſi , il ſera fait un Livret , que l'on intitulera ,

Manuel du Cultivateur ou de l'*Agriculteur*, lequel on rendra le plus intelligible qu'il fera possible, pour le mettre à la portée des gens les plus durs de conception : On y indiqueroit les méthodes de défricher, d'engraisser, de cultiver les terres, de les semer, de les planter, de moissonner les grains & denrées, de les préparer & de les conserver, de planter, tailler & enter les arbres fruitiers & non fruitiers, & délever & engraisser les bestiaux, volailles & insectes.

On enverroit ce livret à tous les *Seigneurs, Curés, Notables & Fermiers* des cenfes des Paroiffes de la Province, qui le publieroient : On l'adresseroit encore aux *Clercs* ou *Magisters* des mêmes lieux, dont j'ai parlé, qui le donneroient à lire aux enfans. De cette façon, ces jeunes Agriculteurs s'instruiroient dans le bas âge & prendroient furement goût pour l'Agriculture.

Après avoir traité des moyens de rétablir cette Agriculture dans la Province d'Artois, il est intéressant de traiter de son Commerce par les moyens de l'exportation, & de celui étranger dont elle ne peut se passer, par les moyens de l'importation. C'est aussi ces seconds genres d'Ecoles que je vais établir dans la Partie suivante.

Fin de la premiere Partie.

LE PATRIOTE
ARTÉSIEN.

SECONDE PARTIE.

Du Commerce.

L feroit inutile de donner à la Province d'Artois, & à fon fol, une fertilité plus abondante, fi on ne donnoit le plan du Commerce, auquel cette fertilité doit donner lieu; c'eft auffi le tableau que l'on fe propofe de développer dans cette feconde Partie.

Il n'eft pas befoin de s'étendre en long difcours, pour prouver à la Province d'Artois, qu'elle fera en état de produire des denrées abondantes, d'entretenir un grand nombre de beftiaux, de reftraindre l'importation, & étendre l'exportation de ces mêmes beftiaux, marchandifes & denrées, lorfqu'elle aura défriché

ſes terres incultes ; découvert les engrais &
les ſemences convenables à chaque nature de
terres ; qu'elle aura augmenté la quantité
& qualité de ces ſemences, qu'elle aura pû
fixer la qualité néceſſaire à jetter dans chaque meſure de ces terres ; qu'elle ſera parve-
nue à améliorer cette culture , la moiſſon & la
conſervation de toutes ces eſpèces de denrées,
qu'elle aura trouvé les meilleures qualités de
prairies artificielles , pour ſuppléer aux autres ;
qu'elle aura fait une nouvelle & fructueuſe
plantation d'arbres fruitiers & d'autres en tout
genre ; & qu'elle renfermera enfin dans ſa cir-
conſcription , une nature de beſtiaux de toutes
eſpèces , & plus excellentes & mieux compoſées. C'eſt l'ordre de ces différentes productions , qu'il eſt néceſſaire de mettre ſous les
yeux de la Société de la Province d'Artois.

Productions naturelles du ſol de la Province d'Artois.

Ces productions naturelles , que *nous appel-*
lerons matiéres premiéres naturelles , doivent être
diſtinguées par leurs différentes eſpèces , &
pour leurs différentes applications. Tels ſont
1°. La nature des grains de paille , de plantes,
de légumes & de fourages , qui réſultent des
ſemences.

2°. La nature des fruits qui réſultent des
plantations.

3°. La nature des productions des mines ,
carriéres , &c.

4°. La nature des bois.

5°. La nature des productions des animaux.

Expliquons à préſent la nature de chacune
de ces productions.

De la nature des grains de paille, de plantes &
de légumes.

De froment. { Blanc, *ce froment est très-gras, &*
n'est bon que pour le pain.
Roux, *celui-ci est excellent pour*
farine de conserve.

De seigle. *Il est très-bon pour le pain ordinaire,*
& pour celui d'épice.

De bled méteil. *Pour le pain.*

De paumelle. { *Pour le pain, en tems de disette ;*
en tout autre, pour la biére
& pour la nourriture des bes-
tiaux.

D'orge. *Vulgairement appellé* soucrion, *propre*
pour la biére.

D'avoine. { Grosse. / Petite. } { De couleur / Blanche. / Brune. / Noire. } *Propre pour la nourri-*
ture des chevaux,
&c. & pour la biére.

De bled sarrazin. } *Pour le pain & la nourri-*
De bled de Turquie. } *ture des bestiaux.*

De mil. *Pour le pain & la nourriture des bes-*
tiaux (a).

De millet. *Pour la nourriture des oiseaux.*

De lin. *Pour les fabriques d'huile, de tourteaux*
& de toiles, &c. (b).

(a) Production ci-devant inconnue en Artois.

(b) On tiroit ci-devant des lins d'*Œther*, de la *Gorgue*,
de la *Bassée* & d'*Anscotte* ; (ces derniers devoient des
droits d'entrée.)

De chanvre. *Pour la même chose (a).*

De navette, *Pour huile & tourteaux.*

De reygraff, *ou* faux feigle. *Pour les bef-*
tiaux [¶].

De colfat. *Pour huiles.*

De moutardelle. *Pour moutardes.*

De vefces.
D'erfes.
De féves. { groffes. / petites. } *Pour nourriture des beftiaux*

D'haricots { ramés, / ou non / ramés. } *Pour nourriture des hom-*
mes.

De lentilles.
De dravieres.
D'hyvernaches. } *Pour nourriture des beftiaux.*

De pois. { ramés, / ou non / ramés. } *Pour nourriture des hommes*
& des beftiaux.

De navets gros, ou turneps [¶].
Du fainfoin.
De la luzerne.
Du trefle { ou trameine, / ou tranelle, / ou clave. } { grands / & / petits. } *Pour nour-*
riture des
beftiaux.

Du foin. *Pour la nourriture des beftiaux.*

Du tabac.

(*a*) Le chanvre fe cardant aujourd'hui comme de la laine, on peut l'employer dans les étoffes fans être filé, & il peut être paffé au peigne : de même fes étoupes font propres pour les manufactures de papiers, étant broyées & purifiées dans l'eau.

[¶] Productions ci-devant inconnues en Artois.

Des chardons.
Du ſpartum. } *Pour les manufactures.*
Des herbes de ſoye.

De la fougere, *pour les verreries.*
Du tourneſol.
Du paſtel [¶].
Du cazenobe, *qui vient ſur les chênes.*
De la gaude [¶].
De la garance [¶].
Du vermillon [¶]. } *Pour la teinture.*
De la charrette [¶].
Du geneſtrole [¶].
Du fovic [¶].
Du rodouille [¶].

De la coloquinte, & de toutes autres herbes propres à la Médecine. »

Des oignons, des pommes de terre, des patates [¶], & d'autres légumes, plantes, herbes, généralement quelconques, qui peuvent croître en Artois.

De la nature des Fruits.

Des pommes & des poires de toutes eſpèces, à couteau ou à cidre ; des différents fruits à noyau ; des marons d'Inde, *pour faire de la bougie* ou *du ſavon,* &c. des chataignes (a) ; des fannes ou fennes (*ſemences du hêtre*) ; du houblon, que l'on tiroit mal-à-propos de *Poperingue, pour faire de la biére* ; de l'anis que

---

[¶] Ces productions étoient inconnues en Artois.

(a) Les chataignes ſe tiroient des *Provinces méridionales* & de la Bretagne ; les marons de *Lyon* & du *Vivarais.*

l'on tiroit *d'Alican*; du faffran que l'on tiroit de *Pétiviers*, & du geniévre que l'on tiroit de différentes Provinces, &c.

De la nature des productions des Mines, Carriéres, Terres, &c.

Du charbon de terre [¶], des pierres à *moulin* & à *éguifer les outils* [¶]; de la marne, de la pierre blanche ou tuffau, *pour bâtir, faire de la craye & des moëllons*; des pierres à chaux; du grès *propre à bâtir & paver*; des cailloux *pour bâtir & ferrer les chemins*; du fable pour la même chofe; de la mine de fer [¶]; des terres propres *pour poteries*; fayences [¶] & briques jaunes & rouges [¶]; des tourbes & des ayles; du falpêtre *pour la poudre & les autres ufages de la Chymie*.

De la nature des productions des bois.

Des chênes francs & d'autres; des ormes, du tilleul, du frêne, du hêtre, du pin [†]; du fapin, ou de la Pruffe [†]; du fouteau,

---

[¶] On préfume pouvoir en trouver en Artois, en en faifant la recherche; quant au *charbon*, les Etats de Bretagne ont promis par délibération du 17 Février 1759, d'accorder des récompenfes à ceux qui exploiteroient ces carriéres. Voyez le Corps d'Obfervations de la Société de Bretagne, pag. 39. Les mêmes Etats ont encore recommandé la recherche des pierres de moulage & à chaux, par les art. 13. & 14. de leur Délibération du 20 Février 1757, & l'on a trouvé ces premiéres. Voyez le Corps d'Obfervations de la Société de Bretagne, pag. 40 & 46.

[†] Il ne s'en trouvoit ci-devant que très-peu en Artois.

ou

ou *bois blanc*; de l'aune , du noiſetier , du noyer, du bouille, du châteigner , du maronnier des deux eſpèces ; du ſaule , du ceriſier ſauvage & autres ; du buis , (*a*) & de toutes ſortes d'arbres & d'arbriſſeaux, portant fruits à pepins & à noyau.

De certains bois dont j'ai parlé ci-deſſus, on tirera du charbon , du bois à brûler ou à bâtir, ſoit carré, ſoit en planche, ſoit en mérain , des cercles , des oſiers , des écorces pour les Tanneurs , & des cendres.

De la nature des productions des Animaux.

Des bêtes à cornes , des chevaux , des ânes, des mulets, des moutons, des porcs, des chevres , des biches, des loups, des ſangliers ; des renards , des chiens, des chats, des fouïnes, du loutre, des mulots, des liévres , des lapins ; des cerfs ; & bien d'autres animaux. *Beſtiaux.*

De ces animaux, on tirera du lait, du beurre, des fromages , des cornes , des os , de la graiſſe, du ſuif; de la laine , du poil , du crin & de la bourre.

Des poiſſons d'eau douce de différentes eſpèces, & dont certains ont les écailles propres à la fabrication des perles fauſſes. *Poiſſons.*

Des poules , poulets, des chapons, des poulardes, des cocqs d'Inde & des dindons ; des pigeons, des canards, des oyes, des cignes, & de toute ſorte de gibiers & d'oiſeaux ſauvages : de ces volailles, on tirera des œufs & des plumes. *Volailles.*

(*a*) Il ne s'en trouvoit ci-devant que très-peu en Artois.

infecter.   Des abeilles, defquelles on tirera de la cire & du miel *(a)* ; & des vers defquels on tirera de la foye.

Voilà donc l'immenfe quantité des productions que rendra à l'Agriculteur de la Province d'Artois, l'effet de cette nouvelle culture ; mais quel fecours poura-t'il fe procurer avec cette abondance ? & quelle émulation ce fond d'abondance pourra-t-il lui impofer, pour continuer à fuivre fes opérations avec la même exactitude ? Il faut donc qu'il foit encouragé par le débit fuperflu de fes denrées, & par l'équité d'une répartition égale des charges qu'il doit fupporter. Expofons lui donc l'ordre de fes débouchés.

Des Débouchés.

C'eft fans doute par la voye du Commerce d'exportation, que l'échange de fes denrées, (*ou la communication réciproque entre les hommes*), peut procurer les reffources & les aifances néceffaires au Citoyen.

Ce Commerce doit être de toute néceffité, excité par une liberté entiére & abfolue *(b)*, par l'établiffement de la concurrence, & par la fuppreffion de tous priviléges exclufifs.

(a) On tiroit ci-devant du miel de *Narbonne*, de *Morlaix*, de *Saint-Malo*, de *Marfeille*, de *Breme* & de *Hambourg* ; le miel blanc eft le meilleur. La cire fe tiroit de *Mofcovie* & du *Mans*.

(b) On fçait que la liberté de l'exportation de l'avoine & des autres grains, n'a jamais occafionné des révolutions femblables à celles qui arrivent fur les bleds. Voyez au furplus le Corps d'Obfervations de la Société de Bretagne, pag. 100. & fuivantes.

En effet, il feroit de la derniere injuftice, de ne point permettre de mettre à profit les richeffes naturelles de la Province, encore plus, de fouffrir qu'elles fe perdent ; d'ailleurs, la propriété ainfi que la liberté du commerce de la Nation, qui confifte dans les productions de fon fein, ne peuvent fouffrir de *géne* ni de contrainte.

L'Arrêt du 17 Septembre 1754, rendu fur différens Mémoires donnés par des Patriotes éclairés (*a*), permet déja l'exportation des *grains de Province à Province*, fans exiger de paffeport ni de déclaration. Il y a toute apparence que le Gouvernement qui connoît aujourd'hui la néceffité de l'exportation, la permettra également à la paix *pour les pays étrangers* (*b*).

Mais cette exportation continuelle des grains, (qui eft la principale de l'Artois),

---

(*a*) MM. *Herbert* & *de Chamouffet*, qui ont donné l'Effai fur la Police des grains & les vûes d'un Citoyen.

(*b*) C'eft ce que depuis long-tems a fait l'Angleterre, & c'eft ce qui avoit lieu autrefois en France, avec fi grand avantage ; en effet, en 1721, le Chevalier Thomas Culpeper, fe plaignoit de ce que les Anglois ne pouvoient foutenir chez eux la concurrence des bleds que les François y apportoient en abondance & à fi bas prix. Ce Gouvernement, a depuis encouragé l'exportation des grains du Royaume, par une récompenfe de 5 chelins, ou 5 liv. 12 f. 6 d. de France, par chaque quarte de bled.

Les Arrêts du 14 Mai 1709 & du 11 Mai 1710, exemptent en France, les bleds des droits de minage, de tonlieu & d'entrées ; on les y avoit cependant affujettis par l'Edit de fubvention de Septembre 1759 ; mais ils en furent exemptés de nouveau par Arrêt du 14 du même mois de Septembre : avantage de plus pour ce commerce.

pourroit être nuisible si elle n'étoit pas res-
trainte, les Etats devroient donc solliciter le
Gouvernement de ne la permettre, que lorsque les grains seroient à un prix inférieur à
celui courant, que l'on établiroit, ou dans le
port de *Dunkerque*, ou dans celui de *Calais*,
ou dans celui de *Gravelines*; & voici les principes sur lesquels j'établis mon système.

Il fut présenté au Gouvernement un Mémoire, dans lequel on observa que lorsque le
septier de Paris, pesant deux cent quarante
livres, valloit 16 liv. 15 s. il falloit qu'il y
eût une quantité excédente la consommation,
au moins d'un tiers; par conséquent, quand
même la récolte suivante ne seroit qu'au
tiers; (ce qui n'arrive pas deux fois dans un
siécle), (*a*) il y auroit de quoi suffire à l'approvisionnement national, sans compter le
plus grand usage qui se fait alors de ce même gr. in (*b*).

Il y a donc alors, est-il dit dans ce Mémoire, une certitude morale & physique,
qu'en accordant la liberté de sortir le froment, lorsqu'il ne sera point au - dessus
de. . . . . . . 16 liv. le septier.
Le méteil, au-dessus de 14
Le seigle, au-dessus de 13   *Pesants 140 liv.*
L'orge, au - dessus de 11

Et l'avoine, au-dessus de 11   *Pesant 480 liv.*

(*a*) On remarqua en effet, que lorsque M. *de Sully*
fit permettre l'exportation des grains, la France fut
soixante ans, sans éprouver aucune disette.
(*b*) Ou pour l'amidon ou pour la biére, &c.

le Royaume fera toujours dans l'abondance ;
de façon que l'Auteur conclud que la raziére de
bled de *Dunkerque*, pefant 120 livres, ne pourra
fortir lorfqu'elle fera au-deffus de huit livres,
en obfervant la proportion dont j'ai parlé.
Cette fixation ne feroit fûrement pas à charge aux peuples de l'Artois, & on ne feroit
pas contraint, ainfi que l'Angleterre fe trouve
l'être ; [ce qui eft d'ailleurs nuifible au Commerce], d'arrêter l'exportation des grains,
lorfque l'on reconnoîtroit qu'une grande augmentation de prix des bleds, caufée par un
débit naturel, indique la rareté de l'efpèce,
parce que les grains abonderoient en ce cas,
en cette Province, par importation.

De même, dans un autre Mémoire qui
traite de l'exportation des matiéres premiéres
de Manufactures, il eft obfervé que l'on
devroit folliciter le Gouvernement de ne permettre l'exportation du fuperflu des denrées (*a*),
que lorfqu'elles ne fe trouveront pas d'une
bonté fupérieure à celles des Provinces voifines
de l'Artois, & enfin, de ne la permettre encore
que lorfqu'elles feront mifes en œuvre auparavant.

En effet, il eft de principe reconnu : 1°. Que
la liberté continuelle de l'exportation des
grains en Artois, occafionneroit les rehauffe-
mens de prix de cette denrée, ce qui donneroit bien-tôt la famine en cette Province :
Cela eft déja arrivé en 1739 ; il s'étoit formé
des compagnies mixtes de François & de Hol-

(*a*) C'eft ce que l'Angleterre a fait pour les laines, &
ce que l'Efpagne pourra peut-être faire auffi.

landois pour acheter les grains : les Artéfiens
furent enchantés de trouver ce débouché à
un prix avantageux , ils s'en dépouillerent
volontiers fans en réferver pour leurs provi-
fions , prévoyant fans doute la récolte future
auffi fructueufe que la précédente ; mais ils
en furent les dupes : ces compagnies reprirent
leurs grains dans les magafins de Hollande &
vinrent leur revendre , en 1740 , à un prix
exceffif.

2°. Que la liberté de l'exportion des autres
matiéres premiéres en occafionneroit indubitablement la difette , & feroit tomber l'induftrie , *qui , femblable au feu qui fe confomme
faute de matiéres combuftibles , n'a plus de nouveaux aliments pour entretenir fon activité* : C'eft
ce qui arriva en Artois. Les Fabriquans de
Lille , d'*Amiens* & de *Normandie* , exporterent,
comme il font encore aujourd'hui , les laines
& lins en paquets & en tiges pour les faire
filer , ou chez eux , ou dans les pays de l'extrémité de l'Artois , qui les avoifinent ; & delà ,
le petit nombre de Manufactures qui a exifté
& qui exifte encore en Artois , tomba ou
tombe journellement.

3°. Enfin , que cette même liberté d'exportation occafionneroit encore des torts infinis
à l'Artifan , ainfi que je l'ai dit , fi on ne changeoit point ces matiéres premiéres de forme
& fi l'on ne les plioit pas aux différents ufages
qu'exige d'elles la nature , avant qu'elles foient
exportées : à la bonne heure , lorfque l'Etranger
pourra tirer ces mêmes matiéres premiéres , des
Provinces voifines , au même prix de celles
de l'Artois ; car , autrement , fi ces exporta-

tions, ainsi bornées, ne soutenoient pas le prix
des grains, des denrées & des marchandises,
dans une valeur raisonnable, l'Agriculteur
de cette Province, qui ne vendroit son froment
que 11 liv. la razière du poids de 200 liv.,
n'en retireroit qu'à peine les frais de sa culture :
» Il craindroit donc de confier davantage à
» sa terre, une semence, qui, dans une année
» stérile lui coûteroit cher, & qui dans la plus
» fertile, ne lui produiroit qu'une abondance
» onéreuse. Assurément, il n'en cultiveroit
» plus que pour sa vie & pour son petit tra-
» fic (a), ainsi qu'il le fait actuellement.

Le Fabriquant ne pourroit plus trouver de
quoi alimenter sa Manufacture, & n'auroit
même plus envie d'en élever de nouvelle.

Enfin, » l'Artisan croupiroit dans une inac-
» tion démesurée, ainsi qu'il fait dans une
» année abondante, lorsqu'il gagne en trois
» jours de quoi vivre toute la semaine, lui
» & sa nombreuse famille : Il gémiroit, ainsi
» qu'il fait dans une année malheureuse,
» lorsqu'il se trouve contraint de mandier,
» parce que ses journées n'augmentent pas
» comme le prix des grains

Delà, il résulteroit, infailliblement, une
nouvelle décadence de l'Agriculture, du Commerce & des Arts, qui décourageroit si fort
le Cultivateur, le Fabriquant & l'Artisan,
qu'il ne seroit plus possible de les retirer de
cet état d'oisiveté, où le défaut du débouché
assuré de leurs denrées, les auroit plongé.

(a) Encyclopédie, tom. 5. au mot *œconomie*, pag.
347. col. 2.

Il ne s'élévera, fans doute, point de difficulté fur la poffibilité de l'exécution des principes que je propofe pour le *Commerce d'exportation.* Il eft effentiel de confidérer que rien ne paroît difficile, & encore moins, impoffible, à des Etats de Province, lorfqu'il s'agit de frayer le chemin à des habitans qui la peuplent, pour pouvoir faire valoir l'*Agriculture*, le *Commerce* & les *Arts*, qui font les fonds de l'Etat (*a*) & la vraie richeffe du peuple (*b*), à l'abri de toute révolution; il fuffit de démontrer au Cultivateur, au Commerçant & à l'Artifan, un but auquel une exportation peut fûrement les conduire, pour faire embraffer l'Agriculture au premier, quelques difficiles & quelques pénibles que foient les travaux, le Commerce au fecond & les Arts au troifiéme: le premier & le dernier auroient pour but, d'être fûrs du débouché de leurs denrées, & d'être maîtres de faire valoir, à leur choix, l'un, les productions de fa terre, & l'autre, les marchandifes de fa Manufacture, pour en retirer fûrement des partis avantageux, parce que le fecond s'attacheroit au Commerce en général & en particulier, & furtout à celui des bleds, parce qu'il ne craindroit plus, *dit M. Herbert*, qu'une défenfe inopinée de fortie des grains, l'empêchât d'exporter ceux qu'il

---

(*a*) En effet, par l'exportation, **M.** *de Sully* paya en treize années les dettes de l'Etat.

(*b*) M. *de Sully*, écrivoit à Henry IV. au fujet des bleds arrêtés à *Saumur*, deftinés pour paffer à l'Etranger, *Si chaque Juge de votre Royaume, en faifoit autant, bien-tôt vos peuples feroient fans argent, & par conféquent Votre Majefté.*

auroit acheté, ou que la permiſſion d'exportation s'accordât dans le moment qu'il en tireroit de l'Etranger, pour ſecourir le pays
qui pourroit en manquer, & par ce moyen
la concurrence en aſſureroit toujours l'abondance : Il ne ſeroit plus inquiet pour ſe procurer
le tranſport de ſes bleds à une meilleure condition, ou ſur ſes vaiſſeaux, ou ſur ceux de
ſes compatriotes, parce qu'il les auroit toujours à ſa diſpoſition ; les frets des chargemens
ne paſſeroient plus au profit des Etrangers,
qui ont envahi ces tranſports dans les tems
que les ſorties étoient permiſes, & lorſqu'il exiſtoit quelques Commerçans ; on ne
craindroit plus de *monopoleurs*, parce que la
concurrence, dont j'ai parlé, offriroit un coup-
d'œil bien différent ; on auroit toujours ſoin
de remplir les greniers, ſoit de bled du pays,
ſoit de celui que l'on tireroit de l'Etranger,
à meſure qu'ils ſe vuideroient ; on ſe conten-
teroit d'un léger bénéfice qui ſeroit certain au
Marchand, parce qu'il le renouvelleroit ſouvent, & s'il ſe trouvoit, de ces *monopoleurs*,
malgré tout ce que je viens de dire, on ne
pourroit s'empêcher de les punir ſévérement.

Le nombre conſidérable de Commerçans
de bleds, *pourſuit-il*, qui ſe trouveroit pour
lors, ne permettroit plus entr'eux une intelligence funeſte à la Société, puiſqu'elle n'auroit
pour objet que de mettre un prix exceſſif à une
denrée dont on ne peut ſe paſſer : (Intelligence qui n'eſt que trop fréquente parmi les
ſeigneurs & les gros fermiers de la Province.)
Ces Marchands, ayant toujours les yeux ſur
le prix des grains, tant nationnaux qu'étran-

gers, feroient perpétuellement occupés à en tirer du pays où il feroit à bon compte, pour le porter dans celui où il feroit un peu plus cher; ainfi le prix feroit à peu près le même en Artois, comme dans le refte du Royaume, fi cette exportation étoit permife en général & fous les mêmes reftrictions.

En effet, il ne feroit plus poffible que ces Marchands, ainfi que l'obferve encore M. *Herbert*, puffent dans différentes faifons faire hauffer confidérablement le prix des grains, en ne les faifant filer que petit à petit de leurs greniers dans les marchés (*a*), & qu'ils puffent rendre par ce moyen les peuples miférables; car, fi ces Marchands de bled faifoient augmenter, d'une maniere fenfible, le prix du grain dans la Province, l'appas du gain (*b*) feroit arriver à l'inftant celui des Marchands des autres Provinces, & en fi grande abondance, que ces premiers coureroient rifque de ne plus trouver à vendre le leur. Cela eft arrivé en 1740 & 1741. D'ailleurs les grains des

---

(*a*) Outre que M *Feydeau de Brou*, Intendant de Rouen, fçavoit que l'appas du gain naturel, pouvoit exciter les Marchands à apporter des grains en Normandie, lorfqu'elle en manquoit en 1757, il promit des récompenfes qu'il effectua; mais ici, il n'en fera plus queftion.

(*b*) Si cela arrivoit, il faudroit exécuter la Déclaration du Roi du 5 Septembre 1693, celle du 31 Août 1699, l'Ordonnance de 1577, l'Arrêt du 22 Mai 1693; ceux du Parlement, du 19 Août 1661, 30 Janvier & 20 Novembre 1699, qui prefcrivent des loix fur cet objet Quant aux Arrêts & Déclarations du 22 Décembre 1698, & autres, qui défendoient fous peine de mort, la fortie des grains, ces loix ne peuvent avoir lieu.

Magasins de réserve (*a*) , les basses matières de ceux des Manufactures de *minots*, offriroient au peuple un secours assuré & gracieux, puisque le bled & les farines se vendroient à un prix honnête.

Les bénéfices, qui résulteroient de ce Commerce, engageroient d'autant plus le Négociant à commercer , & le Fabriquant de farines , à étendre sa Manufacture.

D'un autre côté, l'Artisan travailleroit encore assiduement pendant la durée de la semaine, à cause de son besoin, qui seroit modéré & nécessaire, & les Arts & Métiers ne souffriroient plus de sa discontinuation de travail.

Enfin, chacune de ces personnes devenues riches par l'abondance , redoubleroient , sans doute, leur soin , pour continuer , l'un d'améliorer & d'étendre de plus en plus sa culture, l'autre son commerce & l'autre , ses fabrications.

C'est le désir que doivent avoir les Etats dans cette entreprise , parce qu'ils rendront *heureux* les peuples de l'Artois leurs compatriotes (*b*).

D'ailleurs , tels efficaces que soient les moyens que je propose d'établir pour réussir à une exportation raisonnable : en voici un dernier qui m'a paru ne pouvoir qu'y con-

(*a*) J'en parlerai ci-après.

(*b*) Bien mal-à-propos, en 1758, les Députés de la Commission des Arts, établis en Artois, ont refusé les Fabriquans qui se sont présentés pour établir des Manufactures , sous prétexte que ces Artisans n'avoient par eux-mêmes aucune aisance.

tribuer également : c'est celui d'avoir des Magasins de réserve.

En 1734 la Province d'Artois étoit dans une extrême disette ; puisque les habitans ne pouvoient parfaire en entier le montant des trois centiémes & demi , qu'on avoit imposé sur les terres ; & il s'agissoit cependant d'une augmentation considérable de centiémes l'année suivante. Un chef zélé proposa au Gouvernement de permettre à ces habitans de payer leurs charges , deux tiers en argent & l'autre en grains : Le montant de ce tiers en grains , fixé sur le prix courant , qui étoit le commun , auroit été déduit *sur le million deux cens mille liv.* , qui devoit être payé au Roi , sans toucher aux *seize cens mille liv.* , ordonnées être levées pour les fortifications ; ces grains auroient été reçûs chaque année & déposés , partie dans des Magasins de l'*Artois* , partie dans ceux souterreins de la ville d'*Ardres* , & partie dans d'*autres* vers *Dunkerque* ; le Roi auroit contraint les Munitionnaires de prendre de ces grains chaque année heureuse , & dans les malheureuses , les peuples s'en seroient pourvus sur un prix commun. M. ORRY , qui se ressouvenoit encore des vexations faites aux peuples en 1726 , lorsqu'il leur fut prêté des grains , prévut ici la même chose pour les remises de ceux-ci dans les Magasins : Il observa que ces grains se trouvant provenir d'une espece de contribution , n'auroient pas été d'une qualité convenable aux Munitionnaires , ou du moins , ils les auroient voulu prouver tels , en donnant de mauvais grains aux troupes ; c'est ce qui a empéché que ce projet n'ait eu son exécution. Le même Citoyen le réforma tout de suite, & il fut question pour lois, que les Chefs des villes employeroient partie de leurs revenus patrimoniaux, pour faire les achats de grains qui seroient déposés dans deux ou trois Magasins de la Province: celui-ci fut adopté par le Gouvernement, mais on ignore quel fut le motif de son inexécution.

Dans la même année, il en fut encore présenté un autre, à l'instar de ceux qui eurent lieu en 1724, 1725, 1726 & 1727, & de celui que je viens de proposer. Ce fut la totalité réunie des Commerçans en bled de la Picardie & de l'Artois, (s'il s'en trouvoit alors quelqu'un dans cette derniere Province,) qui offrirent d'établir un magasin de cinquante mille sacs de bled, d'en fournir chaque marché suffisamment, & de ne le vendre que trois liv. le septier, mesure d'*Amiens*, (qui étoit le prix au-dessus du médiocre,) quand le prix seroit venu plus haut, & que si le prix fût venu au-dessus de trois liv., cette compagnie auroit donné le septier à cinq sols meilleur marché que le courant. Ces magasins & ces fournissemens de marché auroient été sous l'inspection du Commissaire départi : qui étoit M. C H A U V E L I N , au moyen de quoi, il leur auroit été exclusivement permis d'exporter tant de grains qu'ils auroient jugé à propos, par les ports de *Calais* & de *Saint-Valery.*

Cette proposition plut au Gouvernement, & M. le G A R D E - D E S - S C E A U X , dit que l'intention du R O I , étoit que les Chefs de confiance des Provinces fiffent ces magafins ; mais il fut repréfenté que les villes n'étoient pas en état de faire ces avances, & ces établiffement n'eurent pas lieu.

Cependant comme l'Artois eft une Province, où les grains y font les feules principales productions & revenus ; que, quand le bled y eft rare, il y eft très-cher, quand il y eft commun, il y eft à bas prix ; & comme il pourroit arriver que le Gouvernement ne fe déterminât pas à accorder la liberté d'une exportation telle que je l'ai propofé, ou s'y déterminât ; que le Commerce intérieur fût interrompu, & enfin que le peuple fouffrît dans les années abondantes ou autres, par la rareté ou cherté de l'efpèce, foit par l'*intelligence*, foit par les *monopoles*, qui peuvent avoir lieu ; il paroît qu'il feroit très à propos d'établir des magafins de réferve (*a*), & d'y faire dépofer, au moins, 400,000 facs de froment du pois de 200 l. Les Magiftrats des villes pourroient aifément avancer des fonds pour ces achats, fans toucher à ceux dont l'emploi eft fixé, au moyen de quelqu'économie dans certaines dépenfes.

On dépoferoit ces bleds dans des magafins

(*a*) On ne penfe pas déroger à l'Arrêt du Confeil du 9 Novembre 1698, & à l'Arrêt du Parlement, du 8 Janvier 1693, portant défenfes à toutes perfonnes, de faire des magafins de bled, à la réferve de celles qui font chargées des ordres du Roi, pour la fubfiftance de fes Troupes & munitions de Places ; car il a été établi de ces magafins à *Lyon*, & en d'autres principales *villes du Royaume*, où les peuples ont recours dans les befoins, avec facilité.

qui pourroient être établis ; fçavoir : Un à *Arras* , un à *Béthune* , un à *mefdin* & l'autre à *Saint-Omer.*

Chacun de ces magafins contiendroit 100,000 facs de bled , du poids de 200 liv.

Dans les années abondantes , & dans les tems des marchés interrompus , ou peu confidérables , les Commerçants pourroient en acheter pour exporter ; on les leur donneroit à un prix courant , & on les forceroit d'en prendre de préférence à ceux des marchés , au cas qu'ils ne s'y portaflent pas ; en les privant des permiflions de fortie.

Les Hôpitaux de chaque ville & les Munitionnaires ne pourroient fe refufer d'en prendre également , puifque le prix en feroit fixé à un taux inférieur à celui des marchés , & que ce feroit un grain de bonne qualité.

Il ne conviendroit point de renouveller annuellement ces magafins d'abondance en entier de crainte de ne le pouvoir faire , mais au moins le tiers chaque année heureufe ; & l'on devroit avoir attention de ne faire la vente de ce tiers , qu'aprés l'apperçu de la récolte , c'eftà-dire , dans les mois de *Novembre* , *Décembre* , *Janvier* , *Juillet* , *Août* & *Septembre* (a) , & de n'acheter , pour renouveller ce tiers , que dans *Octobre* , *Février* , *Mars* & *Juin* , parce que dans ces derniers mois , les laboureurs ont le tems d'en fournir les marchés.

______

(a) Dans ces trois premiers mois , ce font les moindres marchés , parce que c'eft le tems que le laboureur eft occupé aux femailles ; & d'un autre côté , c'eft la faifon pluvieufe , &c. Dans les trois autres mois , c'eft la faifon des moiflons , &c.

Les Commerçants qui feroient des achats de grains dans ces magafins, ne les pourroient faire qu'avantageufement ; 1°. parce qu'ils feroient leurs exportations en *Mars*, en *Avril* & en *Septembre*, mois pendant lefquels la navigation eft facile, ou par *Calais*, ou par *Gravelines*, ou, enfin, par *Dunkerque* ; 2°. enfin, parce qu'ils compléteroient leurs autres engagemens dans le refte de l'année, jufqu'en *Novembre*, par des achats qu'ils feroient dans les marchés.

Il réfulteroit, fûrement, quelque bénéfice fur les ventes des grains de ces magafins de réferve, qui ferviroient pour le payement de leurs loyers, & des appointemens des Employés ; pour le rembourfement des capitaux avancés par les Corps de villes, & pour les achats ; & enfin, les pauvres y puiferoient un foulagement.

D'un autre côté, on éviteroit, par ces reffources, la fortie des fommes confidérables de la Province, pour fe munir de grains dans les années malheureufes (a).

Si ces établiffemens font utiles pour favorifer le citoyen, il n'eft pas moins néceffaire que l'on cherche à donner de nouveaux moyens pour la répartition des impofitions, qui le foulageront encore davantage ; ce font ces derniers que je vais propofer.

____

(a) On fe reffouvient, fans doute encore, de ce qu'il en a coûté en 1740, à la Province & aux Négocians, pour cette importation ; la plûpart de ces derniers s'y font ruinés.

Des

Des nouveaux Réglemens concernant les Impositions.

L'impofition des centiemes eft réelle en Artois ; on la triple , on la double fuivant l'exigence des cas.

Ces répartitions ne peuvent fe faire aujourd'hui avec cette même égalité & juftice d'autrefois : (Je veux dire de 1569.)

En effet , combien de terres de l'Artois font-elles devenues depuis ce tems incultes, foit par les orages , foit par les chemins , foit par les riviéres , qui les ont emporté , ou qui en ont altéré la production ? Cependant bien des contribuables , qui ont des poffeffions de ces terres , ont négligé de fe pourvoir , pour obtenir des décharges & des modérations de ces impofitions : Je ne parle pas pour ceux qui ont des terres incultes qui peuvent être travaillées fans gros frais , parce qu'ils doivent les mettre en valeur.

D'ailleurs , il y a eu tant de divifions d'articles de centiémes depuis qu'ils font établis , dont on ne s'eft pas fait charger ou décharger, & il y a eu tant d'amélioration de terrein , que bien des propriétaires de terres ne payent pas d'impofitions pour raifons de leurs produits , ou s'ils en payent , le payement qu'ils font eft modéré au vis-à-vis de celui de leurs voifins , qui ont leurs terres chargées , parce qu'ils ne les peuvent améliorer qu'en faifant de groffes dépenfes , ou parce qu'ils ne le peuvent faire , attendu la mauvaife nature du fol.

Toutes ces circonftances ne tendent égale-

ment qu'à décourager l'Agriculteur de sa culture ; il seroit aisé d'y remédier , & le moyen
pour y parvenir , ce me semble , seroit que la
Société proposât aux Etats de nommer des
Arpenteurs pour travailler sous des Commissaires , à un nouvel arpentage & à une nouvelle distinction de la nature des terres : On
diviseroit ces terres en quatre qualités , les
premiéres seroient (je suppose) allivrées à
4 sols , les troisiémes à 3 sols , les deuxiémes
à 2 sols & les derniéres à 1 sol la mesure ;
l'on porteroit le tout sur un *regiftre* appellé
en bien des Provinces *cadaftre* , le plus distinc-
tement qu'il seroit possible , *par lifte* & *à bout* :
on répartiroit ensuite le capital des impositions
demandées à la Province , au marc la liv. ,
sur le capital des allivremens portés dans tous
les *cadaftres* de chaque Département ; ensuite
on enverroit le montant de chaque Département au Chef-lieu , pour y faire répartir les
divisions de ce capital sur les allivremens des
cadaftres de chaque Paroisse , & enfin ce montant de chaque Paroisse seroit également en-
voyé pour y être réparti sur chaque contribuable , par proportion aux allivremens respectifs
de leurs terres , par les Gens de Loi , Prud'hommes & Greffiers , toujours au marc la liv. :
ces impositions diminueroient ou augmente-
roient suivant la demande qu'en feroient les
Etats (*a*) , en exécution de celle du Gouvernement.

Pour soutenir l'équité de ces répartition s, on

____

(*a*) Cela se pratique avec justice & équité en *Langue-*
doc , en *Quercy* & dans les autres Provinces où il y a des
Cadaftres.

obligeroit le Greffier d'avoir un regiſtre ſur lequel il inſcriroit chaque mutation de bien, en indiquant de quel article, du *regiſtre cadaſtre*, proviennent ces démembremens ; on puniroit ſévérement les *acquéreurs*, les *vendeurs*, les *échangeurs* & les *partageans*, s'ils ne repréſentoient pas leurs contrats de *vente*, d'*achat*, d'*échange* ou de *partage* à ce Greffier, pour en faire les mutations convenables ſur le *regiſtre terrier*.

Et enfin, ce Greffier déchargeroit des impoſitions les terres devenues abſolument incultes ou emportées par les eaux &c., & chargeroit au contraire celles miſes en valeur : on ne permettroit pas, cependant, d'impoſer ces terres, miſes en valeur, qu'après un laps de vingt années, parce que le propriétaire auroit eu le tems, pendant cet eſpace, de ſe dédommager de ſes avances ; & l'une & l'autre de ces opérations ne ſe feroient qu'après que les faits ſeroient conſtatés par les Chefs des Paroiſſes, ſauf aux contribuables à ſe pourvoir à la commiſſion des Etats, en cas d'injuſtice, pour y être fait droit.

Au moyen de cette nouvelle répartition, les impoſitions ne deviendroient plus tant à charge aux Cultivateurs, ou du moins chaque contribuable en ſupporteroit ſa quote-part, ſans injuſtice.

En partant d'après tous ces principes, il ſera aiſé de tenter les moyens d'étendre les Arts & Manufactures ; mais ces derniers établiſſemens ne peuvent ſe faire ſans ſe procurer des matiéres premiéres étrangéres, que la terre refuſe aux habitans de l'Artois, & dont on a beſoin, ſoit pour les mélanger avec celles du crû, foit, enfin, pour les employer fans ce mêlange, & faire gagner aux Artifans ou Fabriquants du Pays, le prix de la main-d'œuvre.

Il faut donc néceffairement que la Société indique les moyens de fe les procurer : Voici ceux que je propofe, en traitant de l'importation.

De l'Importation.

Les richeffes naturelles de l'Artois, font & feront toujours les grains, la laine & le lin ; elles s'y recueilleront en fi grandes quantités, qu'elles fuffiront, non-feulement aux befoins des habitans, mais l'on pourra en exporter annuellement, ainfi que je l'ai déja dit, foit intérieurement, foit extérieurement(*a*). Ces matiéres premiéres font, il eft vrai, la bafe capitale des Manufactures de ce genre, & les matiéres les plus étendues de toutes les Fabriques, à l'exception, cependant, de celles de foie & de coton, dont la production eft ftérile en cette Province.

Dans cette pofition, il faut néceffairement que cette exportation devienne plus confidérable, & cela ne pourra fe faire qu'en employant les autres matiéres dans des Fabrications de marchandifes qui leur feront propres, & encore, en tirant à fon fecours des matiéres étrangéres, dont les Fabriquants & le Pays ne peuvent fe paffer, telles que les laines d'*Ef-*

(*a*) En tems de guerre l'importation & l'exportation de Royaume à Royaume, & de Province à Province, fe peuvent faire intérieurement par droit de Tranfit, que l'Etat accorde.

pagne & du *Levant*, qui font plus fines que celles d'Artois, les *caftors*, les *poils de chameau* & de *chévres*, les *cotons*, les *vins*, les *eaux-de-vies* &c., foit pour mêler avec celles du crû, pour leur donner une qualité fupérieure, & contribuer par ce moyen à l'utilité & à la perfection des Manufactures, foit, enfin, pour encourager & fournir à l'induftrie des Artifans, & aux befoins des autres.

L'Angleterre offre des Manufactures de foye d'or & d'argent : la Hollande en préfente de laine; & quoique ce dernier Etat ne recueille pas ces matiéres, ou bien peu, & que la terre refufe à l'Angleterre des mines de certains métaux, les Artifans de ces deux Etats ne ceffent cependant de fabriquer de toutes fortes d'étoffes de foie, en or & argent, des draps &c.

Les Chefs de la Province d'Artois peuvent donc aifément engager les Négociants du Pays de les y procurer; mais pour ce faire & attirer cette importation par les vaiffeaux des Commerçans étrangers, (fi on ne fe fert pas des fiens propres,) ces mêmes Chefs de l'Artois doivent folliciter le Gouvernement d'affranchir de droits d'entrées dans ce Pays, de quelqu'efpèce qu'ils puiffent être, toutes les matiéres premiéres & denrées étrangéres qui peuvent y être employées à la fabrication des étoffes & d'autres marchandifes ; foit qu'elles fe confomment dans le Pays, foit qu'elles s'en exportent ; & ces matiéres premiéres importées, doivent fe prendre par échange de celles du Pays, dont on peut fe paffer.

La trop grande quantité de matiéres que l'on pourroit tirer de l'Etranger, nuiroient fans doute au débouché de celles du Pays, & décourageroient, par conséquent, le Cultivateur; car, il est certain qu'un trop grand Commerce d'importation, & une trop grande étendue d'établissemens de Manufactures, ne sont pas à désirer dans une Province où les matiéres premiéres ne croissent pas : Il est donc important d'en restraindre l'usage; c'est ce que j'ai cru devoir proposer pour principes dans **la** première Partie de mon Ouvrage, & que je rappelle ici.

Des moyens à employer, pour restraindre l'usage des Matiéres premiéres, Denrées & Marchandises étrangéres, dont l'Artois peut se passer.

C'est par cette augmentation de semences & de plantations, par ces défrichemens, par cette amélioration des terres, par cette destruction d'espèce d'animaux, foibles & stériles, & par cette substitution d'autres bestiaux, fructueux, ainsi que l'ont fait les Etats du Nord, par cette recherche avantageuse de mines & de carriéres, & enfin par cette Fabrication nouvelle & plus étendue de boissons, que l'on pourra restraindre l'usage des matiéres que l'on tiroit de l'Etranger.

En effet, quel tribut cette Province ne paye-t'elle pas chaque année aux *Hollandois*, aux *Anglois* &c., pour l'importation des différentes matiéres, denrées & marchandises, que ses habitans leur achetent, pour consommer, ou dans leur peu de Manufactures, ou par leurs besoins, parce qu'ils ne peuvent les recueillir chez eux. Si ces objets d'augmen-

tation de matiéres premiéres du Pays, ne fuffifent pas pour reftraindre l'importation des
matiéres étrangéres, la Société devra découvrir
les autres moyens, que j'ignore, par la Théorie : D'ailleurs, le Fabriquant, feul, trouveroit mieux que perfonne, par la fuite, fi telle
reftriction eft admiffible, par l'invente des
marchandifes qu'il auroit fabriqué & compo-
fé de matiéres du crû & de celles étrangéres,
ou de celles étrangéres feulement : s'il trouvoit
le motif dans la cherté du prix (*a*), parce
que l'importation de pareilles marchandifes,
d'une Fabrique établie chez l'étranger, peut
fe faire à meilleur marché, il fe garderoit, fûrement, de tirer des matiéres premiéres, pour
en fabriquer davantage ; au contraire, s'il
trouvoit ces fabrications utiles pour la confommation du Pays, & que l'importation des marchandifes étrangéres lui nuisît, il propoferoit à
la Société d'engager les Etats de folliciter auprès du Gouvernement, d'en charger l'entrée
de droits fi hauts, que les habitans feroient
contraints d'en acheter aux Fabriques du Pays,
de préférence à celles des Etrangers.

Pour adoucir les frais de tranfport de ces
marchandifes, & les pouvoir donner à un
prix inférieur à celles des Fabriquants des
Provinces voifines &c. ; il faut abfolument les
tirer de la premiére main & fur fes propres
Navires. Examinons-en l'utilité & l'avantage.

(*a*) Cet événement n'eft pas defirable ; s'il arrivoit, il
feroit aifé à la Société d'y porter reméde.

De l'utilité de tirer les Matiéres étrangéres, de la premiére main, par ses propres Navires.

Tout le monde sçait que la *Hollande* s'est dévouée depuis très-longtems au Commerce, & que son application, à cet objet de l'industrie, lui a trouvé les moyens de se procurer toutes les marchandises qu'elle sçavoit être utiles à elle-méme & aux autres Etats, pour jouir des bénéfices du transport & de l'importation.

Des Navires Hollandois furent les premiers qui portérent en Artois, jusqu'en 1714, les matiéres premiéres & les marchandises que les propriétaires de ces Navires avoient importé, le plus souvent, des autres Provinces de la France, & desquelles, celle-ci ne pouvoit se passer : C'est encore depuis cet époque que des *Négociants*, ou, du moins, des *Marchands éclairés*, de cette Province, envoyérent des Navires Dunkerquois chercher dans l'*Espagne*, dans le *Nord* & à l'*Amérique*, quelques marchandises que leur fournissoient avant les magasins d'*Amsterdam* & de *Roterdam*, & qu'ils ont été dans les ports de ces villes *Hollandoises* & dans ceux des *Anglois*, pour en exporter les autres marchandises, qui étoient d'une plus grande conséquence, telles qu'épiceries, tabacs &c.

Mais aujourd'hui que l'on connoît parfaitement l'Art de la Navigation, que les routes sont frayées, tant sur mer que dessus les canaux, il ne sera pas difficile à tout habitant industrieux & intrépide, de se faire procurer de la premiere main par les matelots qu'il pourra monter sur son Navire, ou par ceux des Navires des Armateurs de *Dunkerque*, de *Gravelines* ou de *Calais*, les denrées qu'il croira utiles aux besoins des Manufactures de sa Province, sans se servir plus long-tems de vaisseaux étrangers, dont les services ne peuvent être qu'onéreux.

Les Peuples du *Nord* & de la *Mer Baltique* qui se trouvoient plongés dans la même ignorance de ceux de l'Artois, se sont apperçus de leur erreur ; ils commencent à venir chercher dans nos Ports, & à aller chercher dans ceux d'*Espagne*, dans ceux d'*Italie* & même dans ceux d'*outremer*, ce que leur fournissoient, précédemment, ces mêmes magasins d'*Amsterdam*.

Il est donc à désirer que la Société engage les Négociants qui sont actuellement en Artois, & les autres qui s'y formeront, à construire des Navires : Pour les encourager d'autant mieux à exécuter ces projets, il conviendroit que les Etats leur fournissent des sommes proportionnées aux entreprises qu'ils justifieroient à la Société pouvoir faire. Henri VII. Roi d'*Angleterre*, la *Hollande*, le *Dannemarc*, la *Suede* & deux Provinces de France, le *Languedoc* & la *Bretagne*, donnérent & donnent chaque jour des encouragemens à l'industrie : C'est par ce puissant moyen, que ce Roi laissa à son successeur le Royaume en bon état, que les trois autres Gouvernemens les rendent de même, & que ces deux derniéres Provinces de la France sont changées, changent & changeront de face.

Plusieurs Négociants d'Artois pourroient d'ailleurs se joindre & se lier avec ceux de *Dunkerque*, de *Gravelines* & de *Calais*, pour se procurer mutuellement la facilité de l'exécution de leurs entreprifes, afin de ne pas s'écrafer.

Ces conftructions & ces arrangemens finis, il feroit à propos que la Société répandît des Mémoires dans le Public, pour enfeigner aux Négociants les endroits directs d'où ils pourroient tirer les marchandifes : il feroit convenable d'indiquer en même tems toutes les découvertes qui viendroient à leur connoiffance, fur l'extention de la navigation.

Je donne ici l'état fuccinct des matiéres premiéres étrangéres de toutes efpèces, & des marchandifes dont l'Artois ne fe peut paffer, avec l'indication des lieux d'où on les doit tirer, leur propriété & leur emploi.

Dans le nombre de ces matiéres, je n'ai pû m'empêcher de comprendre les laines d'Efpagne, les huiles de poiffons, &c. defqu'elles les manufactures pourroient aifément fe paffer, parce que cette reftriction ne pourra avoir lieu que lorfque l'Artois aura bonifié & augmenté fes productions naturelles; pour les connoître, j'ai défigné celles dont l'importation eft à défendre par la fuite, d'une *Croix en marge*; & celles dont l'importation eft à tolérer, par *un Guillemet* également en marge.

La Société décidera au furplus, par la fuite, du bien ou du mal de ces importations.

Divifons la nature de ces matiéres premiéres en nature de terre & nature de mer.

La nature des matiéres premiéres de terres, eft, ou naturelle, ou en quinteffence, ou compofée.

De la nature des Matiéres premiéres étrangéres de Terres naturelles.

Ces matiéres étrangéres de terre, font:

DÉNOMINATION des MATIÉRES premiéres, étrangéres, naturelles.	LIEUX d'où l'on doit les tirer.	Leur propriété, *ou* emploi.
En Grains. Gruau.	du Levant.	*Nourriture humaine.*
Ris.	de Milan. de la Caroline. de Soumache. de Veronne.	
Redouaire, { en graines, en farines, }	du Levant.	*Médecine.*
Coriande	d'Hollande.	*Epicerie.*
Graine écarlate.	des Provinces méridionales.	*Teinture.*
En Fruits. Sené.	du Levant.	*Médecine.*
Thé, { Boché, Verd, Peccot. }	du Levant. de l'Orient] (*a*)	
Caffé, { Moka, Bourbon. }	de Surinam de Sainvine.] (*b*) de l'Orient de l'Amérique.	
Cachou, Vanille,	des Colonies Françoises.	*Boisson.*
Cacao,	de Caraques. de Mariquan. le Surinam. de Berbie. le Cayenne. de Saint Gual-quile.	
Manne Caffe	du Levant.	*Médecine.*

(a) *On le tiroit ci-devant de Nantes.*

(b) *Le Caffé de Bourbon & celui de l'Amérique, ne sont pas aussi suaves, & l'odeur de l'un & de l'autre n'en est pas aussi agréable que celle du Caffé Moka.*

DÉNOMINATION des MATIÉRES premiéres, étrangéres, naturelles.	LIEUX d'où l'on doit les tirer.	Leur propriété, ou emploi.
En Fruits.		
Figues.		
Amandes { longues, de Valence. } féches.		
Raifins { en grape, autrement, de Corinthe. } féchés.		
Citrons { frais, falés. }	de Marfeille.	
Oranges fraîches.		
Bergamottes { fraîches, féches. }		
Dattes féches.		Defferts de Table.
Brugnions fecs.	de Marfeille.	
Olives confites.	de Genes. de Seville. de Pouille. de Malag. de Portugal. de Montpel. de Majorque.	
Prunes { communes, de Ste Catherine }	de Bourdeaux. de Nantes. de Tours.	
» Marrons.	du Dauphiné. d'Auvergne.	
Chataignes.	de Bretagne, de Lyon.	
Noix de Galles, à l'épine.	de Smyrne. d'Alep.	Teinture.
Poivres { noir, blanc, long, }	de l'Orient (a) du Levant.	Epiceries.

(a) *On le tiroit autrefois d'Hollande.*

	DÉNOMINATION des MATIÉRES premiéres, étrangéres, naturelles.	LIEUX d'où l'on doit les tirer.	Leur propriété, ou emploi.
En Fruits.	Muscade, { fleur. Noix	d'Hollande.	Epiceries.
	Girofle, { cloux, poudre.		
En Plantes.	Malherbe.		Teinture.
	Tratenel.		
	Garouille.		
	Fustel.		
	Scamonée.		Médecine.
	Assa fœtida.		
	Cubebes.	de Provence	
	Cardam.	de Languedoc	
	Benjoin.		
	Sarcepareille.		
	Cumin.	de Malthe.	
	Tanmarin.	d'Alican.	
	Orseille, ou mousse de roches, { de Mer, de Montagne	de Provence.	Teinture.
	Cinabre { entier, broyé.	des Colonies Françoise.	
	Gravellé.		
	Agnus castus.		
	Bizouar.	d'Occident.	Médecine.
	Borax { rafiné, autrement	d'Orient.	
	Galangue.		
	Mastic { condaat, en feuille, autrement	d'Hollande.	Epicerie. Médecine.
	Myrthe, Rhubarbe.	du Levant. de Moscovie	Médecine.

	DÉNOMINATION des MATIÉRES premiéres, étrangéres, naturelles.	LIEUX d'où l'on doit les tirer.	Leur Propriété, *ou* emploi.
En Plantes.	Magliaan, Maniguêtre,	d'Hollande.	*Epiceries.*
	Paſtel écarlate, Carmiñ, Volvalde,	du Levant.	*Teintures.*
	Kermès.		*Médecine.*
En Epiceries compoſées.	Orpin ou Arſenic, { blanc, rouge, } Talmérital. ſaffran bâtard, &c.	lu Levant.	*Médecine & Teinture. Médecines.*
	Crême de tartre. &c. Perles, { à piler, autre }	d'Hollande.	*Epicerie, &c.*
En Drogueries compoſées, &c.	Muſc { de Tonquin, de l'Orient. } Camphre. Jalap. Opium. Beaume du Pérou.	du Levant,	*Droguerie, &c.*
En Teintures compoſées.	ſumac, de Pont à Pont. Buccin, ou coquillage de terre. Roucour.	d'Hollande.	*Teintures.*
	Tartre. Verdet, ou verd de gris.	d'Allemagne. d'Italie. de Montpellier.	
	Noir, { fumée, Anvers, Liége, }	d'Anvers. Liége,	
En Pierreries.	Diamans. Extraze. Cailloux du Rhin.	de Straſbourg.	*Bijouteries.*

Toutes ces *Marchandiſes & denrées doivent des droits d'en*trées : *je renvoye au Tarif de 1664. & au Livre intitulé :* Hiſtoire des droits d'Entrées, *par M. de Franchevi le.*

Il n'eſt pas poſſible de donner une préparation excellente au tabac du crû de l'Artois (*a*),
ſans le mélanger avec ceux de l'Etranger ; il
faut donc abſolument s'en procurer, pour rétablir de ces manufactures en cette Province,
qui y floriſſoient encore avant 1749.

On doit le tirer d'Angleterre, où il eſt ap-
porté des Provinces d'Amérique, appellées
Virginie & Marilland (*b*) : on pourroit encore
s'en procurer de Saint-Domingue, de Saint-
Vincent & de la Louiſiane ; (ce qui feroit à
ſouhaiter) : mais la plantation de ces tabacs
y eſt ſi peu conſidérable, que l'on ne peut
faire autrement, que d'en tirer d'Angleterre :
il en croît encore dans le *Jucatan*, dans la
Perſe, dans le *Breſil*, dans les *Iſles Antilles*, &
dans les différentes *Colonies Eſpagnoles*, qui
peut être très-bon.

Par l'Arrêt du 17 Juin 1749, l'importation de cette marchandiſe, en Artois, étoit
encore tolérée ; mais par la Déclaration du
4 Mai 1749, il fut impoſé un droit de trente
ſols ſur chaque livre de tabac, peſant ſeize
onces, ſortant de Dunkerque, pour entrer en
cette Province, en ſus de celui de dix ſols
précédemment établi, qui a ſupprimé ce commerce, & en même tems toutes les manufactures.

Ce qui a donné occaſion à cette Déclaration, fut, *eſt-il dit*, *dans ſon préambule*,
,, qu'au lieu d'exporter le tabac fabriqué, que

(*a*) J'ai parlé de ſa plantation.
(*b*) Le tabac du Mariland appellé *Orroonko*, eſt plus
fort que celui de Virginie, & eſt plus eſtimé dans le Nord.

» les Fabriquants tiroient de l'Angleterre, pour
» améliorer ceux du crû de la Province, ils
» en faisoient des versemens dans l'étendue
» des pays où le tabac étoit prohibé. « Cependant, outre que le vendeur étoit dans le
cas d'ignorer cette fraude, il auroit peut-être
été facile de l'empêcher, en assujettissant ces
Fabriquants à prendre des acquits à caution à
l'entrée de la Province, pour justifier de l'emploi de ce tabac étranger, sauf néanmoins
l'entrée libre, (ou du moins en payant les
droits de dix sols), des tabacs pour la consommation de la Province, qu'il auroit été
aisé de fixer.

En 1739, il fut présenté au Gouvernement
des Mémoires sur l'utilité de la plantation
du tabac dans nos Colonies, qui ne furent
pas reçus; ces Mémoires, entre autres choses,
assurent que la Ville de Dunkerque, tiroit
alors, depuis quelque tems environ 3000 boucauts pesant, de tabac, tant pour sa propre consommation, celle de la Flandre &
de l'Artois, que pour l'approvisionnement
des Contrebandiers qui l'entroient en Flandres, dans les Provinces du département des
Fermes, & encore dans l'Artois.

Les chemins qui étoient remplis de Gardes,
en cette année, pour empêcher de frustrer le
droit modique dont j'ai parlé, sont encore
ceux que tiennent aujourd'hui ces mêmes
Contrebandiers. Quoique cette contrebande
alors ait eu lieu, les Fabriquants tiroient au
moins la majeure partie des tabacs, directement de Dunkerque, & ils payoient exactement les droits; mais aujourd'hui ces Contrebandiers

trebandiers, engagés par la misére, à frauder, se sont mis en plus grand nombre, & les Fermiers du Roi perdent bien davantage.

Voilà non-seulement l'effet que cette Déclaration a opéré, mais encore les chûtes des manufactures dont le tabac s'exportoit chez l'Etranger, & la fuite des Ouvriers qui les faisoient mouvoir?

Elle n'a rien en effet, opéré de funeste envers les fabriques, dont les tabacs se répandent & se consomment dans la Province, & même en Picardie, &c. car cette marchandise est encore aujourd'hui en Artois, au même prix où elle étoit avant l'époque de cette Déclaration. Ces faits ont été reconnus, & l'on sçait, à n'en pas douter, que l'avis des Fermiers ou Régisseurs Généraux, est que cette Déclaration soit supprimée.

La Société devra donc proposer aux Etats de charger les Députés en Cour, de poursuivre de nouveau la cassation de cette Déclaration, & des Arrêts qui l'ont suivis, pour faire revivre ces manufactures, & en rappeller les Fabriquans qui se sont expatriés (a).

Ce tabac doit des droits d'octrois à Arras, &c. qui ne paroissent pas pouvoir en gêner le commerce.

On ne peut parvenir en Europe, par conséquent en Artois, à planter des arbrisseaux de cotonnier, parce que le climat s'y oppose; cependant la bourre que l'on tire de la noix de cet arbre, est très-utile pour la fabrica-

____

(a) Le Conseil d'Artois avoit présenté dans le tems les remontrances les plus touchantes qui n'eurent aucun effet.

M

tion de différentes étoffes. Il faut donc nécessairement avoir recours aux *Asiatiques*, aux *Africains*, ou aux *Américains* : ces derniers sont nos Compatriotes.

Les lieux de l'Asie & de l'Afrique, d'où l'on peut tirer les cotons, sont, *Chipre*, *Acre*, *Smyrne*, *Alep* ; ceux de l'Amérique & des Isles Antilles, sont *Curaçao*, *Surinam*, les *Barbades* & *Berberice*.

Ceux de l'Asie & de l'Afrique, se tirent par *Marseille*, & ceux des autres Pays, peuvent se tirer directement.

Les cotons filés se tirent d'*Abbeville*, & des *lieux* dont je viens de parler.

Il y en a de différentes qualités ; c'est aux Fabriquans à les distinguer.

Il est dû différens droits d'entrée sur les cotons (*a*).

Des Matiéres premiéres naturelles, en quintessences ou composées.

De Plante.

La cassonade, en François, *sucre brut*, se tire des cannes qui croissent en Amérique ; les meilleures sont celles de la *Jamaïque* & des *Isles des Barbades*, ensuite celles *du Bresil*, quoiqu'elles ne soient pas aussi blanches, elles sont plus grasses & plus huileuses ; & enfin les derniéres sont celles de la *Martinique*, de la *Guadeloupe*, de *Madere* & des *Isles Canaries*.

Ces denrées doivent différens droits d'entrée, surtout depuis la guerre (*b*).

(*a*) Voyez l'Histoire des Droits d'Entrées par M. *de Francheville*.

(*b*) Voyez l'Hist. des Droits d'Entrées.

DÉNOMINATION. des MATIÉRES premiéres étrangéres.	LIEUX d'où l'on doit les tirer.	Leur propriété, ou emploi.
Sirops, { brun, blanc. } appellés Candie. .	de l'Amérique	{ Medecine. Rafinerie.
Roucou, en pain. . . .	du Levant.	Teinture.
Bleu ou Azur, { brun, pâle, clair. } . .	de Saxe.	{ Blancherie. Teinture.
Gommes, { guttes, autres, dragmatique. } .	{ du Sénégal. d'Arabie. de Luques.	Teinture, &c.
Résine, { blanche, brune, } . .	{ du Levant. de Bayonne.	{ Lumiére, Medec. des animaux.
Indigo.	{ de Java & autres. [Amérique.	Teinture.
Vovede ou Pastel. . . .	de Normandie	Teinture.
Térébentine, } Curcuma. }	{ du Levant. de Provence.	} Teinture, &c.
Poix, { couronné, autrement. } . de	{ Espagne. Stockolm. Christianstad. Crelin. Wibourg. Westerw. Calmar. Caroline. Rigamiroir. Konisberg.	Pour les Arts, &c.
Bray & Gaudron. . . . de	{ Moscovie. Stokolm. Wibourg. Marck. Caroline.	{ Pour la construction &c.
Jus de Reglisse.	du Levant.	Médecine.

Voyez l'Histoire des droits d'Entrées pour savoir ce . .
dûs sur ces Denrées.

En quinteſſence de Fruits.

Vins ordinaires.

Le climat de l'Artois , ne permettant pas la culture des vignes, on eſt obligé de ſe procurer des vins des autres Provinces de France.

Les meilleurs ſont ceux de *Bourgogne* , de *Champagne* , blanc & rouge , mouſſeux & non mouſſeux , qui ſe tirent par terre ; & les vins communs, ſont ceux de *Bordeaux* , auſſi blanc & rouges , qui ſe tirent par mer.

Les meilleurs ſont de *la haute Bourgogne* ; ſçavoir , de *la Romanée* , de *Morachet* , de *Beaune* , de *Nuits* , de *Chambertin* , du clos *de Vougeot* , de *Volnay* , de *Pomard* , de *Mercurey* , de *Chaſſagne* , de *Mulſeau* & des *Marcs d'Or*.

Les inférieurs, ſont de *la baſſe Bourgogne* ; ſçavoir d'*Auxerre* , de *Coulange* , de *Vermanton* , d'*Irancy* , de *Tonnerre* , d'*Avalon* , de *Joigny* & de *Chablis*.

Ces vins inférieurs, ſont ceux qui s'enlévent en barrils , pour l'Artois , & les autres s'enlévent en Bouteilles , mais rarement pour cette Province , quoique bien mal-à-propos.

Les vins de *Champagne* , rouges , de la meilleure qualité , ſont des montagnes de *Verzenay* , de *Vezy* , de *Théry* , de *Bouſſy* & de *Mailly*.

Ceux de la ſeconde , ſont de *Rilly* , de *Chigny* , de *Ladu* , de *Viller* , d'*Allerand* , de *Menbré* , &c.

Les blancs , ſont d'*Aaï* , d'*Hautviller* , de *Pierry* , d'*Avenay* , & de *Sillery*.

Ces vins ſe tranſportent en bouteilles en Artois.

On peut encore tirer des vins du Rhône, tels que ceux de l'*Hermitage*, de *Cote-Rotie*, de *Liscornas* & de *Saint-Perrey*.

Du *bas Languedoc*, tels que de *Lunel*, de *Frontignan*, de *Rivesaltes* & de *Beziers*.

Du *haut Languedoc*, tel que de *Carcassonne*.

De l'*Agenois* & du *Quercy*, tels que d'*Agen* & de *Cahors* (a). Il se trouve de ces derniers vins très-potables, que l'on goûteroit en Artois ; ils s'appellent *vins rozés*.

De *Gascogne*, tels que de *Graves*, de *Gaillac*, de *Picardan*, de *Bordeaux*, de *Bergerac*, de *Sainte-Foix*, de *Cognac* & de *Saint-Jean*.

Du Pays d'*Aunis*, de l'Isle *de Ré* & d'*Oleron*.

Du *Poitou*, & encore de l'Evêché de *Nantes* : ces derniers font des vins propres à faire de l'eau-de-vie ou du vinaigre.

Du *Rhin* & de *Moselle*, d'*Allemagne*, de *Hongrie* & d'*Italie*.

On peut tirer des vins de liqueurs du *Cap*, de *Canaries*, de *Madere*, de *Chypre*, de *Cherès*, de *Sacaret*, de *Rota*, d'*Alicante*, & de *Tokay*.

Pour tirer de l'un & de l'autre de ces vins purs ; c'est-à-dire, sans être falsifiés, il faut

Vins de liqueurs.

(a) Il y a des vûes pour l'établissement d'un Entrepôt général de vins du Quercy ; & la Compagnie qui projette cet établissement se chargeroit de faire conduire ces vins par bateaux, jusqu'au port de Bordeaux, & ensuite les y embarquer sur les vaisseaux, surtout depuis Noël jusqu'au 15 Septembre, qui est le tems qu'il est permis aux *Quersinois* de descendre leurs vins en cette ville. On sera sûr par ce moyen, d'avoir des vins naturels ; car lorsqu'ils sont entre les mains des marchands Bordelois, ils sont toujours dans le cas d'être employés, pour donner de la couleur & de la qualité aux leurs, & on ne peut avoir de vrais vins de Cahors.

s'attacher à connoître des maisons sûres sur les lieux. On est parvenu à diminuer leurs frais de transports de terre ; ceux d'*Italie*, de *Languedoc*, du *Rhin*, de *Bourgogne* & de *Champagne*, peuvent se tirer par terre, par les voitures du *sieur Bacon de Bruxelle*. Ces voitures portent des marchandises de la Flandre à Paris, & elles peuvent ensuite aller prendre ces vins sur les lieux, pour les porter jusqu'à Douay ; là ils peuvent être embarqués sur les riviéres & canaux, jusqu'aux lieux où on les desire en Artois.

Ces chariots contiennent depuis seize, jusqu'à vingt-deux feuillettes; & ces transports doivent se faire pour le mieux, depuis *Janvier*, jusques & compris *Mai*.

Les vins de ces Provinces destinés pour *Boulogne*, qui est le Port où les *Anglois* s'en approvisionnent, pourroient également s'embarquer à *Douai*, & être ensuite chargés à *Saint-Omer*, sur des chariots, pour y être portés, si on ne juge point à propos de les embarquer depuis *Douai* jusqu'à *Dunkerque*, à *Gravelines* ou *Calais*, d'où on les exporteroit par mer jusqu'à *Boulogne*. Quant aux autres vins que l'on voudroit se procurer en Artois, on les tireroit par mer, comme on le fait actuellement.

Il ne reste plus qu'à proposer deux *essais*, le premier, pour pouvoir donner au vin du plus mauvais terroir, le goût, la qualité & l'agrément des vins du crû que l'on veut choisir (*a*).

» Il faut prendre, *dit l'Auteur*, une liv. du

______

(*a*) Ils ont été publiés au mois d'Octobre 1758.

» meilleur *tartre* des vins , & du pays le plus
» acrédité par la qualité, y ajoûter une liv.
» de miel commun & une liv. de bon orge.
» Faire d'abord bouillir & fondre le *tartre*
» dans six pintes d'eau commune : Celle de
» puits ne vaut rien pour cela quand elle est
» dure : Le *tartre* étant fondu entiérement ,
» il faut jetter l'orge dedans, le faire bouillir
» à petit feu & lent, jusqu'à ce qu'il soit
» crevé ; on y met ensuite le miel que l'on
» fait simplement fondre sans l'écumer : Si
» dans l'ébullition , il s'est évaporé un peu
» trop d'eau, il faudra en mettre de nouvelle
» & faire rebouillir le tout, jusqu'à ce que
» vous ayez six pintes de liqueur : Passez le
» tout par un linge, ni trop serré, ni trop
» clair , lequel on tordera jusqu'au sec ; jettez
» ces six pintes dans un tonneau de 50 pots ,
» que l'on remplira aussi-tôt de moût, en
» sortant du pressoir ; alors toute l'opération
» sera faite. La fermentation ordinaire du vin,
» ne lui laisse que ce qui lui est propre, &
» le purge de tout ce qui lui est inutile, qui
» s'attache aux parois du tonneau.

   » Toutes les expériences en petit qui ont
» été faites, *continue le même Auteur* , ont cons-
» tamment donné un vin de la qualité de celui
» d'où le *tartre* avoit été tiré.

   L'autre essai, est de donner au vin nouveau
toutes les propriétés du vin vieux.

   » Il faut prendre un vin vieux qui ait , *dit*
» *l'Auteur* , à peu près la qualité d'un vin de
» six feuilles : Après avoir transvasé le vin en
» bouteilles, & les avoir exactement bouché
» avec des bouchons couverts de poix un peu

» épaiffe, pour éviter toute évaporation, vous
» les difpoferez de façon qu'elles puiffent être,
» pour ainfi dire, toutes mifes en un inftant
» dans la foffe qui leur eft deftinée ; & pour
» que la terre ne perde pas fa chaleur, on
» employera le plus d'ouvriers qu'il fera poffi-
» ble pour faire cette foffe : plus elle fera pro-
» fonde, & plus le vin acquérera les qualités
» qu'on veut lui donner : Auffi-tôt que la foffe
» fera faite, vous y mettrez fans perdre de
» tems vos bouteilles par lit, que vous cou-
» vrirez à mefure avec la terre qu'on aura
» tiré de la foffe. Les caves ou celliers, pourvû
» qu'ils foient un peu plus bas que le rez-de-
» chauffée, font plus propres à cette opération
» que les caves profondes qui font d'ordinaire
» trop humides. La terre la plus falpêtreufe pro-
» duira auffi plus fûrement l'effet qu'on doit fe
» promettre : Vous enterrerez vos bouteilles à
» la fin du mois de Mars, & vous les tirerez
» au mois de Novembre fuivant. Si l'opération
» a été faite, comme on le propofe, & que
» la terre de la foffe ait à peu près la qualité
» requife, on verra un effet furprenant de la
» chaleur de la terre, qui par une fermenta-
» tion naturelle, laquelle produit une efpèce
» de coction, diminuera chaque bouteille
» d'une petite quantité de vin : Cette diminu-
» tion fe fait par l'évaporation d'une bonne
» partie des efprits *fulphureux*, *acres*, *mordicans*
» & *aqueux*, dont la trop grande abondance
» donne au vin une roideur & ce piquant
» défagréable, & fouvent incommode. Ces
» efprits vaporeux de leur naturel fe diffipent
» avec le tems ; mais on peut, par le procé-

» dé indiqué, en hâter le départ, & alors,
» il en réfulte le même effet que fi le vin avoit
» été gardé pendant plufieurs années.

Le premier fecret me paroît bien moins utile
que le fecond, & je crois mêmeque le dernier eft
le feul qui puiffe être exécuté en Artois, attendu la difficulté d'y avoir du *tartre de vin.*

Il y a de gros droits d'entrée fur cette boiffon,
& entr'autre des octrois (*a*).

Eaux-de-vie.

Les meilleures eaux-de-vie que l'on puiffe
tirer, font celles de *Cognac*, d'*Oleron*, de la
Rochelle, quelquefois d'*Orleans*, de *Nante*, de
Bayonne, de *Bordeaux*, de *Languedoc*, & des
Colonies (*b*) : Cette importation pourra dimi-
nuer fi on confent de laiffer Fabriquer en
Artois une plus grande quantité de celles de
grains, de *cidre* &c.

On tire des efprits de vin de *Barcelonne*,
de *Bordeaux*, de *Provence*, de *Montpellier* &
de *Naple.*

Il eft dû des droits d'entrées fur ces boiffons,
& un très-gros droit d'octroi [¶].

Cidre.

Le cidre le meilleur, fe tire d'*Ifigny* &
d'autres *lieux* de la *Normandie* : Cette importation eft néceffaire ; mais on la pourra reftraindre, fi la plantation, que l'on propofe, réuffit.

Il eft dû des droits d'entrées [¶].

Vinaigre de vin.

On eft dans l'ufage de tirer des vinaigres
de *Bordeaux* & d'autres *lieux*, & on ne peut

(*a*) Voyez l'Hiftoire des Droits d'Entrées, & la Pan-
carte des Octrois perçus en chaque Ville.

(*b*) Ces derniéres eaux-de-vie s'appellent *taffia* ; elles fe
tirent du fyrop de fucre.

[¶] Voyez l'Hiftoire des Droits d'Entrées, & la Pan-
carte des Octrois perçus en chaque Ville.

s'empêcher de continuer de le faire, à moins que les petits vins de *Nante*, que l'on pourroit tirer, & que l'on pourroit convertir en vinaigre en Artois, n'y suppléent.

Il y a des droits d'entrées de dûs [¶].

Liqueurs.

On peut tirer des liqueurs, soit escubac, soit cédra, soit crême des Barbades, soit ratafiats & autres de toutes espèces généralement quelconque, de *Luneville* en *Lorraine* & de *Montpellier* : Ce sont en effet les meilleures liqueurs qui viennent de ces lieux, ou du moins les plus estimées.

Il y a des droits d'entrées de dûs [¶].

Dragées & confitures.

Les dragées les plus fines, sont celles de *Verdun*; on en peut tirer encore de *Paris* & d'autres *lieux*.

Elles doivent des droits d'entrées [¶].

Huiles d'olives, &c.

L'huile d'*olive* se tire d'*Aix*, (qui est la meilleure) de *Marseille*, de *Cette*, de l'*Espagne* & de l'*Italie* : C'est une liqueur dont on ne peut se passer.

On tire aussi des huiles, soit de térébenthine, qui viennent de *Venise*, soit de laurier & d'amande douce, qui viennent de Provence.

Par Edit d'Octobre 1710, Réglement du 8 Septembre 1705 & du 15 Mars 1707, les émolumens attribués aux charges de Jurés, Commissaires, Essayeurs, Visiteurs d'huile, créés par Edit de Mai 1705, supprimés en Décembre 1708, & recréés par ledit Edit d'Octobre 1710, ont été convertis en un impôt sur cette liqueur; & outre ces impôts, il est encore dû d'autres droits d'entrées. (¶)

[¶] Voyez l'Histoire des Droits d'Entrées.

Ces cendres se tirent de *Lorraine*, & de *Montpellier* ; elles sont propres aux blancheries de toiles, suivant quelques *Auteurs*, les autres les soutiennent nuisibles.

Cendres gravelées.

»

Elles doivent des droits d'entrées (*a*).

Les Fabriques de ces marchandises ne pouvant être établies en Artois, on en tirera de *Paris* & de *Saxe*, pour les besoins des Horlogers &c. & pour satisfaire les caprices du goût d'aujourd'hui.

Email, porcelaine & cristaux.

»

De même, les cristaux, verres de lunettes glaces, verres, qui se tirent de *Saxe*, des flacons & d'autres marchandises, qui se tirent de *Prague* & des autres *lieux* de la *Boheme* & de l'*Allemagne*, de *Paris* & de *Nevers*.

Il y a des droits dûs sur l'entrée de ces marchandises (*b*).

L'or se tire des mines du *Perou* &c. ce sont les *Espagnols* & les *Portugais* qui font les propriétaires des premiéres, & les nations du Pays qui le font des autres : On en trouve quelque peu dans les *Monts Pirénées*, aux pieds desquels l'*Arriège*, en latin *Aurigera*, prend sa source. J'en ai vu recueillir avec des tamis, pendant l'été, sur les rives de cette riviére. Cet or est en paillettes coulantes sur le sable.

Or & argent.

»

L'argent se tire également de différentes mines du *Pérou*, & quelque peu de *France*, sur-tout de *Bretagne*, parmi les plombs, des mines que l'on y a découvert.

L'or se tire communément en lingot, de

(*a*) Voyez l'Histoire des Droits d'Entrées.
(*b*) Voyez l'Histoire des Droits d'Entrées, pour sçavoir les Droits dûs sur ces denrées.

Paris, de *Lille*, de *Strasbourg* & de *Lyon*, & encore de *Portugal* & de l'*Espagne*.

Le meilleur est celui de *Portugal*, d'*Espagne*, ensuite vient celui de *Paris*, de *Lion*, de *Lille* & de *Strasbourg*.

L'argent se tire des mêmes endroits ; le meilleur est celui de *Paris* : L'or & l'argent des autres endroits de *France* sont à un titre bien inférieur (*a*).

Ces métaux sont employés dans bien des Manufactures &c. ; & comme quelques unes de celles que l'on projette en Artois pourroient en avoir besoin, on ne peut se passer d'en tirer.

Il seroit cependant à souhaiter que le luxe d'aujourd'hui n'exigeât pas de pareils emplois, & que les Edits, Déclarations & Arrêts, portant cette défense, soient exécutés : mais c'est le goût du tems, & les Fabriquants de ces ouvrages sont heureux de pouvoir les faire pour servir les caprices de la mode.

On est dans l'habitude de se les procurer en *lingots* pour la vaisselle &c. & *tirés* pour les cordonnets, les fils &c. ; on les tireroit cependant également en Artois, & on y gagneroit la main-d'œuvre.

On fait venir encore des litharges d'or & d'argent, ainsi que du vif-argent blanc du *Levant* & de l'*Espagne*.

Il y a des droits d'entrées sur ces métaux (*b*).

(*a*) M. *Hellot* a traité de la fonte de ces matiéres ; on peut y avoir recours, & aux tarifs des Droits du marc.

(*b*) Voyez l'Histoire des Droits d'Entrées.

Le cuivre que l'on importe en Artois eſt en lingots, en *feuilles*, en *lames*, en *fils de laiton, noir ou jaune*, & en *chaudrons & baſſins*.

On en tire de deux eſpèces, ou du *rouge* ou du *jaune*; l'une & l'autre ſe prend en *Suede* & en *Norwege*: on pourroit encore en tirer de *Weſtphalie*; entr'autres de *Corback*, auprès de laquelle ville j'en ai vu de très-belles mines & de très-belles forges.

Il ſe prend auſſi en ces endroits du *potin jaune & gris*, & des *mitrailles rouges & jaunes*.

On trouve des mines de *cuivre* en *France*, dans les *Pirénées* &c.; d'où il peut s'en exporter en Artois par *Bayonne*. Bien des ſymptômes ſemblent annoncer qu'il y en a en Artois dans les carriéres de pierres griſes qui s'écaillent (*a*).

On doit des droits d'entrées ſur ces matiéres (*b*).

L'*Angleterre* poſſede dans ſon enceinte de ces mines; & comme elles étoient les ſeules connues, il ſembloit que l'*étain* & le *plomb* en étoient ſeuls les meilleurs : On a depuis découvert deux mines de ce dernier métal, en *Bretagne*, l'une à *Poulavoine* près *Carhaix*, & l'autre à *Pompéan* près *Rennes*; (cette derniere ſur la riviere de *Vilaine* qui y eſt navigable) ainſi que bien d'autres dans le reſte des Provinces du Royaume. J'ai reconnu que ce *plomb* approchoit infiniment de celui d'*Angleterre* : J'en ai jugé ſur les expériences que les Employés en ont fait devant moi. Ne ſera-t'il pas poſſible de s'en procurer préciſément de

(*a*) M. *Hellot* a traité de la fonte de ces matiéres.
(*b*) Voyez l'Hiſtoire des Droits d'Entrées.

ces lieux, de préférence à celui que l'on pourroit tirer de l'*Angleterre* & des *Indes* ?

On y trouvera auſſi de la mine de *plomb*, pour crayon &c.

Il y a des droits d'entrées ſur ces métaux venant d'*Angleterre* : peut-être n'y en a-t'il pas ſur ceux que l'on exporteroit de la *Bretagne*, ou d'autres Provinces du Royaume (*a*).

Fer.
†

Les *Pirénées* & différentes autres *Montagnes & Plaines* de la *France*, ont des mines de fer : La Province du *Hainaut*, eſt celle qui peut le plus commodément en procurer à l'Artois, ſoit en *barres*, ſoit en *verges*, ſoit en *tôles*, ſoit en *fils*, ſoit en *plaques*, ou ſoit, enfin, en *Chaudrons*.

Quelques-uns en tirent encore de la *Champagne*, des environs de *Saint-Diȝier*, (c'eſt dans ces lieux où j'ai vu prendre, pour les beſoins de l'artillerie, des bombes & des boulets) & d'autres les tirent, mal-à-propos, de *Hollande*, puiſqu'il n'y a aucune mine.

Je me ſuis apperçu de quelqu'apparence de ces mines en Artois, dans les environs de *Fruges* ; on pourroit en engager la recherche par des récompenſes.

Il y a des droits d'entrées ſur ce métal [¶].

Autres mi-
nes.
"

On tirera le *tripoli* du Levant, qui eſt pour l'uſage de certains Artiſans.

L'alun, { de Civita-Vecchia, de Smyrne. de Liege. de Rome. } *Sert pour les teintures.*

(*a*) Voyez l'Hiſtoire des Droits d'Entrées.

[¶] Voyez l'Hiſtoire des Droits d'Entrées. M. *Hellot* a traité de ces matiéres ; on doit y avoir recours.

Les blancs de *ceruse* & de la *menien*, se tirent d'Hollande, & servent *pour nétoyer les métaux.*

Les sels de Méde-⎰d'Angleterre.⎱servent pour cine, nitre, ar-⎰ du Levant. ⎱ *la médecine,* moniac & autres,⎱ de Suisse. ⎱ *teinture, &c.*

Du vitriol d'Angleterre. *Pour les teintures.*

De l'ambre, ⎰jaune,⎱ De l'Inde. *Pour les Dro-* ⎰ gris. ⎱ *guistes, &c.*

De la couperose, ⎰ de Liége. ⎰ ⎰ des Pirénées. ⎰ *Pour* ⎰de Civita-Vecchia.⎱ *teintures.*

Il y a des droits d'entrées [¶].

Le jais se tire des montagnes des *Pirénées*, vers *Sainte-Colombe* & *Chalabre*, & encore d'autres *Endroits* : Il s'y trouve des moulins propres pour sa préparation.

Il est dû des droits d'entrées [¶].

Le soufre se tire crud & rafiné, (rafiné, c'est celui que les Artésiens appellent *soufre en can*) de *Bayonne*, de *Cadix* & d'autres *Endroits*.

Il y a des droits d'entrées [¶].

Le charbon de houille, ou de terre, se tire du *Calaisis* près d'*Ardres*, du *Boulonnois*, & encore d'*Angleterre*, de *Bretagne* &c. Il est employé dans les forges, fourneaux & autres usines.

S'il s'en pouvoit trouver dans la Province, quel avantage n'en résulteroit-il pas ? Tout semble en annoncer dans la *Vallée* qu'arrose

___

[¶] Voyez l'Histoire des Droits d'Entrées.

la *Lis* dans sa naissance, près de *Fruges* : Il faudroit donc en exciter la recherche.

Cette recherche s'est faite en *Bretagne*, & l'appas d'une récompense en a été le guide ; l'on a trouvé de ces mines : le privilège de l'entreprise d'en sortir les charbons, a été donné à des compagnies ; mais malheureusement il a été donné *exclusif*. Les Etats en ont reconnu l'abus, & ils en sollicitent auprès du Gouvernement la suppression (*a*) ; ce qu'ils ont lieu d'espérer d'obtenir.

La Société devroit engager les Négociants, jusqu'à ce que l'on puisse trouver en Artois de ces mines, de tirer les charbons de la *France*, par préférence à les tirer d'*Angleterre*, si le bon marché s'y trouve.

Il y a des droits d'entrées sur ceux d'*Angleterre* ; mais je n'en crois pas d'aussi forts sur ceux du Royaume.

Pierres, de carriéres.
†

Si parmi les pierres de *grès* que l'on trouve dans les carriéres de l'Artois, soit pour bâtir, soit pour paver, l'on pouvoit y en trouver d'une qualité propre à faire des meules de moulin, on éviteroit de sortir de la Province des sommes considérables pour ces achats.

Dans bien des Provinces du Royaume, on se sert de pierre de *grès*, qui est de couleur *rougeâtre* & bien *dure*. La Société devroit proposer aux Etats d'en exciter la recherche : Peut-être s'en trouveroit-il ? J'en ai vu, entr'autres dans la *Paroisse* de *Matringhem*, près

______

(*a*) Voyez la Délibération des Etats de Bretagne art. 22. J'ai déja indiqué les Observations que cette Province a faites sur cet objet.

de

de *Fruges*, de propres à cet usage. Les Etats de *Bretagne* n'ont pas hésité de faire faire cette recherche en 1757 (*a*).

On tire ordinairement ces pierres de *Normandie* : elles sont d'une pièce ; mais ces pierres de *moulage* ont beaucoup de défauts qui nuisent à la conservation de la farine ; elles la rendent humide, & l'empêchent par conséquent de se séparer parfaitement de la pelûre ou du son ; elles sont très-tendres & très-légéres, & ces qualités les facilitent pour laisser continuellement tomber dans la farine des petits éclats sablonneux, qui, en se broyant, rendent cette farine croquante, humide & pésante.

Les meilleures sont celles qui se tirent des carriéres de *Bergérac en Guyenne* ; elles sont de quatre morceaux, & beaucoup plus petites que les précédentes : Ces pierres sont très-propres à faire de belles farines, & elles ont les qualités opposées à celles ci-dessus (*b*) : d'ailleurs tout gît dans la taille. Les frais de transport, feront sans doute la plus grande difficulté d'avoir de ces pierres ; mais pour la réussite de l'entreprise des Manufactures de farine, que je propose, on ne sçauroit être arrêté par ces dépenses, puisqu'on ne peut pas s'en passer.

Il est peut-être dû des droits d'entrées (*c*).

(*a*) Délibération des Etats de Bretagne, du 10 Février 1757, art. 13. J'ai déja dit que quelques Citoyens de cette Province en avoient découvert.

(*b*) Elles sont dures, elles jettent feu lorsqu'elles tournent ; c'est ce qui rend la farine très séche, & la conserve.

(*c*) Voyez l'Histoire des Droits d'Entrées.

N

Les carriéres de *Matringhem*, & les autres de la Province, fournissent des pierres propres à cet usage ; on doit s'en procurer : j'y en ai trouvé de très convenables pour repasser les rasoirs, &c. Cette importation par ce moyen, pourra être supprimée.

Il est peut-être dû des droits d'entrées sur celles Etrangéres [¶].

C'est une espèce de grès très-dur, que l'on importe de *Marquise* près d'*Ardres*. Cette pierre se coupe parfaitement, & on en pave des cours, des caves, des cuisines & des rigoles, &c. on en fait aussi des escaliers & des pierres de taille pour bâtir ; on devra continuer d'en tirer.

Il y a, je crois, des droits d'entrées de dûs [¶].

On en peut tirer du *Languedoc*, de la *Provence*, &c. ces pierres sont propres à être employées dans l'Architecture & dans la Sculpture : il s'en tire de toutes couleurs & de toutes qualités.

L'on est encore dans l'usage en Artois d'employer une espèce de *marbre bleu* ou *pierre d'ardoise tendre*, dont on forme également des morceaux d'Architecture & des pavés ; on le tire des environs de Tournay, &c. où j'ai vû, en effet, beaucoup de ces carriéres.

Je crois que l'entrée de ces pierres est sujette à des droits [¶].

L'Angleterre en produit considérablement, & elles sont très-belles ; mais j'en ai vû dans les carriéres de *Bretagne* & de *Tournay*, qui

---

[¶] Voyez l'Histoire des Droits d'Entrées.

les équivalent : on pourroit s'en procurer de ces derniers lieux.

Les carriéres de Bretagne font près de *Rhedon* & de *Nantes*.

Il y a des droits d'entrée fur l'une & fur l'autre ; mais je penfe que celles d'Angleterre doivent un droit de fortie de leur Royaume [¶].

La plus grande partie des terres glaifes que l'on employe en Artois à la fabrication des poteries, s'y importent de la *Flandre*, &c. cette matiére eft cependant très-commune en Artois, & on devroit en exciter la recherche, pour s'en fervir par préférence, fi l'on en trouve d'une qualité fupérieure pour améliorer cette fabrication. *Terres glaifes & autres.*

Il en doit être de même des terres propres à faire des *pipes* que l'on tire de l'Etranger, & de celles propres pour la fayence.

La terre de l'Artois eft communément convenable à la fabrication des *briques rouges* ; on pourroit peut-être en trouver de propres à la fabrication des *briques jaunes*, que l'on tire des environs de *Bourbourg*. Le Pays de *Langle* vers *Watten*, femble en pouvoir fournir ; on devroit en faire faire des effais ; car cette *brique jaune* vaut beaucoup mieux que la *rouge* pour les bâtimens.

Il y a des droits d'entrées fur les terres étrangéres [¶].

Pour la conftruction des *belandres* & des batteaux, que l'on fait en Artois, outre les bois du crû, on y employe des bois de fapin *Productions des arbres.*

[¶] Voyez l'Hiftoire des Droits d'Entrées.

ou de pin, que l'on tire de *Norwege*, ſoit en planche, ſoit en bois carré, ſoit enfin en nature; il s'y en conſomme auſſi beaucoup dans la charpente & dans la menuiſerie. Peut-être que ceux que l'on projette de couper dans cette Province, éviteront d'en continuer l'importation, ou du moins la diminueront. *Bayonne* en peut encore fournir du crû des *Pirenées*.

On conſomme auſſi beaucoup de bois d'olivier que l'on prenoit mal-à-propos en *Hollande* puiſqu'il croît en *Provence*, en *Languedoc* & dans les Etats d'*Eſpagne*, de *Portugal*, &c.

La *Hollande* procure encore un bois de couleur brune & tendre, nommé *marqueterie*, que l'Artéſien appelle *allemarche*; cependant il doit être tiré des *Colonies*, où il croît : ce bois s'employe dans la menuiſerie, &c.

On doit tirer les bois *de buis* des *Pirenées* & de *Norwege*; j'ai cependant cherché d'en diminuer l'importation, par la plantation que j'ai propoſé d'en faire en Artois.

Les bois de *Sᵗᵉ· Lucie.* *d'Ébene.* *de Coco*, &c. } Sont propres pour la *Sculpture*, *Menuiſerie*, &c. & ſe tirent des Colonies, de l'Inde, &c.

Les bois de *Boudilles* & de *Bourdillons*, pour la *barillerie*; cette importation diminuera beaucoup au moyen de ceux que la Province produira.

Les *écorces d'arbres*, appellées *Liége*, pour *Bouchons*, ſe tirent des Colonies.

Les *canelles*, ſe tirent de Hollande & croiſſent dans l'Inde.

Les bois *de Sapan de Siam.*
  de Campêche ou d'Inde.
  de Binas.
  de Fernembaque.
  Jaune.
} Se tirent du Levant, & servent *pour la teinture.*

Les racines *de Réglisse.*
  de Guin.
  Cassina lignea.
} Se tirent du Levant, & servent *pour la médecine.*

Les racines *de Gingembre,* { blanches, } Se tirent du Levant, & servent pour la médecine. { raclées. }

Il y a des droits d'entrées sur chacune de ces marchandises & denrées (*a*).

Le *Canada,* le *Nord,* & l'*Allemagne* nous ont procuré jusqu'à présent toutes les peaux d'animaux, dont nous avons pû avoir besoin pour notre usage; le port de *la Rochelle* est celui le plus connu pour y prendre celles du *Canada*; le port de *Dantzick* & d'*Hambourg,* pour les autres, & celui de *l'Orient* pour les castors.

Productions des animaux.

Les animaux sauvages sont communs dans ces Etats & Provinces, & l'habitant s'y applique à la chasse de ces bêtes, parce qu'elles lui servent d'aliment.

On recherche aujourd'hui les peaux de *lions,* de *tigres,* d'*ours,* de *renards,* de *loups,* de *rennes,* de *chiens,* de *chats,* de *sangliers,* de *martre* & d'une infinité d'autres animaux sauvages ou domestiques; quoique ce ne soit que notre molesse qui l'exige, on ne peut s'empêcher de s'en procurer.

____

(*a*) Voyez l'Histoire des Droits d'Entrées.

Les quantités de *bœufs*, *vaches* & *veaux* que l'on confommoit en Artois, dans les boucheries, n'étoient pas fuffifantes pour fournir les peaux néceffaires aux tanneries, &c. Les *Hollandois*, les *Anglois* & les *Dunkerquois*, en procuroient d'*Irlande*, de la *Caroline*, du *Brefil*, de *la Havanne*, de *Saint-Domingue*, de *Dantzick*, de la *Pologne* & de l'*Efpagne* (a).

Mais aujourd'hui qu'il s'en produira & confommera une plus grande quantité, au moyen d'une population plus confidérable ; peut-être que cette importation diminuera ? C'eft à quoi la Société devra avoir l'œil.

Le fel qui eft jetté fur ces peaux, pour les conferver, influe fans doute à leur donner, avec *le tan*, des qualités fupérieures à celles de l'Artois ; il fera aifé d'en faire de même fur ces derniéres. Quant à la fabrication des tanneries de l'Artois, elle eft portée à fa perfection, parce que les eaux y font propres.

Les peaux de *chameaux* fe tirent du Levant, ou préparées ou non préparées.

Celles de *daims*, de *cerfs*, de *chevreuils*, de *boucs*, de *chevres*, &c. fe tirent pareillement préparées, de Niort en Poitou ; c'eft un malheur que les habitans de cette Province, ne veuillent les laiffer exporter brutes ; la préparation s'en feroit parfaitement en Artois, & peut-être mieux que chez eux, par rapport aux eaux & aux huiles qui font excellentes

----

(a) Suivant les art. 12. & 13. de l'Edit d'Août 1759, ces cuirs verts, étrangers, ne font plus fujets aux Droits de Traites Foraines, lorfqu'ils entreront en France, pour y être fabriqués ; mais l'importation pour l'Etranger doit.

en cette Province. On pourra cependant se procurer des peaux de *cerfs*, de *biches*, de *daims*, &c. des Provinces des environs de l'Artois, & on les préparera dans celle-ci.

Il est dû des droits d'entrées [¶].

Ces poils se tirent du *Canada*, par la Compagnie des Indes ; on les employe dans la fabrication des chapeaux, dans celle des bonneteries & d'autres étoffes. Il y a des poils de *vigogne rouges* & *blancs*.

Poils de castors & de vigognes.

„

Ces marchandises doivent des droits d'entrées [¶].

Les productions des poils de chevres que l'on a proposé d'avoir en Artois, diminueront sans doute cette importation.

Poils de chevres, bourres, &c. filés & non filés.

†

On doit les tirer, en cas d'insuffisance & de défaut de bonne qualité, de *Barbarie* & de l'*Asie-Mineure* : ce poil est fin, & aisé à travailler.

On préfére le poil d'*Angora* à celui de *Beybazar*, & on a raison : quoique ce dernier ait l'avantage d'être lavé avec du savon, avant d'être filé, & qu'il puisse, par cette opération de main-d'œuvre, devenir beaucoup plus blanc ; on le distingue aisément au toucher, parce qu'il glisse dans la main.

†

On tirera aussi des mêmes endroits des *bourres de chevres*, pour employer dans la teinture.

Ces marchandises doivent des droits d'entrées [¶].

Si l'on ne peut absolument se passer en Artois, de laines étrangéres, soit que la production de celle qu'on y aura, soit bonne, ou

†

[¶] Voyez l'Histoire de Droits d'Entrées.

ſoit qu'elle ne le ſoit pas, on en pourra toujours tirer d'*Eſpagne*, par *Cadix*, de *Portugal*, par *Lisbonne*, & du Levant par *Marſeille* : voici les lieux d'*Eſpagne*; ſçavoir, de *Leon*, de *Ségovie*, de *Soria*, de *Ségovianes*, de *Siguenza*, d'*Alberſine*, d'*Extrenas*, de *Caravacca*, de *Navarre*, de *Sarragoſſe*, de *Caſſers*, de *Cabeſſa Delbucy*, d'*Eſtramadure* & d'*Andalouſie*. On peut encore en tirer de l'*Allemagne*, de *Pomeranie*, de *Lunebourg*, de *Breme*, de *Pologne*, de *Pommer*, de *Thorn*, de *Dantzick* & de *Carmenie*, ſoit rouge ſoit blanche.

Mais les laines d'*Eſpagne* ſont les meilleures, elles ſont les plus longues, les plus ſéches & les plus fortes.

On pourra toujours employer celles du Pays, à de petites étoffes, auxquelles elles ſeront propres.

Il n'eſt pas poſſible de s'en procurer d'Angleterre, parce que la ſortie en eſt expreſſément défendue.

Les laines doivent être viſitées par les Gardes & Controlleurs des Communautés, ſuivant l'Arrêt du 24 Janvier, 30 Septembre 1688, 9 Mai, 2 Juin 1699, & 4 Avril 1716.

Elles doivent des droits d'entrées [¶].

Os, &c. On pourra ſe procurer de l'ocre de toute eſpéce, de l'*yvoire*, du *Morphil*, ou *dent d'éléphant*. } *du Levant.*

† Et des *os* de bœuf dans le pays.

Il y a des droits d'entrées [¶].

Suifs & jambons. † Beaucoup de ſuifs ſe tiroient de *Voſter*, par la Hollande, ainſi que des jambons de *Mayence*;

[¶] Voyez l'Hiſtoire des Droits d'Entrées.

ces importations peuvent être supprimées, parce qu'il se trouvera suffisamment en Artois des matiéres & marchandises de pareille qualité.

Elles doivent des droits d'entrées. [¶].

Il se consomme des quantités prodigieuses de fromage de *Hollande*, de *Berg - Saint-Vinock*, de *Marolles*, de *Suisse*, du *Dauphiné*, de *Parmesan*, de *Dubs*, de *Roquefort*, de *Gruyere*, de *Brie*, &c. Peut-être sera-t'il possible de diminuer cette importation, au moyen de la fabrication de celui qui se fera en Artois, lequel surpassera au moins en bonté, celui de *Berg*.

Par les Arrêts du 20 Janvier, 15 Décembre 1699, 11 Septembre 1700, 15 Septembre 1701, 21 Novembre 1702, 18 Décembre 1703, 21 Octobre 1710, 17 Septembre 1747, & 14 Janvier 1740. Il fut mis un impôt de trente sols par cent pesant sur le fromage; & l'entrée de celui d'Angleterre fut défendue.

Il seroit à souhaiter que les Etats obtinssent par la suite un Arrêt, qui défendît l'entrée, & de l'un & de l'autre fromage *étranger*, ou du moins un impôt plus fort que celui de trente sols, afin d'exciter les habitans de l'Artois d'en fabriquer.

Il est dû différens autres droits d'entrées [¶].

On tire des beurres de *Diximude*, d'*Angleterre*, d'*Irlande*, de *Furnembarck*, tandis que l'Artois & ses environs, en fournissent de très-bon; on pourra encore supprimer cette importation, lorsque l'on sera parvenu à avoir

Fromages.
†

Beurres.
†

[¶] Voyez l'Histoire des Droits d'Entrées.

la production des bestiaux que l'on propose.

Les Arrêts dattés à l'article précédent, regardent aussi celui-ci : il y a encore d'autres droits d'entrées [¶].

La cochenille du *Mexique* & des *Colonies Françoises*, est propre pour la teinture, & on ne peut s'en priver. Il y a encore une infinité d'*oiseaux* & d'*insectes*, qui produisent des objets utiles, & que la Société pourra rechercher, pour les tirer de la première main.

Productions des oiseaux & insectes.

Ces denrées doivent des droits d'entrées [¶].

Comme il n'est pas possible d'élever des *vers à soye* dans cette Province, en quantité suffisante, pour les besoins des manufactures, il faut tirer les soyes de *Grenade en Espagne*, qui sont les meilleures & les plus belles : il s'en tire de torse & de non torse de *Florence*, de *Gennes*, de *Luques*, de *Boulogne* de *Messine*, en *Sicile*, & d'*Italie*.

Soye & fleuret.

On tire encore des soyes du *Levant* & de *Perse*, des lieux de *Scherbaffi*, de l'Isle de l'*Archipel*, de *Therime*, & de *San-Jago*, qui sont très-peu estimées, parce que le fil en est dur, & se rompt très-aisément au travail.

De même, de *Guillan*, qui est rarement blanche, mais le brin en est délié, flexible & plus aisé à tirer que celui des autres soyes.

De *Bourme*, qui est toute blanche ; elle a le brin délié.

D'*Ardassine*, qui vaut autant ; mais elle est plus lâche & extrêmement luisante.

D'*Ardasses*, qui est très-grosse & remplie d'étoupes ; c'est ce qui en empêche la recherche.

[¶] Voyez l'Histoire des droits d'Entrées.

Et de l'*Indouſtan* & de *Chine*, qui ſe tirent par la voie de la *Hollande* : elles ſont très-belles à la vue & au toucher ; mais elles ſont très-difficiles à dévider, & le déchet en eſt par conſéquent très-conſidérable.

On diſtingue les ſoyes *greges* d'avec les *organ-ſins*, ou *ſoyes montées*, & d'avec les ſoyes toutes apprêtées, que l'on tire de l'*Italie*.

Toutes ces ſortes de ſoyes doivent des droits (*a*).

De ces productions de terre, paſſons à celles de mer.

De la nature des matiéres étrangéres de mer.

Par l'Agriculture la terre fournit notre ſub-ſiſtance, & les matiéres premiéres pour nos vêtemens, & nos commodités : La mer par la pêche fournit également notre ſubſiſtance ; & des matiéres premiéres beaucoup plus pré-cieuſes & plus abondantes.

Les meilleurs fanons de baleines qui s'em-ployent dans les ajuſtemens des femmes, dans celui des enfans, pour former diffé-rens meubles, & les meilleures huiles que l'on employe dans les Manufactures &c., ſont ceux des baleines péchées ſur les côtes de la grande baye de *Groënland*, parce que la baleine y eſt plus longue & plus groſſe que dans les autres mers ; l'huile par conſé-quent en eſt plus pure, & les fanons plus faciles à recevoir un grand poli. La pêche s'y fait par les *Anglois*.

On peut encore en tirer de celles ſorties des baleines des pêches faites vers l'*Iſle* de

Huiles & fa-nons de ba-leines.

(*a*) Voyez l'Hiſtoire des Droits d'Entrées.

Finlande, & dans le détroit de *Davis*.

Très-peu de *François* font employés à cette pêche, bien mal-à-propos.

Elles doivent des droits d'entrées [¶].

Morue &
huiles.
ˮ †

La morue fe pêche fur les côtes de l'*Ifle de Terre-Neuve*, à la *grande Baye*, au *Cap de Aulabrabor*, au *Cap-Breton*, à la *Côte du petit Nord* & au *grand Ban*. Différentes Nations Européennes y vont chaque année.

La morue la meilleure, eft celle qui refte huit à dix jours dans le fel, & qui, enfuite, eft étendue fur les gréves pour fécher ; elle s'appelle morue féche ou *ftokfich*. La verte fe faupoudre de fel, & fe met en baril ; il s'en pêche auffi pour manger fraîche. L'une & l'autre fe tire *d'Hollande* & de *Dunkerque* ; ainfi que les huiles.

Les huiles & les morues falées font fujettes aux droits d'entrées [¶].

Harengs.
ˮ

Cette pêche fe fait près des *Ifles* de *Schelland* dans la mer d'*Ecoffe* & ailleurs, par les *Dun-kerquois* & les *Hollandois* ; mais les harengs pris par les derniers font d'une qualité fu-périeure.

On en pêche quelque peu fur la côte de *Bretagne* ; & les Etats de cette Province, pour en encourager la pêche, follicitent la franchife de tous droits fur ces poiffons, qui y feront pêchés ; foit qu'ils fortent pour l'Etranger, ou, foit qu'ils entrent dans le Royaume (*a*).

[¶] Voyez l'Hiftoire des droits d'Entrées.
(*a*) Voyez la Délibération du 10 Février 1757, art. 18. Voyez au furplus pag. 47. des Obfervations de la Société.

C'eſt ce que les Etats de *Lille* & d'*Artois*, & l'Intendant de *Picardie*, devroient également ſolliciter pour ceux qui ſe pêcheroient par les Armateurs de *Dunkerque*, de *Calais*, de *Graveli-nes* & de *Boulogne*, & qui entreroient en *France*; car les droits d'entrées qui ſe levent ſur ce poiſſon, ſont conſidérables, & ils en découragent la pêche.

L'Arrêt du 20 Décembre 1710, confirmatif de celui du 24 Mars 1687, en défend la pêche après la fin de Décembre : Il y a apparence que cet Arrêt a encore ſon exécution aujourd'hui ; ce qui eſt un bien.

On enfume de ces harengs, &, par ce moyen, on les ſéche.

Voyez pour les droits, comme à l'article précédent.

C'eſt ſur les côtes de *Diépe*, que les *Dun-* Maquereaux.
kerquois & les *Calaiſiens* font cette pêche ; il   ”
s'en ſale quelque peu, & la plus grande partie ſe vend frais.

Tout ce que l'on peut reprocher aux Pêcheurs *Dunkerquois* ſur cet article, c'eſt que lorſque ce poiſſon ſe prend dans leurs filets jettés pour le hareng, ils le rejettenr à la mer, ſous prétexte que leurs peres ne les ont jamais pris qu'à la ligne.

Il s'en envoye ſalés de *Toulon*, & ce poiſſon Ton & an-
ſe pêche à la hauteur du Port de cette ville. chois.

On tire encore de cette même ville & de   ”
Marſeille des anchois ſalés.

Il y a des droits d'entrées de dûs (*a*).

Il ſe prend dans les réſervoirs que l'on fait Saumon.
en *Bretagne*, à l'embouchure de la riviére   ”

______

(*a*) Voyez l'Hiſtoire des Droits d'Entrées.

d'*Hennebont*, Evêché de *Vannes* : Les *Hollandois* en prennent également à l'embouchure du *Rhin* & de la *Meuse*, à *Blankemberck* &c. Il se pêche encore un poisson parmi ce premier qui lui ressemble beaucoup, même à s'y méprendre : les *Bretons* l'appellent *péque* ; mais il ne vaut pas le premier.

On sale beaucoup de saumons, & l'objet est de conséquence.

Ces saumons doivent des droits d'entrées [¶].

Sardines.
,,

Cette pêche se fait sur les côtes de *Bretagne*, entre *Quiberon* & le *Port Louis*, & à *Belle-Isle* en *Mer* : autant elle étoit considérable sur ces côtes, autrefois, autant elle a diminué aujourd'hui, parce que ce poisson s'arrête, tantôt sur une côte, tantôt sur une autre.

Celui que l'on pourroit avoir en Artois ne pourroit être que salé.

On en fait aussi de l'huile, qui est propre pour les Manufactures &c.

On doit des droits d'entrées [¶].

Mat seins
& chiens de
mer.
,, †

Les *Hollandois* & quelques *Dunkerquois* s'attachent à cette pêche : ils tirent une peau utile aux Artisans, de ces derniers poissons ; & ils tirent encore de l'un & de l'autre, une huile & de la colle utiles aux Manufactures &c.

Ces marchandises doivent des droits d'entrées [¶].

Autres poissons.
,,

Il y a une infinité d'autres poissons que l'on sale, tels que *plices*, *playes* &c., & d'autres que l'on vend frais, tels que *turbot*, *esturgeon*,

---

[¶] Voyez l'Histoire des Droits d'Entrées.

merlan, *sole*, *raie*, *écreviffe*, *homard*, *moule*, *huitre*, de *Diépe*, d'*Angleterre*, de *Marennes*, de *Bretagne* &c., que les chaffes-marées ont foin d'apporter au marché de chaque ville d'Artois.

Quelques Magiftrats de ces villes les encouragent à faire cette importation par de légéres récompenfes : Il feroità fouhaiter que ces encouragemens fe donnaffent par chaque ville.

C'eft dans l'*Ifle* de l'*Afcenfion* où fe fait cette pêche : L'écaille de cet animal amphibie, eft propre pour différens ouvrages. On les tire de l'*Orient*.

Il s'en trouve auffi de *terreftres*, que l'on tire du *Levant* &c.

Il y a des droits d'entrées fur ces écailles (*a*).

Il croît fur les côtes de la *Mer* différentes herbes & *plantes*, qui ont leur emploi.

Les herbes appellées *foudes*, que l'on brûle & que l'on réduit en cendre, fe tirent d'*Efpagne*, de *Mofcovie* & de *Memmel* : Il y en a de bleue & de blanche, & elles s'importent toutes préparées.

Les potaffes fe tirent de *Mofcovie*, de *Dantzick*, de *Riga*, de *Konigsberg*, de *Hongrie* & de *Breme*.

Les guedaffes fe tirent de *Carelshaven*, de *Pruffe*, de *Chriftiantat*, de *Carelskoorm*, de *Noarsberge*, de *Henftad*, de *Caffuby*, d'*Elbing*, de *Stetin*, de *Colberg* & d'autres *Endroits*.

Il croît des foudes bâtardes en *France* ; j'en ai vu fur les côtes méridionales de *Bretagne*,

Tortues.

„

Herbes de mer.

„

____

(*a*) Voyez l'Hiftoire des Droits d'Entrées.

entr'autres dans la Paroisse de *Locoual-Auray*, & encore près de *Rochefort* : on les pourroit mélanger avec celles étrangéres.

La *passepierre*, ainsi appellée en Artois, & ailleurs *de la cristemarine*, croît sur les côtes de *l'Océan*, dans les environs de *Dunkerque* (a), *Gravelines*, *Calais*, & *Boulogne*, dans le sable. La *passepierre*, au contraire, croît en *Bretagne* & en *Normandie*, entre les rochers : Ces herbes se cueillent en *Août* & en *Septembre*, & elles se confisent dans du vinaigre : celles de *Bretagne* different de celles-ci & elles sont meilleures.

Enfin la mer produit une infinité d'autres *plantes* & *d'herbes utiles* à la médecine ; sur lesquelles, à l'exception de la *passepierre*, il est perçu un droit d'entrée [¶].

Fruits de mer.

On cueille aussi des *cappes* sur les *côtes de la Méditérannée*, que l'on tire confites dans le vinaigre, ou de *Marseille* ou de *Toulon*.

Elles doivent des droits d'entrées [¶].

Sel.

Les *sels gris*, que l'on rafine en Artois, se tirent de *Brouage*, de *Seudres* & *d'Oleron*, par le *Port* de *Dunkerque* : Ces sels sont bons & fructifient beaucoup dans les rafineries ; mais le transport en est cher, attendu l'éloignement de l'endroit où l'on va les prendre. Ne seroit-il pas possible de se servir des sels des *côtes* de l'Evêché de *Vannes* en *Bretagne*, avec le même avantage, & éviter de gros frais de transport, si ces derniers se peuvent rafiner également ?

On peut tirer encore des sels de *Setubal*, de

(a) Au Village de *Petite-Sainte* près *Mardick*.
[¶] Voyez l'Histoire des Droits d'Entrées.

Lisbonne

Lisbonne, d'*Alemate*, de *la Gliari*, d'*Ivica*, de *Trapani*, de *Saint-Lucar*, de *Cadix* & de la *Baye* ; mais je pense que ces sels reviendroient à un trop haut prix.

Il est dû des droits d'entrées sur ces sels *(a)* : On est même assujetti de les mettre dans des sacs, que les Employés des Fermes plombent, lorsqu'on les transporte de *Dunkerque* en *Artois* : Cette formalité ne peut que nuire à ce Commerce.

Nous ne pouvons pousser plus loin nos connoissances à ce sujet ; aussi ce qui nous reste à dire, consiste à développer d'où la Province d'Artois peut encore tirer ce dont elle a besoin, & qui ne peut se fabriquer chez elle.

Des différentes marchandises que la Province d'Artois ne peut fournir par elle-même.

Les velours de toutes couleurs, figurés ou ciselés, à la reine, & mis à un poil, à un & demi & à deux, se tirent de *Gênes*, de *Marseille*, de *Lion* &c. ; & les plus solides en couleur noire, sont ceux de *Gênes* : Il s'en fabriquoit au Fauxbourg de *S. Antoine* à *Paris*, en fond d'or & d'argent ; mais cette Manufacture est tombée.

Les draps d'or & d'argent, figurés en faux & en vrai, se tirent de *Lyon*.

Les taffetas se tirent d'*Italie*, de *Gênes* d'*Angleterre*, de *Lyon*, de *Tours* &c. , soit unis, soit croisés, soit brochés, soit glacés.

Les gourgourans, les pékins unis & peints,

______

(a) Voyez l'Histoire des Droits d'Entrées.

O

les foulars & les perfes des *Indes*, fe tirent de l'*Orient*.

Les gros de *Tours* & de *Naples*, unis & brochés, fe tirent des lieux dont ils portent le nom.

Le tabis, papeline ou filatrices, fe tirent de *Lyon*.

Les fatins, doubles & fimples, fe tirent de *Lyon* & d'autres *lieux*.

Les damas fe tirent de *Lyon*.

Les canelets de même.

Les moires, en or, en argent, ou en foye, fe tirent auffi de *Lyon*; mais celles d'*Angleterre* furpaffent.

Les razs fe tirent de *Saint-Cir*, de *Saint-Maur*, de *Sicile* &c.

Les ferges & croifés fe tirent de *Lyon*, de *Tours* &c.

Les crêpes & voiles, gazes & toiles de foye, fe tirent de *Paris* & de *Lyon*.

Les rubans unis & figurés en or & en argent, fe tirent de *Lyon*, de *Paris* & de *Lille*.

Et une infinité de petites étoffes qu'il fera aifé de tirer de la premiere main, fur les Mémoires de la Société.

Toutes ces étoffes doivent des droits d'entrées (*a*).

Etoffes de laine & de coton. Comme je préfume que l'on peut fe paffer de la plus grande partie de ces marchandifes par l'établiffement des différentes Manufactures que je propofe, je ne donne aucune indication des lieux, d'où on les pourroit tirer; d'ailleurs, il fera aifé de le fçavoir en jettant

---

(*a*) Voyez l'Hiftoire des Droits d'Entrées.

un coup-d'œil aux articles concernant ces fabrications dans ma troisiéme Partie, parce que l'on verra les noms des villes, où les Manufactures sont sont établies.

Toutes ces diverses marchandises doivent des droits d'entrées [*a*].

Les belles toiles de lin, se tirent de *Harlem*, en Hollande, de *Bilfeld*, en Westphalie; il s'en tire encore de *Menin*, d'*Ath*, de *Courtray*, de *Bruges*, de *Gand* & d'autres Villes du Brabant; mais les meilleures, les plus fines & les plus blanches, sont celles de *Harlem*, de *Bilfeld*, & de *Menin*.

Celles de coton, se tirent d'*Amsterdam* & de *Roterdam*, en Hollande, de *Londres* & de différentes autres Villes d'Angleterre, d'Allemagne & de Suisse.

Les toiles de coton bleues, se tirent de *Bruges*.

Les batistes & cambrais, se tirent de *Saint-Quentin* & de *Cambray*.

Les mousselines fines & les mouchoirs de coton, se tirent de l'*Orient*, & non point d'Hollande, d'où l'on doit tirer seulement les mouchoirs de coton peints.

Les mousselines grosses, les mouchoirs & les petites étoffes de toiles de coton & de fil, se tirent de *Rouen*.

Les bazins unis, rayés & à carreaux, se tirent de *Troyes* en Champagne, & d'autres lieux de France, & non de Hollande.

Il est encore d'autres marchandises de bonneteries, de merceries, de quincailleries, dont

Toiles de lin, unies & ouvrées, & toiles de coton peintes & non peintes, &c.

___

(*a*) Voyez l'Histoire des Droits d'Entrées.

O ij

je ne parle pas ici, me réfervant de les indiquer dans la Partie qui va fuivre, à chaque article des Artifans qui les fabriquent.

Ces marchandifes doivent des droits d'entrées [¶].

Soyes torfes.

» †

Les meilleures *foyes torfes* fe tirent de *Grenade*, de *Lyon*, de *Tours*, de *Paris*, & de *Lille* : c'eft à ces Fabriquans, à qui l'on doit avoir recours pour s'en procurer, fi l'on n'en peut fabriquer en Artois.

Ces foyes doivent des droits d'entrées [¶].

Fils de cotons, poils de chevres, fils, &c.

» †

Ces objets peuvent encore fe fabriquer en Artois ; je renvoye également aux articles qui les concernent dans ma troifiéme Partie.

Ils doivent des droits d'entrées [¶].

Toutes ces matiéres premiéres, tant naturelles qu'étrangéres, de terre ou de mer, produites & amenées dans la Province par l'effet d'une bonne culture, & d'un Commerce d'importation directe, par conféquent peu difpendieux, doivent être préfentement pliées aux différens ufages qu'exigent d'elles la nature, l'utilité & la commodité, pour en augmenter en même tems la valeur, & en favorifer le débouché.

C'eft par le moyen de *l'induftrie*, dont je vais parler dans la troifiéme & derniére Partie de cet ouvrage, que je propofe de parvenir à ce but.

[¶] Voyez l'Hiftoire des Droits d'Entrées.

Fin de la feconde Partie.

LE PATRIOTE
ARTÉSIEN.

TROISIEME PARTIE.

Des Arts.

'AGRICULTURE & le *Commerce*, dont nous avons développé les premiers & les principaux refforts, exigent de nous d'affurer l'état & la fortune de ceux que l'on employe à l'un & à l'autre ; auffi propofons-nous dans cette Partie, de donner notre attention à développer les moyens qui auront le droit d'exciter, d'étendre & de protéger la main-d'œuvre ; capables d'attirer les Étrangers dans la Province d'*Artois* : ce font ces moyens auxquels nous donnerons la dénomination d'*Induftrie.* Cette dénomination, a, jufqu'ici confondu toutes nos idées ; & fans réfléchir, & fans

diſtinguer les objets d'*induſtrie*, qui tombent ſur le *Commerce de néceſſité premiére* ; & ceux qui tombent ſur celui de luxe & de frivolité ; nous avons confondu toutes ces *eſpèces d'induſtrie*, ſous le terme générique d'*induſtrie*.

L'indigence, avons-nous déja dit, *eſt la mere de l'induſtrie* ; mais que doit-on entendre ſous l'emblême de cette action vulgaire ? ſinon la néceſſité de la conſervation de ſon propre être , dans l'ordre des Sociétés : nous avons à pourvoir à deux ſortes d'*êtres* de nous-mêmes , parce que nous formons deux corps, qui ſe réuniſſant à nous, s'étendent juſqu'aux autres membres de la Société : c'eſt ce point de vûe qui a toujours formé entre les hommes, l'idée de conſerver ſon propre corps, & celle de conſerver le corps politique. Dès lors, nous ne devons entendre ſous le terme d'*induſtrie*, que ce concours mutuel de commerce, qui tend à la conſervation de ce double corps ; tout ce qui eſt au-delà de cette conſervation premiére, n'eſt donc pas proprement *induſtrie*, mais une action qui tend à conſerver ſon propre être & celui du corps politique : au lieu que *l'induſtrie*, par ſa propre détermination , & ſuivant l'uſage de nos jours , ne ſe trouve devoir s'appliquer qu'à celui qui eſt totalement étranger à cette même conſervation.

Dans l'ordre de l'*Agriculture* & *du Commerce*, dont nous venons de parler , nous n'avons eu d'autres intentions que de nous procurer des moyens de cette *induſtrie improprement dite* : heureux, ſi nous n'en euſſions pas connu d'autres ! & toujours malheureux, si nous suivons l'impreſſion *de ce Commerce d'induſtrie étranger au premier*, qui ne conſiſte que dans cette frivolité, ce faſte & cet inutile, dont nous nous trouvons obligés de parler ! Comme ces ſortes de beſoins s'irritent par la fécondité de l'imagination, il devient ſans borne ; & le plus floriſſant Etat, eſt toujours malheureux au milieu de ſes plus brillantes proſpérités.

Je ne prétends pas enlever à ma Province, les moyens de ſe procurer cette frivole ſatisfaction ; en zélé Patriote, je lui conſeille d'en uſer toujours avec modération.

Dans ce point de vûe, pénétrons les moyens d'exciter, d'étendre & de protéger *l'induſtrie de néceſſité premiére*, & de s'attirer des Ouvriers étrangers, pour faire valoir, autant qu'il ſera de ſon eſprit d'économie, des ouvrages étrangers pour ſeconder cette Province dans ſon *Commerce de néceſſité ſeconde*. Examinons à cet effet, les premiers moyens généraux propres à cette extenſion, nous réſervant encore de traiter des ſeconds à la fin de cette Partie, toujours dans ce principe d'école dont nous avons parlé.

Des premiers moyens généraux, pour exciter,
étendre & protéger l'induſtrie.

`L'Agriculture` ne ſçauroit être portée à ſon degré de perfection, ſans le ſecours des Arts ; & la Société n'auroit qu'une exiſtence foible & imparfaite, ſi elle ne s'attachoit qu'à ce premier travail.

C'eſt ſur l'augmentation des matieres premieres, en Artois, que je veux propoſer à la
Société d'étayer celle de l'induſtrie, ſans craindre les vices du ſyſtême, & le faux des principes arbitraires.

En effet, il faut placer les reſſorts de l'*in-*
duſtrie ſur l'*Agriculture*, pour les faire mouvoir par le *Commerce*, dans une proportion
égale, ſans les vouloir forcer au-delà des
productions de cette agriculture naturelle &
d'une importation modérée.

Pour parvenir à exciter & à étendre cette
induſtrie de cette façon, il paroîtroit convenable que la Société commençât par chercher
de rétablir & d'augmenter le nombre des Arts,
des Métiers & des Manufactures; mais il me
paroît qu'elle n'y réuſſiroit pas, ſi elle ne le-
voit préalablement les obſtacles dont je vais
parler, parce qu'ils s'oppoſent à cet établiſſement & à cette augmentation ?

En 1673, très-peu de Communautés d'Artiſans, qui ſubſiſtoient en Artois, furent réduites en Corps de Jurande, quoique l'Edit du
mois de Mars de cette même année, les y
ait aſſujetties : on s'eſt contenté de les ſçavoir
établies en *Société* ou *Confrairies d'hommes*, que
la reſſemblance de profeſſion réuniſſoit ; &
on leur a laiſſé obſerver les Réglemens qu'ils
s'étoient formés.

Quelques-uns de ces Réglemens, qui ne
concernent que la police, la diſcipline & la
perfection des ouvrages, ont été revêtus,
ou de lettres du Prince, ou des Magiſtrats
des villes, & les autres, dont le nombre eſt

plus confidérable, ne l'ont pas encore été (*a*).

J'ai démontré dans la premiére Partie de cet Ouvrage, que le fardeau qui chargea l'*Agriculture* dans fa naiffance, & qui fut le motif de fa chûte, fut auffi celui qui, cumulant les intérêts aux emprunts énormes des Communautés, détruifit l'*induftrie*. J'ai ajoûté que dans quelque fituation que foit aujourd'hui cette *induftrie* il étoit poffible de la ranimer par elle-même.

En effet, cet Artifan qui a été forcé d'abandonner fon travail, par les impofitions exceffives & par les fervitudes des Réglemens, qui ne pouvoient fe réparer au milieu d'une Province indigente, n'eft tombé que dans l'*indolence* & dans la *mifere* : il peut être réveillé de cette léthargie par des éguillons puiffants ; fon indigence même devroit feule les lui préfenter : mais les voyes les plus efficaces & les plus fenfibles, font, ce me femble, celles que je vais développer.

1°. La Société doit s'occuper, dans chaque Département, à faire libérer ces corps des emprunts qu'ils ont faits, en follicitant l'inexécution de la Déclaration du 30 Décembre 1704, & des autres, qui permettent aux corps d'augmenter les droits de vifite & de marque, les lettres de maîtrife, les chefs-d'œuvres & les exemptions.

(*a*) Le Confeil de la Province, & M. *de Caumartin*, Intendant, confultés en 1757, par le Gouvernement, fur l'établiffement d'une liberté d'admiffion d'Etrangers, dans les Corps des Artifans de l'Artois, juftifient, par leurs avis, de ce que j'avance.

Si ces emprunts ont été excités pour le befoin de l'Etat , l'Etat eft intéreffé à en fupporter le fardeau, cette même Société engagera les
Etats de la Province à demander au Roi qu'il
cede , annuellement en faveur de ces Corps ,
jufqu'au rembourfement de ces capitaux, une
fomme dans la portion des impôts fur les vins ,
les eaux-de-vie & fur les biéres , qui fe levent
dans l'Artois, pour payer le don gratuit (*a*) &c.
au contraire s'ils les ont fait pour leurs befoins
particuliers, la Société engagera encore les Etats
de leur accorder des deniers de la Province ,
pour rembourfer chaque année ces petits emprunts , jufqu'à leur extinction.

Il pourroit même être pris d'autres moyens
plus avantageux & moins gênants pour la Province, qu'elle connoît , & que je laiffe à la
prudence de la Société de proprofer d'exécuter (*b*).

2°. Cette même Société doit propofer
l'exemption des impofitions , dont les Artifans
font ordinairement chargés fous différentes
dénominations (*c*).

3°. Aprés avoir déterminé ces arrangemens
de rembourfemens & d'exemption d'impofition induftrielle , il faudroit obtenir la permiffion de déroger à l'Edit de Mars de 1673
& à celui de 1691 , qui ont fubdivifés
ces Arts à l'infini ; en conféquence réunir

(*a*) Il en a déja été accordé pour l'encouragement d'objets bien moins intéreffants.

(*b*) Voyez les confidérations fur le **Commerce** , pag.
150. & fuivantes.

(*c*) L'Angleterre a reconnu l'effet de cette exemption ;
elle encourage préfentement les Artiftes.

les Corps fous le moins de dénomination & en moindre nombre, c'eft-à-dire, les profef-fions qui auront le plus de reffemblance, enfemble, ainfi que je les ai rangé ci-après.

4°. Il faudroit examiner attentivement les Statuts & Réglemens *(a)* de tous ces Arts & Métiers, déja autorifés ou non autorifés, y fubftituer & augmenter des articles, tant pour ce qui regarde la police, que la fabrication; & après des connoiffances acquifes fur la diffé-rence & la qualité des matiéres premiéres, il faudroit encore examiner l'ufage le plus favora-ble qu'on en peut faire; la plus grande épargne que l'on peut y obferver; le meilleur mélange, le jufte dégré qu'exige la perfection, & la ma-niére la plus prompte & la moins coûteufe, pour y procéder; les pratiques de la main-d'œuvre & les différentes opinions des ouvriers, pour ftatuer fur la meilleure; la mécanique des inftruments & des métiers, leur meilleure forme, leur ftructure la plus parfaite & la plus commode pour œconomifer le travail des Ouvriers, & pour les moins gêner dans leur fabrication; la meilleure conftruction des foulonneries & autres ufines; le tems que le foulon ou autre ouvrier doit y donner; la quantité & la qualité des eaux, d'huile & de terre qu'on doit y employer; les teintures; les apprêts; les blanchiffages &c., pour fervir les goûts des hommes ou des confommateurs.

Enfuite confidérer s'il eft plus avantageux: I. De ne pas fixer le nombre des Maîtres,

---

(a) Ces Statuts font datés aux articles de chaque Artifans, ci-après.

afin qu'il foit loifible à tous Ouvriers nationnaux & étrangers, de fe faire infcrire & recevoir gratuitement dans ces Communautés ;
toutefois après qu'ils auront juftifié de leur
capacité : Cette juftification de capacité n'o-
bligeroit pas cependant ces Ouvriers à faire
des chefs-d'œuvres (a) ; mais on partiroit d'après
les avoir vû travailler avec intelligence ; on
les obligeroit feulement de fe conformer aux
Réglemens que l'on établiroit, & que l'on
feroit homologuér par les Magiftrats qui y
font autorifés par les Arrêts de mil fept cent
quarante-fix, 49 & 50 (b). II. Qu'il foit permis
à ces mêmes Artifans de changer de Corps,
fi bon leur femble, en obfervant les mêmes
Loix que devant. III. Qu'il foit permis auffi à
chaque Maître d'avoir tel nombre d'apprentifs
qu'il jugeroit à propos, & que l'apprentiffage
foit fixé à un temps raifonnable, parce qu'il
ne faut pas de Loi où l'intérêt commande.
IV. Enfin, qu'il foit permis à cet apprentif de
travailler en fon nom à l'expiration de fon
apprentiffage, fans faire de compagnonage,

(a) Il eft certain que s'il n'eft pas en état de travailler, il fera bien-tôt puni de fon ignorance & de fa témé-
rité, par l'invente de fes marchandifes, & par la privation
du travail.

(b) Car il feroit malheureux de fuivre des Réglemens
que le Gouvernement a jugé à propos de former, pour
être obfervé indiftinctement par tous les Artifans de ces
Métiers, fans qu'ils puiffent changer fuivant les modes ou les goûts des Acheteurs. Les Etrangers qui ont
des manufactures, & qui n'ont aucun de ces Réglemens
généraux, ont bien plus de débouchés que nous, parce
qu'ils fervent le goût du Public. Voyez l'*Auteur des confidérations fur le Commerce, & celui de fes progrès.*

qui eſt une eſpèce de ſervitude , en juſtifiant , comme précédemment , s'il eſt en état (*a*).

5°. Si un Ouvrier invente une Fabrique inconnue , & qu'elle ſoit jugée utile , il faudra être autoriſé à lui en permettre l'établiſſement & à lui donner tout de ſuite des Réglemens , afin que l'Inſpecteur qui pourroit être établi ne le condamne pas à ſe pourvoir au Conſeil , pour obtenir cette permiſſion & ces Réglemens.

6°. Comme il ſe trouve peu de ces Fabriquans qui puiſſe faire des avances conſidérables pour l'établiſſement de leur nouvelle Manufacture , & qu'ils ont plus de talent que de fortune , il faudroit les ſeconder à trouver une com-

---

(*a*) En Novembre 1757 , un Patriote zélé qui s'étoit apperçu du tort qu'occaſionnoit l'évaſion des Ouvriers de l'Artois , &c. propoſa au Gouvernement , 1°. de permettre aux Marchands & Artiſans étrangers ou nationnaux , d'entrer dans tous les Corps des Communautés de l'Artois , qui n'avoient pas de Lettres - Patentes & qui n'étoient pas établis en Jurande , en ſe conformant aux Statuts & Réglemens que ces Corps s'étoient donnés , quoique non homologués par le Prince. 2°. De permettre à celui qui auroit juſtifié d'un apprentiſſage ou compagnonage , chez les Maîtres du Royaume , où il y auroit eu Jurande , d'être admis nonobſtant la fixation du nombre de Maîtres , à la maîtriſe de ſa Profeſſion , en cette Province , en faiſant le chef-d'œuvre preſcrit par les Statuts.

Le Gouvernement fit communiquer ce Mémoire au Conſeil d'Artois , & à M. *de Caumartin* , Intendant , qui trouverent cet établiſſement admiſſible ; mais M. *de Beaumont* , Intendant des Finances , ſoutint que cela ne pouvoit avoir lieu , parce que les Artiſans de l'Artois , avoient depuis 1746. 49. & 50. des Statuts autoriſés par les Magiſtrats. Ce projet , en conſéquence , n'eut pas ſon exécution.

pagnie qui leur en avance les fonds néceſſaires ; & après être convaincu du bon effet des eſſais, engager les Etats à les encourager, en aſſignant certaine ſomme par chaque aune, ou par toute autre meſure (a).

7°. Faire recevoir tout étranger qui propoſera des établiſſemens nouveaux ; l'avantager même ſinguliérement, & être aveugle ſur la religion qu'il profeſſe.

8°. Faire punir, avec ſévérité, l'Ouvrier qui n'aura pas obſervé les Réglemens (b), & qui ſera convaincu d'avoir enlevé, vendu ou cédé la marque d'un autre, ou la ſienne (c).

9°. Faire contraindre les ſucceſſeurs de cet Ouvrier à changer de marque.

10°. Ne faire accorder aucun encouragement aux Fabriquans & aux Artiſans, qu'au préalable ils n'ayent pris des apprentifs dans les Hôpitaux par préférence à tous autres.

11°. Faire tenir la main à l'exécution de

(a) Voyez la Délibération des Etats de Bretagne, du 10 Février 1757 ; elle eſt remplie de ces ſortes d'encouragemens.

(b) Les marchandiſes doivent être portées pour cette vérification, dans les lieux que la Ville fournira, en exécution de l'Arrêt du 3 Juillet 1677 ; les Commis ſont autoriſés à y être préſents, & ils ont voix délibérative ſuivant l'Arrêt du 19 Mai 1691. Les Maîtres des Corps tiendront des regiſtres pour inférer les piéces d'étoffes à marquer, conformément à l'Arrêt du 8 Mars 1686. Les inſtructions à ſuivre par les Gardes & Jurés, pour les étoffes & teintures, ſont détaillées dans le Réglement de 1669.

(c) Rien n'eſt plus dangereux que l'abus de cette marque, on voit tous les jours dans les autres Provinces, les maux que cela occaſionne. *Voyez les conſidérations ſur le Commerce, pag. 164.*

l'Arrêt du 20 Mai 1714, concernant la sortie des chardons de la Province.

12°. Engager la Province d'obtenir : I. que les Inspecteurs qui seront nommés par le Conseil pour prendre inspection sur les Manufactures d'étoffes, sur les bonneteries (a), sur les papeteries &c., (puisque le Gouvernement en a jugé l'utilité) n'usent du droit de percevoir leurs appointemens sur les marchandises ou sur les Artisans, en vertu des Arrêts du 29 Mai 1691 & du 5 Février 1692 : II. que ce ne soit que des gens instruits, pour pouvoir juger avec connoissance de la qualité des ouvrages, afin qu'ils ne multiplient pas les prétendues contraventions, & qu'ils ne rendent pas, par leur aveugle inflexibilité & ignorance, la condition du Fabriquant, malheureuse, & le rebute de fabriquer : Proposer, au contraire, aux Etats de faire un fonds qui se leveroit parmi les centièmes, ainsi que l'ont pratiqué les Etats de *Bretagne* par leur délibération du 10 Février 1757, art. 23, pour le payement de ces appointemens.

13°. Faire exécuter l'Ordonnance du 19 Août 1704, qui défend de saisir les métiers & les ustensiles des Fabriquans, soit pour dettes, soit pour autres motifs.

14°. Faire exécuter aussi les Réglemens donnés pour l'aunage des étoffes, le 30 Décembre 1721, ainsi que les instructions données par le Gouvernement le 24 Septembre 1714, de

---

(a) Ils ont inspection sur cette marchandise, suivant l'Arrêt du 30 Septembre 1721. On vient d'obtenir du Gouvernement qu'il n'y aura plus d'Inspecteurs ; en effet, ceux qui manquent ne sont plus remplacés.

40 articles , concernant les étoffes étrangéres qui auront paffé par *Calais* & *Saint-Valery* , en ce qui regarde celles importées en Artois.

15°. Tenir févérement la main à l'exécution des objets ci-deffus , & en cas de contravention , en porter fes plaintes aux Magiftrats des villes , pour y être fait droit (*a*).

16°. Tenir pareillement la main à l'exécution de l'Arrêt du 2 Janvier 1749 , & Lettres Patentes rendues en conféquence , concernant les Ouvriers qui quittent , fans congé , leur Manufactures pour paffer dans une autre.

17°. Enfin , le dernier éguillon que j'appercois , feroit d'exciter l'*induftrie* , en faifant fentir à ces Artifans le gain confidérable & affuré que leur travail multiplié pourroit leur apporter : car , il eft certain que la cupidité des richeffes , eft un appas féduifant , qui ne fait que s'accroître avec nos jours , & en même temps celui qui peut feul nous encourager.

Tels font les premiers moyens que je penfe être les plus efficaces & les plus utiles , pour engager l'invention , l'imitation & la perfection relative dans les Arts & Métiers , & pour parvenir enfin à la propagation de l'*induftrie* ; Mais pour parvenir directement à cette invention , imitation & perfection , la Société ne peut s'empêcher de propofer encore l'*Ecole de*

(*a*) La connoiffance leur eft attribuée , par Edit d'Août 1696 ; inftruction en conféquence du 30 Octobre 1669, Réglemens des 19 Avril, 27 Juillet 1660 , 15 Mars 1661 , 26 Mars 1672 , 8 Novembre 1673 , 15 Avril 1684 , 10 Décembre 1685 , 1 Décembre 1696 , 30 Avril 1697 , 28 Décembre 1700, 13 Décembre 1712 , 3 Décembre 1719, 1 Mars 1723 & 30 Avril 1726.

deffein

deſſein & d'*Architecture* ; comme auſſi pour parvenir directement à cette propagation de *l'induſtrie*, elle ne peut pas non plus s'empêcher de propoſer d'établir l'*Ecole du négoce & du trafic*, dont je parlerai bientôt.

DE L'ÉCOLE DE DESSEIN
ET D'ARCHITECTURE.

TOus les Arts ci-après qui ſont de néceſſité à perfectionner, ne peuvent naturellement atteindre à leur perfection, à la légéreté des inſtrumens & des machines, à la facilité pour s'en ſervir, au moyen d'abréger les ouvrages & de diminuer les peines des Ouvriers, ſans *le deſſein*; comme auſſi, on ne peut parvenir au débit des étoffes & des autres marchandiſes, ſans en connoître l'expérience & le goût, dont elles dépendent: pour parvenir donc à ces avantages, ſuivre les caprices de la mode & s'acquérir la préférence du débouché intérieur & extérieur des marchandiſes fabriquées en *Artois*, ſur celles étrangéres, qui pourroient y être importées ou exportées dans les autres Provinces & pays de conſommation, il ſeroit convenable d'établir une *Ecole de Deſſein (a)*.

Les villes de *Lyon*, de *Rouen* & de *Rheims*, ont établi des *Ecoles publiques de Deſſein*, fondées ſur de pareils principes.

Les Etats de *Bretagne* n'ont pas crû devoir s'en écarter, & par leur Délibération du 10

____

(a) On joindra cette Ecole à celle du Négociant, dont je parlerai.

Février 1757 , ils ont établi des Maîtres de
deffein dans aucunes villes de leur Province ,
auxquels ils ont affigné des appointemens : &
Ces établiffemens y ont réuffi (*a*).

L'*Artois* pourroit également faire l'établiffement d'un Maître de deffein à *Arras* , d'un autre
à *Béthune* & d'un autre à *Saint-Omer* ; & pour le
payement de leur falaire , il feroit fait un fond
annuel par les Etats de la Province : Ces Deffi-
nateurs donneroient chaque jour , pendant
trois ou quatre heures , des leçons publiques
de leur Art , à tous ceux qui fe préfenteroient.

L'*Architecture* eft également un objet qui
mérite des attentions : Cet Art languit en *Artois* ;
on pourroit le ranimer en l'appuyant fur les
mêmes principes que je viens de dicter pour
le *Deffein* (*b*).

Les Freres des Ecoles Chrétiennes ont des
fujets capables d'enfeigner ces Sciences ; & fi
on les choifit pour cette befogne , on en facilitera d'autant plus l'exécution.

Il eft queftion de préfenter actuellement les
moyens particuliers qui m'ont paru les plus
propres pour étendre & encourager l'*induftrie*
de chaque Artifte.

Des moyens particuliers d'étendre l'Induftrie.

Pour parvenir à l'efficacité de ces moyens ,
diftinguer chaque nature d'*Arts* & de *Métiers* ,

(*a*) Voyez pag. 16. du Corps d'Obfervations de la Société de cette Province.

(*b*) On joindra auffi cette Ecole à celle du Négociant
dont je parlerai.

rangeons-les dans l'ordre que nous avons promis, & indiquons ces moyens chacun dans
leurs articles respectifs.

Je commence par les *Artisans*, & j'entends
comprendre sous cette dénomination les *Ouvriers* & les *Fabriquans* ; je passerai ensuite aux
Négocians ; & enfin aux *Marchands*.

DES ARTISANS

L'Art de *la Peinture* ne peut être parfaitement enseigné en *Artois* ; ce talent ne
s'acquiert qu'après bien de longues applications dans les Académies (*a*) : mais pour le
métier de *Doreur*, de *Vernisseur* & de *Bar-
bouilleur*, il est fort aisé de l'apprendre en *Artois* ; & les Ouvriers en ce genre qui y existent,
paroissent avoir une habilité suffisante.

Peintres, Doreurs, Vernisseurs & Barbouilleurs.

Ils ont des Statuts, dont j'ignore la date.

Le mauvais goût de ces Artisans, pour la
formation des objets de sculpture & de meubles,
soit de luxe, soit d'utilité, avoit détourné
les citoyens de se pourvoir de ces effets dans
la Province. *Paris*, où ces Arts sont portés à
leur perfection, fournissoit ces effets au désir
de ces peuples : Mais aujourd'hui, que les
Ouvriers Artésiens seront formés par le Dessein;
qu'ils seront munis de matériaux nécessaires,
par le Commerce d'importation ; que le bon
marché se trouvera dans la main-d'œuvre ; &
que ces effets recevront des formes modernes ;

Sculpteurs, Ebénistes, Menuisiers & Tourneurs.

______

(*a*) Les Académies de *Paris* & de *Rome*, sont celles
qui paroissent les plus propres pour instruire & former
les Éléves.

il ne sera plus à craindre que l'on préfere des meubles étrangers.

Ils ont des Statuts, dont j'ignore la date.

Horlogers & autres Méchaniciens.

L'inhabilité de ceux-ci a contraint les habitans, ainsi que je l'ai dit plus haut, de tirer des montres, des pendules &c., ou de *Paris*, ou d'ailleurs ; parce qu'ils n'en peuvent trouver chez ces Artistes, ou du moins s'ils en trouvent, elles ne peuvent être que très-mauvaises. Pour y remédier, il seroit à souhaiter que la Province attirât chez elle des sujets d'*Angleterre* ou de *Paris*, & qu'elle en établît au moins un dans chaque ville, en leur accordant quelque privilege ou quelqu'autre faveur.

Quant aux *roues*, aux *ressorts*, aux *cadrans d'émail* &c., il ne paroît gueres possible d'empêcher de les tirer de *Paris*, parce que ces Fabriquans les donnent à meilleur marché que ne le pourroit faire l'horloger de l'*Artois* : Cependant si ce dernier les fabriquoit, on auroit lieu d'avoir de meilleurs ouvrages, d'en faire un plus long usage, & par consé-quent de se dédommager de leur prix.

Ils ont des Statuts, dont j'ignore la date.

Orphévres, Graveurs, Jouailliers, Bijoutiers, Lapidaires, Afineurs, Tireurs, Départisseurs & Batteurs d'or & d'argent.

Ces Artisans sont très-bornés en *Artois*, par la raison de leur incapacité & de leur mauvais goût. L'*Ecole du Dessein* donnera, sans doute, ces qualités aux Eléves, & par la suite, ces capacités nouvelles, ces goûts nouveaux, l'abondance des matiéres premiéres tirées de la premiére main, & la réunion de tous ces Arts en un seul, leur procureront du travail, les pousseront d'émulation ; & l'importation de différens ouvrages étrangers, diminuant ínfailliblement , augmentera le débouché de leurs ouvrages.

Les Réglemens qui ont été donnés pour ces Arts, font ; l'Arrêt du 17 Janvier 1696 , qui leur défend de fondre , de difformer les efpèces & d'acheter ou vendre les matiéres à plus haut prix que celui que l'on paye à l'Hôtel des Monnoies de *Lille* &c. ; & celui du 30 Décembre 1679 , concernant les matiéres d'or & d'argent à employer, qui font , fans doute , exécutés.

L'Edit de Mars 1700 , qui leur défendoit au contraire , de vendre des ouvrages d'or & d'argent, n'a plus d'exécution aujourd'hui , au moyen de l'Arrêt du 11 Mai 1700 ; on leur défend feulement d'acheter d'autres lingots, barres ou barretons, que ceux venant marqués de l'Etranger , & ce , aux peines portées par l'Ordonnance du 14 Décembre 1689 , par l'Arrêt du 18 Avril 1690 & par Edit de Mars 1699. Mais depuis ce dernier Edit , il a été permis d'employer de l'or & de l'argent , ou , venant de *France* , ou , venant de l'*Etranger.*

L'Edit d'Août 1696 , avoit créé des *Offices de Contrôleurs de leurs ouvrages* ; mais l'Edit d'Août 1701 , les leur a réuni : Ces ouvrages font timbrés aujourd'hui avec un poinçon de la ville (*a*).

J'ignore la date de leurs Statuts.

Les ouvrages que font ces Artifans font très- Tonneliers. beaux , très-bons & très-folides : Il n'eft quef-

---

(*a*) Voyez le Livre de **M.** *Hellot* qui traite de ces matiéres.

tion, aujourd'hui, que de les engager à former des Eléves pour augmenter le nombre des Ouvriers ; en effet, ce nombre actuel feroit insuffisant pour faire la quantité de barils & autres ouvrages, dont on espére avoir besoin.

Leurs barils auroient plus de solidité & de perfection, ce me semble, si l'on préféroit ; 1°. de se servir du cercle de *chataigner* ou de *chêne, appellé en latin robur*, au lieu de celui de *saule*, que l'on employe ordinairement ; & 2°. de joindre les bouts de ces cercles avec une ligature d'osier, de préférence à l'entaille que l'on est dans l'usage de faire vers ces deux extrêmités, pour les entrelasser. Les cercles de ces premiers bois auront une bien plus longue durée, que ne l'auront jamais ceux faits avec ces derniers, sur-tout, lorsqu'il faut poser dans ces vases des matiéres séches ; à la bonne heure de se servir de ces derniers cercles lorsque les vases seront destinés à contenir des matiéres liquides, soit qu'on les dépose dans des magasins, celliers & caves humides, soit autrement : c'est au surplus au Fabriquant d'indiquer à cet Artisan la forme & le bois des vases dont il aura besoin.

Leurs Statuts sont en France, de 1720 pour Paris, *de 1738 pour* Lyon *, & de 1606 pour* Rheims.

On a fait de tous les tems de très-beau & de très-bon pain en *Artois*, avec les farines de froment blanc ou roux ; mais ce qu'il y a de singulier, & que l'on pourroit éviter, c'est que l'on n'y fait point de pain sans se servir de *levure, appellée jet de biére* ; cependant on ne se sert pas de cette matiére en *France* & ailleurs ; & on y fait des pains de différentes farines , beaucoup plus beaux & beaucoup plus légers.

Comme le citoyen des villes a la louable coutume de faire faire le pain chez lui , & de l'envoyer cuire ensuite dans le four des *Boulangers* , ces Artisans ne retirent pas des bénéfices bien considérables de leur industrie ; s'ils en retirent quelqu'un , on peut dire que c'est sur le débit qu'ils font au peuple de pains de différentes farines, pures ou mêlées : On ne peut réformer ce premier usage ; mais il y a toute apparence que les peuples devenant plus nombreux après l'exécution des établissemens projettés, les travaux de ces Artisans , leur débit, & par conséquent leurs bénéfices , le deviendront aussi.

Il ne reste plus à la Société à faire sur cet objet, 1°. que d'encourager ces Artisans de se servir de farines de bled & de seigle mêlangées, & des basses farines de minot , *ou farines de manufacture* , pour leur fabrication : assurément le peuple préférera ces pains à ceux que l'on fabrique de farine de froment pur , parce que cette nourriture aura plus de substance & qu'elle sera à meilleur marché ; 2°. que de les engager à imiter la fabrication des pains d'épices d'*Angleterre* , celui d'*Arras* , & encore des autres villes, afin de servir les débouchés qui s'en ouvriront infailliblement ; & 3°. enfin, de les désabuser de l'usage où ils sont de se servir de fagots & d'autres menus bois , au lieu de gros, pour chauffer leurs fours; parce que cette consommation est beaucoup plus dispendieuse, préjudicie aux exportations que l'on pourroit en faire , & dépeuple les forêts d'arbres.

Il réfultera de ces emplois de farines nouvelles, & de l'émulation que donnera l'aifance à ces Artifans, que le pain de différentes farines pures ou mélées, les pains d'épices & les patifferies faites avec des farines de minot, auront, outre la fubftance dont j'ai parlé, beaucoup plus de délicateffe dans la fabrication & dans le goût.

Ces Artifans ont des Statuts, defquels j'ignore la date.

Chaudronniers, Fondeurs, Doreurs & Argenteurs de métaux.

Ces métiers font très-lucratifs dans cette Province, & cependant les ouvrages n'y acquierent pas un trop haut dégré de perfection. On a vu de ces Artifans faire des fortunes brillantes dans bien peu de tems : Mais, malheureufement, ces hommes fortunés, plus méprifables que leur état, ont lâchement délaiffé ces Arts pour adopter celui du Négoce !

Puifque ces habitans avoient groffi leur fortune des bénéfices qu'ils avoient faits fur la fabrication de ces ouvrages de chaudronneries, de fontes &c., ces Métiers devoient du moins leur préfenter un champ affez fpatieux & frayé pour les engager d'y faire continuer leur marche, par quelqu'un de leurs enfans ! fans laiffer dépérir, par leur vanité & par leur ambition, ces états, qui les avoient nourris avec tant d'avantage.

Le mal eft fait, il eft queftion de remédier à fa fuite ; pour y parvenir, il faudroit que la Société engageât, non feulement le peu du refte de ces Ouvriers & les nouveaux, de s'appliquer à l'étude du deffein, mais encore les encourageât par un impôt, que les Etats de la

Province doivent fupplier le Gouvernement de mettre fur l'entrée des marchandifes de ce genre, que l'on importe abondamment en cette Province, & empéchât abfolument ces Ouvriers de tenir la conduite de leurs devanciers.

Il réfultera de ces opérations, que ces Artifans auront une émulation parfaite pour fervir un Commerce d'exportation, jufqu'à préfent inconnu, parce que ces marchandifes y feront fabriquées à un plus bas prix de main-d'œuvre, que par-tout ailleurs.

Les ouvrages dorés & argentés avoient été défendus par Edit de Mars 1700 ; mais par Lettres Patentes du 30 Mai 1701, ces fabrications ont été permifes [¶].

S'il fe trouvoit des mines de fer [¶], de cuivre &c. en Artois, il faudra des *Forgerons* : Il fera aifé de s'en procurer, & de leur difpofer des moulins propres à la fabrication. On trouve dans bien des endroits, & à la portée des lieux, où l'on voit quelque fymptôme de ces mines, des chûtes d'eaux favorables & des bois fuffifans pour les faire mouvoir & former ces métaux. La main-d'œuvre, d'ailleurs n'eft pas chere en cette Province.

On fabriqueroit encore aifément des *bombes*, de la *mitraille*, du *fil de fer*, des *chaînes* &c., que l'on tiroit ci-devant, mal-à-propos, d'*Hol-*

Forgerons, Maréchaux, Serruriers, Cloutiers, Ferrailleurs, Couteliers, Taillandiers, Rémouleurs, Epingliers, Faifeurs d'aiguilles, Tireurs de fil de laiton, de fer & Ferblantiers, vulgairement appellés *Lanterniers.*

[¶] M. *Hellot* a publié en 1750, un Effai fur les mines & les métaux ; il y traite de la fonte de ces mines ; des fonderies, de l'affinage, du rafinage de l'argent & du départ de l'or : on doit y avoir recours.

lande ou de *Saint-Dizier*. On fabriqueroit aussi des *fers-blancs & noirs*, ou simples, ou à la croix, que l'on tiroit pareillement d'*Angleterre* & d'*Allemagne* : il s'en fait une assez grande consommation dans cette Province, pour chercher à en diminuer l'importation.

Quant au *bronze* & à l'*acier*, ce sont des composés que l'on fabrique en *Artois*, & on doit éviter de tirer davantage de ce dernier métal de *Dantzick*, de *Stiermarc* & d'autres *Endroits* (a).

L'Art de la *Serrurerie* a été négligé jusqu'à présent ; mais le Dessein inspirant des goûts nouveaux aux Eléves, il sera seulement nécessaire de leur procurer des modeles de serrures & de ferrures de *Paris*, pour les leur faire imiter ; on supprimera par ce moyen les anciennes serrures &c., qui sont peu sûres & presque inutiles. La Société s'attachera ensuite à encourager ces mêmes Artisans à faire tous autres ouvrages propres pour les grillages, pour les meubles & pour les constructions de bâtimens &c., afin de supprimer encore l'importation de ceux-ci.

On est dans l'habitude de tirer des clous, des chaînes & d'autres ferrailles, des Provinces voisines de l'*Artois* ; on parviendroit également à la suppression de cette importation, si l'on engageoit aussi ces Artisans à cette fabrication.

Les Statuts de Paris sont de 1552.

Avec quelle considération les Arts de *Couteliers*, *Taillandiers* & *Rémouleurs*, ne doivent-

---

(a) M. *Hellot* a publié en 1750, une Essai sur ces fontes, &c. on doit y avoir recours.

ils pas être encouragés en *Artois* ! vu l'immenſe quantité de couteaux , d'outils , de ciſeaux , d'inſtrumens , ou de Chirurgie , ou , enfin , de Culture , qu'on y importe de tous les côtés : On doit donc s'attirer de ces Ouvriers pour augmenter le nombre du peu qui s'y en trouve.

Quelques-uns exercent la profeſſion d'*Epinglier* ; mais les autres y ſont inconnus. Ces dernières marchandiſes n'y paroiſſent que par l'importation , toujours plus diſpendieuſe. Ces *Épingliers* devroient ſe porter à ces fabrications ; & pour ce faire , ils devroient être encouragés (a).

Quant à l'Art du *Maréchal* , on devroit engager les plus habiles dans la connoiſſance de la maladie des beſtiaux , de former le plus qu'ils pourroient des Eléves. Les meilleurs ſeront toujours ceux qui auront ſervi : Mais le malheur veut le plus ſouvent , & c'eſt à quoi on ne peut remédier , qu'en pouſſant d'émulation, ces Artiſans , par quelque faveur , ſoit en les plaçant près des haras établis , ſoit en leur accordant quelque privilége ; que ceux qui paſſent aujourd'hui pour expérimentés dans cette connoiſſance , ne ſoient remplacés , parce qu'un Artéſien craint ordinairement que ſon fils ſoit plus habile que lui.

J'ignore la date des Statuts.

Tous ces Ouvriers , à l'exception des *Tailleurs de pierres* à bâtir , & *à moulin*, *Marbriers* ou *Sculpteurs en marbre* , paroiſſent avoir quelque capacité en leur genre de profeſſion , & les Maîtres doivent être pouſſés d'émulation

Maçons , Tailleurs de pierres à bâtir & à moulin; Marbriers ou Sculpteurs en marbre , Scieurs, Couvreurs d'ardoiſes & de tuiles , & Paveurs.

(a) M. *Hellot* a donné un Traité ſur ces fabrications.

pour former des Eléves encore plus habiles.

Quant aux *Tailleurs de pierres à bâtir*, *Marbriers* ou *Sculpteurs en marbre*, ils se perfectionneront par *le dessein*, l'architecture & la *sculpture*.

Le *Tailleur de pierre de meules de moulin*, doit connoître parfaitement la qualité de chaque sorte de pierre, celle dont on se sert actuellement en Artois, est très-propre aux moulins pour le service public, & les Ouvriers en ce genre, y sont habiles; mais pour celles propres au *minot* ou *farines à porter dans les Colonies*, on ne connoît sûrement pas en cette Province, ni la pierre ni la taille, parce qu'il ne s'y peut trouver de pierre propre. Il faudra donc que les Manufacturiers fassent venir, & des Ouvriers de la *Guyenne*, & des meules de *Bergérac*, *même Province*, pour y suppléer. Leur attention pour les tailler convenablement, ne consiste que dans les jonctions des quatre morceaux; (opération qui se fait au moyen de deux cercles de fer, & du plâtre); & le dessous & le dessus de chacune de ces meules, doivent être taillés de façon, 1°. que dans le moment que le bled tombe pour passer entre elles, & pour être moulu, la meule de dessus puisse le charrier, & le disposer à être broyé vers le centre. 2°. enfin, que ce bled y arrivant, puisse être enlevé, écrasé & broyé, de maniere que sa *pelûre ou le son*, tombe en une piéce, sans qu'il lui soit attaché aucune parcelle de farine.

Comme il ne se trouvera que très-peu de ces manufactures, & qu'un Ouvrier suffit au besoin du service, il sera aisé de s'en procurer dans l'occasion.

Ces gens travaillent affez groffiérement en Artois ; la charpente comme le charronnage, n'atteint pas à beaucoup près fa perfection ; le mal vient du défaut du goût dans le deffein ; c'eft à quoi l'on pourra remédier (a).

Les *Scieurs de bois* ont fuffifamment de capacité pour cette befogne, fi les befoins en exigent un plus grand nombre par la fuite, il feroit aifé de conftruire des moulins à fcier, à l'inftar de ceux que l'on voit dans la *Hollande*, dans l'*Allemagne*, & de ceux auffi qui ont eu lieu ci-devant en *Artois* (b) ; cela abrégeroit le travail, diminueroit l'emploi des hommes & la dépenfe de la main-d'œuvre.

Cet art n'eft pas négligé *en Artois*, & je crois que les Ouvriers qui s'y trouvent, font fuffifans. On devroit cependant les engager à filer des cordes propres à la navigation, avec cette même ardeur qu'ils fabriquent celles propres au labourage, &c. parce que la main-d'œuvre étant moins chere en cette Province qu'à *Dunkerque*, où il fe trouve beaucoup de ces Fabriquans, l'exportation en feroit plus affurée & plus fructueufe.

Ils fabriquent encore des cordes utiles, qui font mêlées, ou avec du crin, ou avec du chanvre, ou avec des écorces d'arbres, ou enfin avec des joncs ou des rofeaux.

On fçait parfaitement bien faire des fangles

[Notes marginales :]
Scieurs de bois ordinaires, & de charpente ; Charpentiers en bâtimens, en moulins, en *belandres* & en charronnage.

Cordiers, Criniers & Faifeurs de fangles.

(a) Voyez pag. 182. & fuivantes du Corps d'Obfervations de la Société de Bretagne, où il eft traité des Inftrumens d'Agriculture.

(b) Ces moulins, dit-on, ont été détruits en Artois, parce que les forêts ne produifoient pas des arbes fuffifamment pour l'exploitation.

de toutes efpèces, & des filets de pêche, foit pour eau douce, foit pour eau falée. Ces derniéres fabrications fe font dans les hôpitaux; on ne fçauroit trop les étendre pour fubvenir aux befoins des pècheurs.

L'Ordonnance concernant les pêches, prefcrit différens réglemens à obferver pour cette fabrication; on ne doit pas s'en écarter (*a*).

Ces filets, ces cordes & ces fangles, qui feront faites avec les chanvres de la nouvelle préparation, feront plus fouples & plus forts, & les manœuvres feront beaucoup plus courantes (*b*).

Ciriers & Chandeliers.

Jufqu'à préfent, les produits des mouches à miel ont été très-foibles en Artois, cependant il eft certain que l'importation en a été très-confidérable, tant pour les befoins des Eglifes & des habitans, que pour ceux des manufactures, &c. aujourd'ui que l'on va exciter les habitans à élever des mouches à miel, pour fatisfaire à cette grande confommation; il faut attirer un plus grand nombre de Ciriers, ou bien en faire former dans la Province. On a trouvé les moyens efficaces pour blanchir la cire, & pour la différencier; fçavoir celle propre à prendre le blanc, & celle qui eft impropre; & on fçait qu'il eft poffible de tenter à fon exportaion; c'eft ce que l'on doit exécuter (*c*).

Il pourroit être fabriqué de la bougie pref-

____

(*a*) Voyez pag. 216. & fuivantes des Obfervations de la Société de Bretagne.

(*b*) Voyez les Mémoires de M. *Marcandier*.

(*c*) Voyez pag. 280. des Obfervations dont je viens de parler.

que auffi bonne, & prefque auffi belle que celle du *Mans*, par le mélange que l'on feroit de la farine du maron d'Inde, avec la graiffe de veau, un peu de cire, & du fparmacely; mais les maronniers que l'on peut trouver en Artois, ne font pas en quantité fuffifante pour donner des abondances de fruits pour cette fabrication.

Quant aux chandelles, on pourroit en fabriquer de moulées, à l'inftar de celles qui fe font à Paris; ces chandelles approchent de la bougie, & l'importation s'en pourroit faire en Flandre.

Par Edit de Décembre 1708, il avoit été créé des charges de *Controlleurs - Vifiteurs* de fuifs, dont les droits que l'on y avoit attaché altéroient cette fabrication; mais ces droits ont été commués en un autre à prendre fur les beftiaux, dont je parlerai; & je ne penfe pas qu'ils foient exigés en cette Province; ce qui feroit à fouhaiter.

Quelques Corps de Ville de l'Artois, ont la poffeffion directe des étaux fur lefquels ces Artifans expofent leurs viandes en vente, ainfi que de la halle; ils vendent ces étaux *à vie*, & chaque année ces emplacemens fe loüent: on ne peut s'empêcher de penfer que cette coutûme donne lieu à quelque monopole, parce que les redevances exceffives font repompées par les Bouchers, fur les confommateurs de viande (a). Il feroit donc plus convenable que le Prince voulût accorder la permiffion de

Bouchers, Chaircuitiers ou Lardiers, & Tripiers.

____

(a) Cela fouffrira fans doute bien des difficultés, parce que ces objets font partie des revenus patrimoniaux des Corps de Ville.

mettre fur chacun de ces étaux, un foible im·
pôt, pour former un fond qui feroit deftiné
à leur entretien, & à celui de ces bâtimens,
& de fupprimer la coûtume dont j'ai parlé,
après avoir préalablement rembourfé ·les capitaux avancés par les particuliers à ces Corps
de Ville.

Les bénéfices que feront ces Artifans, fur
une plus grande vente de viande, au moyen
d'une population plus confidérable, pourront
les pouffer d'émulation, pour en fournir de
falées, au befoin des armemens ; & l'on fup-
primera par là l'importation de celles que les
Dunkerquois, &c. font venir d'*Irlande* & d'*Hollande* ; on fe procurera fuffifamment de fuifs
pour celui des *Chadeliers* ; & enfin on fournira abondamment des peaux aux *Tanneurs*.

Par Edit de Février 1704, il a été créé des
offices d'Infpecteurs aux boucheries, qui furent
réunis par le même Edit aux Bouchers ; des
offices de Vifiteurs-Controlleurs, créés par
Edit de Décembre 1708, & commués par
celui de Juin 1709, en droits fur les animaux
de boucheries, dont il faudroit obtenir la
fuppreffion ; il a encore été impofé par Arrêt
des 13 Mai 1698, 18 Mai 1700, 15 Mai 1702
& 24 Mars 1705 ; un droit fur les vaches, les
moutons & les brebis venants de l'étranger :
ce dernier droit a peut-être encore fon exécution. L'on devroit en obtenir la fuppreffion,
jufqu'à ce que la Province foit en état de
n'avoir plus befoin de ces beftiaux.

Les *Chaircuitiers*, les *Lardiers*, les *Tripiers*,
fabriqueroient différens fauciffons, cervelats
& andouilles ; entr'autre de ceux, façon d'*Aire*,
qui

qui font affez recherchés, façon de *Bretagne*, &c. ; ils fourniroient les approvifionnemens de lard pour les armemens des Colonies ; feroient des pieds à la *Sainte-Menehoud*, des jambons façon de *Mayence* & de *Bayonne*, & encore différens autres mets ; & enfin ils fourniroient des graiffes ou *flambards* aux Fabriquans de favon blanc.

Il y a des offices de *Langueyeurs de porcs*, créés par Edits de 1620 & de 1627, qui furent fupprimés par Edit de Mai 1704 ; il en fut créé d'autres, de *Jurée Vendeurs-Vifiteurs de porcs*, qui furent également fupprimés par Edit de Mars 1705 ; ceux de *Langueyeurs* furent rétablis par Edit de Mars 1708 ; & ils furent vraifemblablement rachetés par les Communautés.

Ce font les *Cabaretiers* qui rapportent le plus de revenus à la Province, & ce font les trois quarts des habitans, & tous les voyageurs, qui donnent ces revenus.

Traiteurs, Rôtiffeurs, Aubergiftes, Cabaretiers, Taverniers, Limonadiers & Confifeurs.

La prudence des Etats avoit cru faciliter le bourgeois par l'exemption de ces droits, foit en leur permettant l'entrée de ces boiffons chez eux, en ne payant qu'un impôt bien inférieur, foit en permettant l'établiffement des cantines, où les boiffons fe diftribuent à meilleur marché, que dans les cabarets ; mais la mauvaife qualité de ces boiffons débitées dans ces endroits privilégiés, a dégoûté entiérement le confommateur de s'en pourvoir ; il a préféré de les prendre dans les auberges, quoique plus cheres, parce qu'il étoit fûr d'en avoir de bonnes, & joint à ce, le malheur veut fouvent que l'habitant en prenne par excès.

Q

Peut-être que l'établissement des Limonadiers en cette Province pourroit détourner ces habitans de se livrer à la boisson: Ces Offices ont été créés particuliérement pour l'*Artois*, par Edit de & j'ignore pourquoi ils n'y ont pas été établis. Les boissons que l'on prendroit dans ces endroits, seroient, non-seulement moins cheres, mais encore beaucoup moins nuisibles à la santé, que toutes les autres, & ces lieux seroient beaucoup plus décents pour tenir des assemblées, que dans des cabarets ou *estaminets*.

Quant aux Offices de *Limonadiers* créés en *France*, ils ont essuyé tant de revers, que l'on ne peut comprendre comment ils peuvent subsister encore aujourd'hui ; ils ont été créés par Edit de Mars 1673, supprimés par Edit de Décembre 1704, rétablis par Edit de 1705, encore supprimés en 1706, & rétablis enfin en 1713. Cependant ces Artisans travaillent toujours avec avantage, malgré les événemens dont je viens de parler, qui n'ont pu que leur avoir été funestes.

On pourroit engager ceux d'*Artois* à fabriquer le chocolat des différentes espèces, à faire des confitures, des liqueurs, des dragées &c., afin d'éviter l'importation de toutes ces denrées.

Il n'est pas hors de propos que je parle de l'abus préjudiciable aux *Cabaretiers*, c'est l'usage dans lequel sont les *Brasseurs*, d'établir dans des hôtelleries leurs valets pour distribuer leurs biéres, & celui où est le *Marchand de vins*, de mettre une pareille personne pour distribuer ses vins : On devroit empêcher de tels abus, en exécutant l'Edit de Mai 1693, qui défend aux *Brasseurs* ce débit (*a*).

Au moyen de la réunion de ces Arts, peut-être pourra-t'on parvenir à procurer l'aisance à ces Artisans, & exciter de l'émulation pour un meilleur service public.

Par Edit de Mars 1577, personne ne peut être reçu dans ces états, sans prendre des Lettres de Provision. La Déclaration du 30 Sept. 1704, exempte ces Artisans des droits attribués aux *Visiteurs - Compteurs*, & les impose séparément, ce qui n'a pas eu lieu vraisemblablement en *Artois*, & qui ne l'aura jamais.

Les Réglemens de ceux de la ville de Lyon sont de 1738.

Jusqu'à présent ces deux premiers Artisans sont inconnus en *Artois*; les Marchands Quinquaillers font le commerce de ces marchandises, qu'ils tirent toutes fabriquées. Il est vrai que ces Artisans ne pourroient les fabriquer en cette Province; ils seroient toujours forcés de les tirer brutes de *Paris*, par rapport à la difficulté *du poli*; mais du moins, ceux que l'on jugeroit à propos d'y attirer, pourroient tremper les glaces dans le vif-argent, monter les miroirs & les lunettes, & gagner par conséquent le prix de la main-d'œuvre (*b*).

Miroitiers, Lunetiers & Vitriers.

Les *Vitriers* avoient autrefois le secret de peindre sur le verre, mais ils l'ont perdu, je ne sçai comment. Il reste encore de très-beaux

---

(*a*) Voyez l'article des Brasseurs dont j'ai parlé.

(*b*) La Bretagne & la Bourgogne désireroient cependant une de ces Manufactures. Voyez pag. 278. des Observations de la Société de cette premiere Province.

morceaux de ces ouvrages, & l'on est contraint de les laisser périr, faute de pouvoir les réparer. On a reconnu que les vitres de verre ordinaire ou de *Boheme*, étoient beaucoup plus claires, & rendoient par leur clarté les églises & les monumens beaucoup plus gais.

L'usage de faire mettre de petits carreaux de vitre aux maisons, soit en carré, soit en ovale, soit autrement, ne paroit point avantageux. Il en résulte ; 1°. beaucoup plus de travail ; 2°. une consommation de fer ; 3°. une pareille consommation de plomb ; 4°. enfin, fort peu de solidité dans ces fenêtres. Ces objets de consommation, il est vrai, sont matiéres étrangéres, qui augmentent le *Commerce d'importation* ; mais comme j'ai prouvé que ce Commerce étoit toujours nuisible, il faut, par conséquent, le diminuer autant qu'on le pourra : D'ailleurs, ne seroit-il pas plus avantageux de suivre le nouvel usage, qui est celui de plus grands carreaux de verre, dans des tringles de bois ?

Ces Artisans ont des Statuts, desquels j'ignore la date.

Ces Artisans se perfectionnent ordinairement dans les capitales ; ils y apprennent les modes & les goûts, & c'est pour ainsi dire dans le goût que gît aujourd'hui la capacité de ces gens, quoique bien mal-à-propos ; on doit donc envoyer les Eléves dans ces villes.

Tailleurs, Tripiers, Lingers, Couturiers, Tapissiers & Revendeurs.

Les *Lingers* auront un débouché assuré pour l'exportation de leurs ouvrages dans les Colonies, ce qui les encouragera sans doute à les multiplier & à les perfectionner.

Les *Fripiers* font les faifeurs d'ouvrages d'é-
conomie ; ils habillent les peuples de différens
débris & à bon compte.

Les Réglemens des *Tapiffiers* font portés dans
l'Edit de Mars 1700 (*a*), ceux des *Tailleurs*
font de 1655 & j'ignore les autres.

On trouve plufieurs de ces Ouvriers dans
cette Province, dont les trois quarts font in-
habiles ; mais le nombre eft fuffifant, jufqu'à ce
que la Société trouve le moyen de faire fupprimer l'importation de la plus grande partie
des ouvrages qu'ils peuvent faire. Le débouché de ceux qu'ils pourront fabriquer, leur
devenant affuré, les pouffera d'émulation pour
les perfectionner.

Chamoifeurs, Bufletiers, Culotiers, Gantiers, Pelletiers & Parcheminiers.

J'ignore la date de leurs Satuts.

Quoique ces Arts foient relatifs l'un à l'autre, cependant la profeffion de *Perruquier*, a
été mife en Office par Edits de Mars 1773,
Novembre & Décembre 1691, & Octobre
1701 ; le nombre des Offices en a même été
augmenté par Edit de Septembre 1760. C'eft
par différens exercices & bien des études, que
ces premiers peuvent prendre, de la capacité
dans les cours de Chirurgie &c. ; de même
ces derniers la peuvent prendre par les différens goûts qu'ils copient dans les Provinces,
dans lefquelles ils voyagent.

Chirurgiens, Perruquiers, Baigneurs-Etuviftes & Barbiers.

*Les Statuts de ces derniers, font du 17 Août,
homologués au Parlement.*

Ces Artifans ont déja quelque facilité pour
perfectionner leurs marchandifes, mais les

Potiers d'Étain & Couleurs de plomb.

___

(*a*) Je parlerai de leurs travaux aux articles des Manufactures.

premiers ignorent le goût ; il faut le leur procurer par le Deſſein : il en doit être de même, pour le ſecond, dans la fabrication des ouvrages de pure invention ou de phyſique, tels que pompes &c.

On devroit les engager, en outre, de fabriquer des plombs à gibier de toutes eſpèces, des balles &c., afin de ſupprimer l'importation des plombs d'*Angleterre*.

Par Edit de Mai 1691, il a été créé des Charges de *Controlleurs d'ouvrages d'étain*, & il a été rendu un Réglement en conſéquence du 20 Juillet 1700, qui ont peut-être leur exécution en cette Province.

J'ignore la date de leurs Statuts.

Cribleurs, Meuniers, Fariniers. Empaqueurs ou *Faiſeurs de minot.*

Les *Meuniers* fourniſſent les farines pour le beſoin du public, & il y en a un aſſez grand nombre en *Artois*; ils peuvent encore fabriquer les farines dans les Manufactures ; mais comme ceux de cette Province ne ſont pas inſtruits de cette derniére fabrication, il ſera néceſſaire que les Entrepreneurs s'en procurent de la *Guyenne*, ainſi que les inſtrumens & les uſtenſiles qui leur ſont convenables.

Le bled *roux* que cette Province produit en abondance, eſt tout-à-fait propre pour le *minot*, appellé en Artois *fine fleur*, qui eſt cette farine qui ſe fabrique avec tant d'avantage dans la *Guyenne*, quand elle s'exporte pour la conſommation des habitans des Colonies. &c.

Les Armateurs de *Boulogne*, de *Calais*, de *Gravelines*, de *Dunkerque* & d'*Oſtende*, ſont contraints en temps de paix de faire venir les farines néceffaires à leurs armemens, foit d'*An-gleterre*, foit de *Bordeaux*, & foit, enfin, de les prendre chez les Boulangers : Ces Armateurs les tirant d'*Angleterre* ou de *Bordeaux*, font expofés, à caufe des rifques de mer, de voir ou manquer, ou retarder leurs armemens. Outre cela, les frais qu'occafionnent ces tranfports renchériffent cette marchandife par ceux indifpenfables, qu'ils entraînent avec eux : en les tirant d'*Angleterre*, ils favorifent un commerce étranger à la Nation, & font fortir les efpèces du Royaume ? Et enfin, en les achetant des Boulangers du Pays, ils font le plus fouvent très-mal fervis, parce qu'ils font obligés de prendre des farines de bleds *blancs* ou *gras*, faites à la hâte & fouvent mélangées ? Ce qui fait qu'à leur arrivée aux Colonies, elles fe trouvent gâtées, ou ne s'y peuvent vendre tant qu'il y en a de celles de *Bordeaux* ; & cette invente caufe fouvent des retardemens ruineux aux Armateurs, par le féjour que doivent faire leurs vaiffeaux à la côte, pour y attendre la vente de leurs farines.

Il eft donc bien trifte pour les Armateurs de courir chez l'Etranger chercher des farines dont ils ont befoin pour leurs armemens, & bien malheureux pour les habitans de l'*Artois*, de fe voir privés d'un avantage dont ils profiteroient infailliblement, fi les commodités & les débouchés leur étoient ouverts. On ne peut douter que la Province adopteroit avec plaifir un moyen auffi naturel & auffi légitime d'établir ce Commerce, fi quelque Citoyen demandoit leur protection & un encouragement (*a*).

Il est de certitude, que la qualité de froment *roux*, bien choisie dans l'*Artois*, est infiniment propre à l'usage qu'on propose, en y apportant les mesures & les précautions nécessaires : On s'appuie même sur des épreuves assez positives pour ne devoir pas douter du succés qu'on doit s'en promettre, non plus que de l'accueil dont il seroit reçu par les Armateurs de *Dunkerque*, de *Calais*, & d'autres *Villes*, lesquels ne pourroient manquer de trouver dans cet établissement des avantages & des commodités, qu'ils ont été obligés d'aller chercher au dehors.

Cet établissement n'engageroit assurément pas la moindre sensation sur la cherté ni sur la disette du froment : on auroit les magasins dont j'ai parlé, remplis par la Province pour les besoins des peuples, & quand même cet établissement de magasins n'auroit pas lieu, les peuples trouveroient dans ceux-ci, dans les années

---

(*a*) Un Négociant de *Dunkerque* a fourni des Mémoires sur cet établissement, à la Commission du Commerce d'Artois, le 15 Août 1760, & ils ont été communiqués aux Villes ; auprès desquelles on projette l'établissement ; mais le hazard a voulu que ce Négociant n'ait pu solliciter à la derniére tenue des Etats, l'encouragement qui lui est nécessaire.

Les Etats de Bretagne ayant proposé cette manufacture, par leur Délibération du 10 Février 1757. art. 15. une Compagnie a été admise pour l'établir, & elle va travailler à la monter, à la satisfaction de la Province, qui lui a accordé 10 s. par baril de gratification. Ce qui avoit été observé pag. 44. des Observations de la Société de Bretagne, avoit été imprimé précédemment la proposition de l'établissement dont je viens de parler.

malheureufes, des baffes matiéres de farines, qu’ils acheteroient à un prix honnête pour en faire de très-bon pain. En effet, il n’y auroit jamais que la premiere farine qui s’exporteroit. D’ailleurs, l’on pourroit obliger les Entrepreneurs d’une pareille Manufacture, de prendre les précautions les plus fûres pour obvier à la cherté & à la difette des grains, en ne faifant des achats que dans des momens propices & en fe bornant dans de médiocres quantités, toujours relatives au dégré d’abondance, & toujours très-modiques en cas d’infuffifance de l’efpèce. Ces Fabriquans pourroient même dans ces momens, faire venir des grains néceffaires à leurs Manufactures, de *Dantzick*, de la *Barbarie*, de la *Sicile* & d’*Hambourg*, & en laiffer les baffes matiéres dans le Pays : enfin, on les feroit agir dans tous les cas & dans toutes les circonftances de concert avec la Société. Dans les temps de renouvellement des magafins de réferves, dont j’ai parlé, ces mêmes Etrepreneurs pourroient y prendre les grains qui leur feroient propres. Je penfe que cette établiffement fe feroit avec avantage à *Saint-Omer*, tant à caufe de la proximité de la riviére d’*Aa* & des moulins convenables, que par rapport aux aifances que l’on y auroit de tirer les grains propres à la fabrication, par le canal du *Neuf-Foffé*, des cantons intérieurs de la Province. Tout ce que je viens de dire fur l’utilité de ces établiffemens, femble affurer que l’on ne fera pas dans le cas d’attenter à l’exécution des Arrêts du Parlement des 8 Janvier, 22 Mai 1693 & autres que j’ai rapporté dans ma feconde Partie.

Les Offices de *Porte - faix*, *Mesureurs* de grains & de charbons, *Rouleurs & Déchargeurs* de boissons &c., furent créés par Edit de Juin 1690, pour *Paris*, & par Edit de Janvier 1569, pour les Provinces : Ils ont été supprimés & recréés par Edit d'Août 1701.

Ceux de *Jurés - Vendeurs*, *Controlleurs*, *Jaugeurs*, *Courtiers* de vin & autres breuvages, furent créés par Edit de Juin 1691, & furent rachetés par les Villes, en vertu de l'Arrêt du 26 Février 1692 : Ceux des Seigneurs furent supprimés par ledit Edit.

Ceux de *Jurés-Crieurs* de corps & de vins, furent créés par Edit de Janvier 1690, Décembre 1694 & Juillet 1695 : il fut ensuite exigé, des personnes qui s'en étoient pourvues, une augmentation de finance, par Déclaration du 23 Juin 1699 & par Arrêt du même jour.

Ceux de *Visiteurs* de poids & de mesures, furent créés par Edit de Janvier 1704, & furent réunis à *Paris*, aux six vieux Corps, par Déclaration du 16 Mars 1706.

Ceux de *Gourmets*, de *Commissionnaires* & de *Courtiers*, furent créés par Edits de 1572, Mai 1578, Juin 1656, Février 1674 & Juin 1691 ; furent supprimés en Novembre 1704, & recréés ensuite par ledit Edit sous le nom de *Courtier-Agent* de banque & de marchandises, & encore sous le nom de *Courtier-Commissionnaire* de boissons.

Ceux des *Gardes-Conservateurs* des étalons, des poids, des mesures & balances, furent créés par Edit de Décembre 1708, & furent réunis aux Corps des Marchands &c., par Déclaration du 10 Décembre 1709 ; furent fupprimés enfuite par Edit de Juin 1710, recréés par le même Edit, & quelque temps après, furent rachetés par les Villes.

Ceux de *Mefureurs, Vifiteurs, Commiffionnaires* & *Porteurs* de charbons, furent créés par Edit de   & les émolumens, en ont été fixés par Déclaration du 29 Février 1690, 10 Février 1694, & Arrêt du 10 Février 1690.

Ceux de *Jurés-Mouleurs, Aide-à-Mouleurs, Chargeurs, Commiffionnaires, Controlleurs* de toutes fortes de bois, furent créés par Edit d'Avril 1704, réunis par Délibération du 13 Mai de la même année, aux Communautés de *Jurés-Mouleurs* & *Porteurs* de charbon, *Garçons* de la pelle, & plumet, qui avoient été créés par Edit de Mars 1698, & enfuite réunis aux Villes, par Edit d'Août.

Ceux d'*Infpecteurs* de matériaux, furent créés par Edit de Juin 1705, & furent fupprimés par Edit de Juillet 1710.

Ceux de *Vifiteurs, Jaugeurs, Controlleurs* de cendres, furent créés par Edit de   les droits en furent fixés par Arrêt du Confeil du 10 Février 1674, & furent rachetés par les Villes.

Ceux de *Courtiers, Facteurs* & *Commiffionnaires* des Rouliers & autres Voituriers, furent créés par Edit de Février 1705, & furent rachetés par les Villes.

Ceux d'*Effayeurs, Vifiteurs* & *Controlleurs* d'aux-de-vie, furent créés par Edit de Février 1703, & les droits en furent fixés par Arrêt du 17 Novembre fuivant.

Ceux de *Jaugeurs* de futailles & de vaiffeaux

à mettre le vin, furent créés par Edits de 1527, 1598, 1656 & 1674; & ils furent supprimés & recréés par Edit d'Avril 1689 & 1696.

La plûpart de tous ces Offices se vendent à vie, par les Magistrats des Villes, & d'autres n'ont jamais été exercés : peut-être que la Société trouvera avantageux qu'ils le soient.

Si ces Arts sont jugés utiles, rien ne me paroît devoir mieux contribuer à leur perfection, que les bénéfices qui y sont attachés, & ces bénéfices doubleront à proportion de l'extension du Commerce des denrées.

Brasseurs. Les Offices de *Brasseurs* &c., furent créés par Edit de Mai 1693 ; il fut encore créé des *Gardes-Gourmeurs* de biére, par Edit de Juin 1694, qui furent réunis par Edit d'Août 1701, au Corps desdits *Brasseurs*, (ce qui leur a beaucoup coûté.)

Quoique l'on parvienne en *Artois* à faire une bonne fabrication de biére, sur tout à *Aire*, ces Fabriquans n'ont pas encore atteint au dégré de pouvoir faire conserver cette boisson au point qu'elle puisse être exportée dans les Colonies, où elle est désirée : on devroit cependant chercher à y remédier, afin de faire cesser l'exportation de celle d'*Angleterre*.

Voici une nouvelle fabrication que je propose (peut-être seroit-elle efficace en *Artois* comme elle l'a été en *Angleterre*.

» Après, *dit l'Auteur*, que les *Brasseurs* » auront rencontré chaque année une heu-

____

(*a*) C'est un essai fait par la Société de Dublin, & qui est traduit de l'Anglois par *Thébaut*.

» reufe précifion fur la qualité du foucrion
» & du houblon, qui varie, ainfi que la mé-
» thode la plus convenable pour s'en fervir
» à propos, il faut qu'ils ayent attention de
» ne fe fervir du foucrion, que quelque temps
» après qu'il fort du féchoir, *vulgairement ap-*
» *pellé en Artois tourelle (a)*, parce qu'autrement
» ce grain conferveroit une chaleur étrangère,
» qui lui a été communiquée par le feu, &
» qui ne fe détruiroit qu'à la longue ; d'ailleurs,
» la féparation dans la biére faite avec le
» *malt*, ne feroit pas fi prompte.

» Il eft auffi effentiel, que cette opération
» de *brazer* foit faite à propos, c'eft-à-dire,
» que ce grain ne foit pas mouillé & qu'il
» foit bien fec, avant qu'il foit porté au mou-
» lin, pour être réduit parfaitement bien en
» *malt* ou en *farine*, parce qu'autrement, la
» partie farineufe du foucrion, atténuée da-
» bord & volatilifée par un commencement
» de végétation, & enfuite par la force active
» du feu du féchoir, donneroit à la biére un
» goût crud.

» Les chaudiéres doivent être fuffifamment
» grandes, afin que l'on faffe bouillir les eaux
» dedans, proportionnément à leur grandeur ;
» car l'évaporation & l'ébullition font, fans
» nul doute, plus confidérables dans les petites
» chaudiéres que dans les grandes ; & pour

(a) On devroit chercher à remédier aux incendies qui
n'arrivent que trop fouvent par ces fourneaux, en défen-
dant de faire leur lit en bois, mais bien en fer.

Il fe fait un commerce d'exportation, de foucrion
réduit en cette nature ; c'eft-à-dire *brazé*, qu'il faudroit
gêner, pour ne pas nuire à celui de la biére.

» faire unir la vertu du *malt* & du *houblon*,
» il ne faut pas une longue ébullition ; il est
» néceffaire, au contraire, de diminuer le
» temps de la décoction, que l'on employe
» actuellement pour faire bouillir la biére,
» parce qu'il faut très-peu de chaleur pour
» féparer la partie aftringente du houblon,
» qui eft toujours défagréable, de l'amertume
» agréable, & de l'odeur aromatique qu'on
» doit lui laiffer fuivant les expériences : on
» fixe l'ébullition à un quart d'heure, & on la
» croit fuffifante pour obtenir l'amertume
» agréable du houblon, & pour que la douce
» chaleur de l'infufion dans l'eau chaude, fuf-
» fife pour extraire fon odeur aromatique,
» parce qu'une decoction d'une heure, lui
» donneroit, au contraire, la partie aftrin-
» gente dont j'ai parlé.

» Il eft auffi très-conftant qu'une longue ébul-
» lition altere la vertu du *malt*; & qu'une fimple
» infufion dans l'eau fupérieure au dégré de
» l'eau bouillante, pendant deux heures, fuf-
» fit : En effet, il a été reconnu, *pourfuit mon*
» *Auteur*, que l'eau bouillante, verfée fur le
» *malt*, coagule la farine.

» Cette liqueur fortant de l'infufion fera la
» plus fpiritueufe, la plus odoriférente, la
» plus balfamique & la plus douce, la moins
» difpofée à s'aigrir, la plus propre à fe gar-
» der & la plus faine : c'eft, dit-il, ce qui s'ap-
» pelle, *aile*.

Pour la petite biére, on la peut faire en
verfant de nouvelle eau fur la farine : l'infufion doit pareillement être de deux heures :
Il peut encore s'en faire une troifiéme, en

paſſant de l'eau froide ſur cette même farine.

Le marc ou *drague* ſe vend pour la nourri-ture des beſtiaux. Le guil ou *jet* ſe vend auſſi pour faire le levain des boulangers &c.

M. *Barentin*, Intendant de *Flandre* en 1698, indique une méthode de braſſer approchante de la précédente : Il met ; 1°. une quantité de ſoucrion, *ou orge hâtif*, germer, après que ce grain a été mouillé, ſéché & moulu, *ou réduit en malt*; il y joint enſuite une 8ᵉ. partie d'avoine courte, moulue, & ſans être germée ; il fait bouillir le tout avec du houblon pendant 24 heures, & il aſſure que cette biére miſe alors dans des barils, eſt potable au bout de 25 jours, & peut ſe garder un an & plus *(a)*.

Par l'Edit de Mai 1693, il eſt défendu aux *Braſſeurs* de débiter de la biére ; c'eſt cependant ce qu'ils font chaque jour *(b)*, parce que cet Edit n'a pas d'exécution.

Dans les années malheureuſes, la conſom-mation des grains, que ces Artiſans employent ordinairement, peut ſervir à alimenter les peuples ; elle doit être par conſéquent défen-due : On a rendu déja, pour cet effet, les Arrêts des 3 Juin & 27 Août 1709, & par Arrêt du 2 Septembre & autres, il leur a été permis de continuer d'employer ces grains. Ces révolutions n'arriveront plus en *Artois*, ſi le projet que je propoſe a ſon exécution.

Le cidre fort, dur & vineux, eſt celui que l'on eſtime le meilleur, parce qu'il ſe conſerve Faiſeurs de cidre.

(*a*) Voyez ſon Mémoire fait en 1698, ſur cette Pro-vince.

(*b*) J'en ai déja parlé à l'article des Traiteurs.

& fe bonifie : Il eft fain, agréable, a de la force & des efprits, & étant venu à fa perfection, il équivaut le vin.

Les pommes les plus âpres & les plus rudes, font celles qu'on doit choifir de préférence : Il ne faut pas mêler ces fruits avant de les piler ; mais il faut, au contraire, en mêler le jus exprimé féparement, parce qu'il eft plus aifé de connoître, alors, quel fera le fuccès du mélange, en diftinguant les qualités des pommes.

Ces pommes doivent être bien mûres pour être cueillies, elles doivent l'être dans un temps fec ; il faut les dépofer enfuite dans un endroit couvert & non humide, & bien prendre garde de les froiffer : on en féparera celles abatues par les vents, & elles pourront être employées à faire un cidre d'une nature inférieure.

Ces pommes doivent être bien broyées dans un moulin propre à cet effet, ou dans un vafe (a) ; & on ne doit pas attendre, pour cette opération, qu'elles ayent fué : elles donneront trois fortes de jus, le jus qui coule fans preffion eft le meilleur, celui exprimé au moyen du preffoir le fuit, & le dernier eft celui qui vient après : aucun d'eux ne doit être mélangé.

Cette boiffon & celle de petite biére, feront, à tous égards, décidément fupérieures à celle de *bouillie*, que les peuples de l'*Artois* ont la coutume de braffer avec du fon.

(a) On connoît ces uftenciles, & il eft très-aifé d'en faire conftruire, foit de ces moulins avec un cheval, foit des autres.

On

On fabrique dans quelques cantons de l'*Artois* des eaux-de-vie, qui n'approchent pas, à beaucoup près, de celles faites avec des vins ; cependant, telle que soit la qualité de ces eaux-de-vie, on devroit en permettre la fabrication (*a*), sans néanmoins accorder la diminution des droits mis sur les eaux-de-vie, indistinctement, pour favoriser le débouché de celle-ci : parce que le bon marché de celle de grains, (puisqu'elle se fabriquera dans le pays où la main-d'œuvre est à bas prix, ainsi que les matiéres premiéres,) en facilitera suffisamment le débouché & ne diminuera que la consommation de l'autre, qui est étrangére, sans pouvoir préjudicier à la ferme de la Province. *(Faiseurs d'eau-de-vie de grains, de cidre, &c.)*

On connoît de ces Fabriquans qui font des vinaigres avec de la biére, & qui ont même porté cette fabrication à un dégré de perfection : Ils pourroient également en faire avec du cidre ; mais ces deux natures de vinaigres ne sont jamais si saines que celle de vinaigre fait avec du vin. *(Vinaigriers, Moutardiers, & Confiseurs.)*

Les petits vins dont j'ai parlé dans ma seconde Partie, pourroient servir de matiéres premiéres à cette fabrication ; on pourroit même encourager ces Fabriquans d'en prendre pour en faire, par des difficultés que l'on apporteroit à la liberté des entrées des vinaigres de vin étrangers.

Ces mêmes *Vinaigriers* peuvent fabriquer de la moutarde, & imiter celle de *Dijon*, ou de *Châlons* en *Champagne*, qui sont si fort

____

(*a*) Il s'en fabrique déja dans différens endroits, & elle se porte par contrebande dans les Villes.

estimées en *France* : ils peuvent encore confire des légumes, tels que des capucines, de la cristemarine, appellée *paffepierre*, des cornichons, *ou petits concombres*, & des poivres, dont on pourra faire un commerce.

Faiseurs d'y-dromel.   Cette liqueur se fait avec du miel, de la canelle &c. : on pourroit chercher les moyens de la perfectionner ; mais je la crois nuisible à la santé.

Diftilateurs.   Le *Diftillateur* est inconnu ; cependant si l'on désiroit supprimer l'importation des liqueurs, des quinteffences & des odeurs, il faudroit en attirer quelqu'un de *Montpellier*.

Parfumeurs.   On attireroit également le *Parfumeur* de *Paris*, & on supprimeroit par ce moyen, l'importation des différentes marchandises que ces Artisans étrangers à la Province, fabriquent.

J'ignore la date des Statuts de ces Artisans.

Amidoniers & Creton-niers.   On a trouvé en tout temps des *Amidoniers-Cretonniers* en *Artois* ; mais le commerce de ces Artisans a éprouvé différentes révolutions qui ont empêché que les Fabriques se soient soutenues. En effet, ce qui avoit contribué aux progrès de leurs établiffemens, est devenu la source de leur ruine & a entraîné leur propre chûte : L'Intendant, les Etats de la Province & les Magistrats chargés de la police des grains, ayant reconnu qu'il n'entroit d'autres matiéres dans cette fabrication, que des farines de froment, & que la confommation de cette denrée, toujours précieuse aux citoyens, pouvoit occasionner dans la suite des disettes que leur attention devoit prévenir, en ont proscrit hautement l'usage, & ont ordonné qu'à l'avenir on ne s'en serviroit plus.

La *Hollande* & l'*Allemagne*, qui, depuis long-temps, donnoient aſyle à des Fabriquans d'amidon François, qui s'y étoient réfugiés, toléroient ces fabrications avec les grains, que leurs Commerçans tiroient de l'*Artois*, lorſque la ſortie en étoit permiſe : & ils ont embraſſé cette branche de Commerce en entier, en procurant des amidons à l'*Artois* qui en avoit toujours néceſſairement beſoin ; ſoit pour la médecine ; ſoit pour blanchir le linge ; ſoit, enfin, pour l'uſage des Libraires - Relieurs, Cordonniers, Cartonniers, Blanchiſſeurs, & en général pour l'Artiſan qui employe beaucoup de colle.

Cette fabrication étrangére portant donc un préjudice conſidérable à celle du Pays, il faut abſolument trouver les moyens de ſupprimer l'importation de ces marchandiſes.

Pour y parvenir, il conviendroit, ce me ſemble, de permettre ; 1°. d'employer dans les Manufactures de l'*Artois*, lors des temps d'abondance, les froments gâtés & les iſſues de ces grains, que l'on prendroit chez les Boulangers, chez les Particuliers & chez les Fabriquans de minot ; & 2°. enfin, d'employer dans les temps de diſette les ſons purs que l'on prendroit chez les mêmes Artiſans (*a*), des

---

(*a*) Ces permiſſions ſont accordées à Paris & dans la Guyenne ; on n'y fabrique des amidons qu'avec du ſon ou des baſſes matiéres des froments, ſoit qu'elles ſoient priſes chez les Boulangers, ſoit qu'elles ſoient priſes chez les Fabriquans de minot.

racines de *larrum* & des pommes de terre (*a*).

L'on trouve dans le Dictionnaire de l'Encyclopédie, au mot *amidon*, & dans celui du Commerce, au même mot, des méthodes propres pour cette fabrication : Ces livres font connus ; on peut fuivre leurs principes, furtout ceux rapportés dans le premier.

Cartiers. Ces Artifans avoient un débouché de leurs cartes, foit extérieur, foit intérieur, des plus étendu ; mais aujourd'hui que ce débouché extérieur eft fermé, & que l'autre eft reftraint par les impôts de 1749, le nombre de ces Fabriquans fuffit pour le fournir de marchandifes.

Imprimeurs. La quantité des *Imprimeurs* eft fixée [par Réglemens Royaux ; ils ont des Réglemens qu'ils ne peuvent s'empêcher de fuivre.

Relieurs, Doreurs de Livres, &c. Le travail de ceux-ci n'étant pas fort confidérable, il me paroît que le nombre fuffit ; mais leurs ouvrages manquent de perfection : Pour y parvenir, il feroit néceffaire de leur faire obferver les Réglemens.

Papetiers. Il fe trouvoit autrefois quelques Papeteries en *Artois*, qui ne fubfiftent plus, ou s'il en exifte quelques-unes, elles font bien peu confidérables. Le papier qui fe confomme en cette

____

(*a*) Quoique l'Académie ait approuvé en 1739, l'amidon fait avec les *racines* ;' il pourroit réfulter cependant, de ces fabrications, une infinité d'inconvéniens qui nuiroient fans doute à leur extenfion, fi on les employoit.

Le Parlement l'a parfaitement reconnu, & s'il a été accordé en 1716, par le Gouvernement, un Privilége exclufif pour ces fortes de fabrications, cette Compagnie n'a enregiftré ce Privilége, que fous les conditions expreffes que le Fabriquant déclareroit à l'acheteur que l'amidon eft fait avec des *racines*.

Province, fe tire ou de *Hollande*, où les eaux font bien inférieures à celles de cette Province, ou, enfin, de l'*Auvergne* &c. : cependant les eaux, les matiéres premiéres & les moulins qu'on touve en *Artois*, font très-propres à cette fabrication, & ces objets y font même en grande abondance ; on devroit par conféquent tenter de rétablir ces Manufactures & de faire imiter aux Ouvriers les façons de *Hollande*, d'*Auvergne* &c., pour fupprimer cette importation.

Les matiéres premiéres ordinaires, je veux dire les *chiffons*, ne feront pas les feules ; on aura encore celles des étoupes du chanvre, préparées fuivant la nouvelle méthode, qui, après avoir été broyées & purifiées dans l'eau, feront très-propres à cette fabrication, & on encouragera ces nouvelles Manufactures par des impôts, que le Gouvernement fera fupplié de mettre fur les papiers étrangers.

On engagera auffi les Ouvriers de fabriquer des papiers gris, des bruns, *propres aux Marchands* ; des bleus foncés & pâles, *propres aux Rafineurs de fucre* ; des blancs, fins & communs, & d'autres ; les uns & les autres de toutes qualités, grandeurs & largeurs (*a*).

Il feroit même poffible de fabriquer des papiers légers en coton & foye, avec les étoupes des manufactures de ces matiéres.

(*a*) Les Etats de Bretagne, par l'art. 3. de leur Délibération du 10 Février 1757, ont encouragé ces fabricacations, & ils ont réuffi dans leur attente. Voyez pag. 20. du Corps d'Obfervations de la Société de cette Province, & encore pag. 268. Ils defirent la fabrication des papiers bleus & violets.

Il y a différens Réglemens & Ordonnances concernant ces manufactures , auxquels il faut fe conformer pour la fabrication. Il eft dû auffi fur ces objets, différens droits d'entrées & de fortie (a).

Les *Cartiers* devroient s'inftruire de ces fabrications : Il fe trouve déja quelques Particuliers en cette Province , qui fabriquent des pains à chanter ; mais on a importé jufqu'à préfent les autres marchandifes, & il eft néceffaire de fupprimer cette importation.

Ces Offices ont été créés par Edit de Mars 1673 ; & les Magiftrats de certaines Villes, les vendent à vie. Ils tannent des quantités confidérables de peaux vertes , foit de bœufs , foit de vaches , foit de chevaux , foit de veaux , qu'ils tirent non-feulement de l'*Artois* , mais encore de l'*Irlande* ou d'autres lieux. J'ai déja démontré dans ma premiére Partie , la poffibilité de diminuer cette importation ; j'y renvoye le Lecteur.

Depuis que les guerres ont détruit les tanneries d'*Ypres* , qui avoient tant de réputation pour la bonne fabrication des cuirs , quelques *Tanneurs* de cette Ville ont paffé en *Artois* , & y ont établi différentes tanneries , qui ont acquis la même réputation , entre-autres celles de *Saint-Omer* (b) ; & cette fabrication a même fait une des richeffes de cette Province , par les bénéfices confidérables que fes Fabriquans faifoient fur l'exportation des cuirs ; mais les impôts que l'on a fucceffivement mis fur ces marchandifes , ont beaucoup altéré ce

____

(a) Voyez l'Hiftoire de ces Droits.
(b) Voyez les Mémoires de M. *Barentin*, fur la Flandre Autrichienne conquife ; ils ont été dreffé en 1698.

commerce (*a*) ; pour le rétablir , il faut encourager ces Artifans , par obtention de la fuppreſſion de ces impôts.

Ceux-ci ne font pas fuffifans , & avant d'en exciter l'augmentation , il faut les faire joüir du même avantage que l'on propofe d'obtenir pour les Tanneurs.

Ces Offices de *Hongroyeurs* furent créés par Edit de Janvier 1705 , & il fut rendu un Arrêt le 24 Janvier de la même année, concernant leur établiſſement. Ces Artifans font peu connus en *Artois*, pour ne pas dire, du tout ; on devroit cependant en attirer quelques-uns , pour établir des fabriques de ces cuirs, fi utiles , que l'on tire mal-à-propos de l'Etranger. Je ne vois d'attrait plus féduifant pour y appeller les Artifans étrangers , que d'obtenir du Gouvernement, la permiſſion d'impofer des droits fur l'entrée de ces cuirs. En effet , rien ne favorifera mieux le débouché de ceux fabriqués en *Artois*.

Ceux-ci paroiffent affez fuffifans pour fubvenir à la préparation des peaux d'animaux étrangers , fauvages ou domeftiques , & à celle des mêmes peaux du pays.

Ils pourroient être engagés à mettre les peaux de chevres & de moutons, en blanc , en violet, en noir, en jaune, ou en autres couleurs , ou à les laiffer avec la laine ou avec le poil, tant pour les befoins des Arté-

Corroyeurs-Hongroyeurs & Fabriquans de cuir de rouſſi.

Pelletiers ; Mégiſſiers.

(*a*) Ce commerce étoit tellement gêné à *Saint-Omer* , que bien des Tanneurs avoient établi leurs tanneries à *Arques*, Bourg voifin de cette ville , où ils vendoient leurs cuirs fans droit de vifite d'Officiers ni d'autres.

fiens, que pour celui de l'exportation qui pourroit s'en faire, foit en *Flandre*, foit en *Picardie*; & pour leur faire porter leur application à perfectionner ces ouvrages, on devroit leur procurer les faveurs que j'ai propofé pour les *Hongroyeurs*.

Chamoifeurs, Bufletiers, Baudroyeurs, Gantiers & Culotiers.

Ces Artifans paroiffent également en état de fuffire, s'ils avoient de l'émulation, pour la perfection des marchandifes de leur art; ce motif d'inhabileté, eft fans doute celui, de ce que les peaux de chamois, celles de bufles, de cerfs, de daims, &c. ne leur peuvent parvenir que fabriquées ou employées, foit du *Levant*, foit de *Niort*, foit d'autres endroits; mais ne fe pourroit-il pas faire que l'on pût effayer de trouver un moyen pour les leur faire parvenir brutes, & leur en faire gagner, par conféquent, la main d'œuvre? La voye de l'impôt feroit peut-être efficace.

On ne fabrique pas en *Artois*, de gants de peau blanche, & très-peu de peau d'autres couleurs; on les tire tout faits de *Blois*, de *Troyes en Champagne* & d'autres lieux circonvoifins; il feroit cependant très-aifé d'en faire en cette Province, puifque l'on y auroit les peaux propres à cet emploi.

Parchemiers & Fabriquans de peau en bafanne, &c.

Ces marchandifes font propres aux Relieurs & aux Faifeurs de tambours, de tamis, de cribles, &c. il eft donc néceffaire d'avoir de ces Ouvriers en cette Province, où ces uftenciles font utiles & de commerce.

Faifeurs de maroquin en toutes couleurs.

Ceux-ci n'ont jamais exifté en *Artois*; il s'y confomme cependant beaucoup de ces marchandifes, que l'on y importe de *Maroc*, *Royaume de Barbarie en Afrique*, d'*Efpagne* &

de différentes Villes de *France* ; les premiers,
en rouges, en jaunes, en bleus & en violets,
font les plus beaux, foit pour la qualité, foit
pour la vivacité des couleurs ; les noirs de *Barbarie* & d'*Efpagne*, ne font pas de même : les fabriques de *France* en fourniffent de cette derniére couleur, qui les furpaffent : en effet, fon
grain eft plus beau, & fon noir eft plus luftré ;
ceux d'*Efpagne* en cette derniére couleur, au
contraire, n'ont que la bonne qualité. S'il eft
poffible d'en fabriquer en cette Province, on ne
doit pas tarder de le faire? On aura des peaux
de boucs ou de chevres en quantité fuffifante,
pour ces fabrications, & l'Ouvrier fera le
feul qu'on devra attirer.

Pour leur donner ce grain, qui en fait la
principale beauté, » il faut, *dit un Auteur,*
» plonger le cuir dans une cuve d'eau tiéde,
» où l'on a délayé de la noix de gale, du
» fumach, de l'alun, &c. alors les parties
» aftringentes occafionnent un refferrement
» fubit, *ou de petites gerfures,* fur la fuperficie
» des peaux, toujours plus tendre & toujours
» plus fine que la partie qui revêt immédia-
» tement le corps de l'animal. Ces gerfures
» font des fillons en tous fens, & fe remar-
» quent aifément fur la furface extérieure du
» maroquin.

Ces Ouvriers abondent en *Artois* ; il ne
s'agit que de leur faire obferver leurs Réglemens. Quant aux *Cordonniers*, on doit les
encourager à fabriquer une plus grande quantité de fouliers, pour fournir au befoin des
armemens pour les Colonies & pour les chauf-
fures des troupes.

Bâtiers, Bour-
reliers, Sel-
liers - Carof-
fiers, Faifeurs
d'étuis, Mail-
liers, Bot-
tiers, Cor-
donniers &
Savetiers.

Il y a déja suffisamment de moulins à tan, de ceux pour fouler les peaux, & pour les passer à l'huile, & le nombre n'en doit être augmenté qu'après une nécessité reconnue indispensable.

Ordinairement les *Tanneurs* fabriquent du marc de ce tan, des espèces de *tourbes*, dont la fabrication est utile, & la vente assez fructueuse ; l'augmentation des matiéres premiéres, qui les forment, suivant celles des tanneries, ne pourra donc qu'être très-favorable.

Par Edit de Juin 1727, il a été créé des charges de *Vendeurs*, *Déchargeurs* & de *Lotisseurs* qui ont été rachetées par la Ville quelque tems après ; mais j'ai dit que les droits en avoient été perçus, & avoient été nuisibles au commerce. L'Edit d'Août 1759, vient de les supprimer, & de mettre de nouveaux impôts sur ces marchandises, qui seront plus nuisibles que les premiers.

Il y a des droits de Sorties à payer (a).

Raffineurs de sel.

Le Pays d'*Artois* n'étant pas un Pays de Gabelle, l'Artisan s'est imaginé de le raffiner au moyen des poëles, & de le blanchir. Il se trouve beaucoup de ces raffineries dans l'une & l'autre ville de cette Province, qui suffisent pour la consommation du Pays; car l'exportation ne peut s'en faire que par fraude.

J'ai indiqué les lieux d'où l'on doit tirer le sel gris.

Raffineurs de sucre.

Les *Raffineurs* de sucre de *la Rochelle*, de *Nantes*, de *Lille*, d'*Orleans*, de *Dunkerque* & d'*Hollande*, fournissoient la plus grande partie

____

(a) Voyez l'Histoire des Droits de Sorties, & l'art. XIII. de l'Edit d'Août 1759.

des sucres en poudre, en candis bruns ou blancs, en pain, ou melis, royal, ou lompe, ou bâtard, pour la consommation de l'*Artois*. En effet les trois *Raffineurs* qui existent à *Saint-Omer*, & qui en peuvent fabriquer de pareils, ne travailloient pas quatre mois dans l'année en tems de paix; & leur travail étoit suspendu en tems de guerre.

La foible faculté de ces *Raffineurs*, pour se procurer de la première main & par occasion favorable les sucres bruts, étoit le vrai motif de ces suspensions de travail; mais si les Etats de la Province vouloient aujourd'hui seconder les vues du Gouvernement, que je vais rapporter, en accordant à ces *Raffineurs* des encouragemens pour leur procurer de l'aisance, ces raffineries ne resteroient plus dans l'inaction.

Le Gouvernement a imposé, le 11 Septembre 1753, un droit de sortie de ving-sept liv. sur le cent pésant de sucre fabriqué dans l'enceinte de la ville de *Dunkerque*, en-sus de ceux imposés le 7 Septembre 1664 : Cet impôt a été la cause que plusieurs raffineries, établies dans cette ville, ont cessé de fabriquer : par conséquent celles de l'*Artois* peuvent profiter, avec avantage, de l'exécution de cet Arrêt, pour le débouché de leurs sucres.

Mais malheureusement cette faveur ne subsistera bien-tôt plus, si tous ces *Raffineurs* de *Dunkerque* viennent à rétablir leurs raffineries dans la basse ville, ainsi que le Sr. *Varlet* vient d'en montrer la voie : Il conviendroit, ce me semble, pour éviter les suites, que la Province sollicite ; 1°. que tous les sucres fabriqués hors de l'*Artois* n'ayent que le droit de transit en cette Province ; 2°. enfin , qu'il foit impofé un droit d'entrée fur ces marchandifes, au cas que ces Artifans les y veuillent vendre.

Les Etats de *Bretagne* ont également cherché à favorifer les raffineries établies à *Nantes* , qui tombent chaque jour par les droits dont on a chargé les fucres qui s'y raffinent : en conféquence , ils ont délibéré le 10 Février 1757 , art. 22 , de charger leur Procureur Général , Syndic, » d'obtenir ; 1°. la liberté d'en-» voyer , tant dans les Pays Etrangers que » dans les Province de France réputées étran-» géres , les fucres qui s'y fabriquent par acquit » à caution , comme le font les raffineries de » *Diépe* , de *Rouen* , de *Bordeaux* , de la *Ro-» chelle* & de *Cette* ; 2°. la jouiffance , pour » les fucres raffinés dans la Province , dont la » matiére proviendra de la Traite des *Noirs* , » de l'exemption de la moitié des droits fur » toutes les marchandifes qui en proviennent ; » 3°. la réduction des droits des fucres raffinés » au taux de ceux du fucre brut qu'ils repré-» fentent , c'eft-à-dire , à raifon de foixante-» huit liv. deux fols du millier ; 4°. enfin , la » liberté de faire entrer les fucres raffinés par » tous les Bureaux du Royaume.

Mais le Gouvernement a prononcé fur la ré-ponfe des Fermiers Généraux, & toutes les dé-marches de cesEtats ont été vaines.C'eft un mal-heur pour les raffineries de l'*Artois*, que cette de-mande n'ait pas été accordée : on n'en fçavoit vraifemblablement encore rien lorfque laSocié-té de*Bretagne* a donné fes Obferv. au public. (*a*).

Voyez pag. 59. de fes Obfervations.

Les *Raffineurs* de l'*Artois* doivent s'attacher à faire du fucre, qui, au coup-d'œil, foit agréable, folide, léger, extrêmement blanc, doux, dur, fonnant & brillant comme de la neige.

Si l'exportation s'en fait en *France*, il y a des droits de forties (*a*).

Il y a différens Fabriquans de chaux en cette Province, & les matiéres y font propres pour en fabriquer de très-bonne : outre la confommation qui s'en fait dans le Pays, il s'en fait une exportation en *Flandr.* &c. que l'on pourroit étendre davantage. La *Bretagne* & bien d'autres Provinces manquent de ces matiéres. Les Etats de cette premiére Province ont promis des récompenfes à ceux qui en découvriroient des carriéres dans fon centre ; mais je ne penfe pas que l'on réuffiffe dans cette découverte (*b*).

On trouve en *Artois* des quantités fuffifantes de fabriques de poteries, & un pareil nombre d'Artifans *Faifeurs* de bouchons ; mais ces Artifans n'ont pas encore pû parvenir à en établir de fayence ou d'une autre qualité, quoiqu'il y ait en cette Province des terreins propres à ces fortes de fabrications. Pourquoi donc ne les pas encourager d'en fabriquer à l'inftar de celles de *Hollande*, de *Lille*, de *Rouen*, du *Boulonois* &c. ? Si le défaut de trouver des moulins propres, formoit un obftacle, il feroit aifé d'en préparer.

Au moyen des nouvelles matiéres premiéres

Faifeurs de chaux.

Fayenciers ; Patenotiers ; Bouchoniers.

Potiers, Thuilliers-Faifeurs de briques.

(*a*) Voyez l'Hiftoire des Droits d'Entrées.
(*b*) Voy. leur Délibération du 10 Février 1757, art. 16.

qu'on peut fe procurer en *Artois* , ces Artifans pourroient fabriquer une marchandife de meilleure qualité , & éviter l'importation de celle du *Boulonois* & de la *Flandre*.

Faifeurs de pipes.

On connoît quelques *Fabriques de pipes* à *Saint-Omer* (a) & à *Arras*, qui paroiffent fuffire; car une augmentation de ces Fabriques fouffriroit aujourd'hui , depuis que des établiffemens nouveaux ont été formés à *Dunkerque* (b): La confommation n'en peut donc être que dans l'intérieur & dans quelques Provinces voifines. Pour faciliter d'autant plus cette foible exportation , il feroit bon d'apporter quelque gêne à l'importation de celles de l'*Allemagne* , de la *Hollande* & de l'*Angleterre*.

Verriers.

Les *verreries* trouveront fuffifamment en la Province des matiéres premiéres pour la fabrication des bouteilles , des verres à boire & à vitre &c. fi l'on juge à propos d'en établir quelques-unes ; & par un encouragement & un impôt fur les verres & bouteilles d'*Angleterre* , de *Dunkerque* , de *Boulogne* & de *Lille* , ces Fabriques de l'*Artois* pourroient fe procurer un débouché des leurs dans la Province, fauf le droit de tranfit pour ces premiéres.

Il y a des droits de forties fur ces pipes, & des droits d'entrées fur les bouteilles d'*Angleterre* &c. (c).

Tabatiers.

Ces Fabriquans avoient pouffé la préparation du tabac à fa perfection ; il s'en faifoit même un Commerce intérieur & extérieur

---

(a) L'Hôpital général a celle de feu fieur *Minet*.
(b) Pierre de la *Ruelle* , ci-devant Négociant.
(c) Voyez l'Hiftoire des Droits d'Entrées & de Sorties.

très-confidérable ; mais les impôts dont j'ai parlé dans ma premiére Partie, ont fait tomber ces Fabriques, & ont fait expatrier en même temps la plus grande partie de ces Fabriquans : Ils habitent aujourd'hui le *Brabant*, où ils ont élevé de ces Manufactures. C'eſt en vain que les Etats & le Conſeil Provincial de l'*Artois*, ont ſollicité la ſuppreſſion de ces droits au moment qu'ils ont eu lieu : il ne reſte donc plus d'autres reſſources aujourd'hui pour rappeller ces Citoyens fugitifs, pour relever ces Manufactures, & pour ranimer celles qui ſubſiſtent encore & qui languiſſent, que de former une nouvelle tentative pour la ſuppreſſion de ces impôts (*a*), dans la perſuaſion où l'on eſt que les Fermiers Généraux ne demandent pas mieux : au ſurplus, que la crainte d'une difficulté de pouvoir rappeller ces Artiſans en cette Province, ne ſoit pas un obſtacle ; on ſçait, à n'en pas douter, qu'ils déſirent ardemment de rentrer dans leur patrie, par deux raiſons : la premiére, parce qu'ils la chériſſent encore ; & la ſeconde, parce qu'ils ne peuvent réuſſir parfaitement dans la fabrication du tabac dans les endroits qu'ils habitent, attendu l'impropriété des eaux.

On ne penſe pas que ces Artiſans ayent des Réglemens ; ils conviendroit de leur en donner.

Ces Artiſans ne ſont pas en grand nombre en cette Province, & il eſt étonnant que depuis Laveurs de laines, Tireurs, Tra-

---

(*a*) Voyez ce que j'en ai dit dans ma ſeconde Partie, à l'article du tabac étranger, & dans ma premiére à l'article de la plantation de celui national.

meurs, Hour-
dilleurs, Fi-
leurs, Aprê-
teurs, Car-
deurs, Pei-
gneurs, Ton-
deurs, Blan-
chilleurs, Ra-
tineurs, &
Drapiers.

fi long-temps que l'on y connoît leur utilité, on n'ait cherché à en former, pour servir les Manufactures que l'on peut établir en *Artois*. J'ai donné les moyens de se procurer les matières premières utiles & nécessaires à la fabrication des étoffes de *laines* ; il n'est donc question que de travailler à former des Ouvriers.

Les laines que les Fabriquans employeront doivent être les plus mûres, parce qu'elles rendent alors un quart de plus d'étoffes, & conservent à l'emploi, disent différens Fabriquans, ce soyeux, que l'apprêt ne donne que très-imparfaitement : elle répond d'ailleurs mieux au foulage, à la teinture, aux apprêts &c. ; pourquoi, il faut se garder autant qu'il est possible d'employer des laines prématurées : c'est ce que l'on pourra aisément connoître. On peut diviser encore les laines convenables en trois qualités, & les distinguer par bonne, médiocre & mauvaise : on distingue aussi celles que l'on ramasse, & d'avec celles qui tombent du mouton, & d'avec celles que l'on sépare avec la chaux. Celle qui se tond est la meilleure ; celle de la pelade est la seconde & l'autre qui tombe est la mauvaise (*a*).

Les *Laveurs* de laines doivent avoir attention de suivre exactement ce qui leur est prescrit par l'Arrêt du 4 Septembre 1714.

(*a*) M. *de Blancheville* a donné une Dissertation sur les qualités de la laine, &c. qui est fort instructive ; on peut se la procurer.

Les

Les *Fileurs* *, appellés en Artois *Filatiers*, les *Bourgeteurs*, les *Hourdisseurs* * *, les *Cardeurs* (a), les *Sayeteurs* de fils de soyes, de laines, de poils de chevres [¶], de castors, de fils de coton [¶], de lin (b) & de chanvre, d'herbes à soye & de toutes autres espèces

---

* Les Etats de Bretagne, par leur Délibération du 10 Février 1757. art. 9. ont reconnu l'utilité d'un rouet, avec lequel on peut filer des deux mains à la fois ; on pourroit s'en procurer un, & étendre dans l'*Artois*, cette nouvelle méthode si utile ; le fuseau cependant vaudroit beaucoup mieux, s'il abrégeoit autant. La personne chargée en Bretagne, de former des Eléves, n'en a encore formé aucun, & on en ignore le motif. Voyez pag. 34. du Corps d'Observations de la Société de cette Province.

* * Le métier pour hourdir, connu en *Artois*, paroît excellent.

(a) Il y a un Arrêt du 30 Décembre 1727, qui regarde les Cardeurs, que l'on doit exécuter.

[¶] Les fils de poils de chevres & de coton, se tirent souvent tels du *Levant*, parce que la main-d'œuvre y est à bon marché ; sçavoir le poil de chevres de *Beybazard*, (qui n'est pas des meilleurs), le coton de *Picardie* & du *Levant*, soit d'*Abbeville* ; de *Damas*, de *Jerusalem*, soit des *Isles Antiles*, qui sont les plus beaux ; il doit être pris blanc, fin, uni, très-sec, & le plus également filé qu'il est possible. Il s'en file pour les lampes & les chandelles à *Dunkerque*. Il s'en importe de filés en *Artois*, de l'un & l'autre endroit dont je viens de parler ; ce qu'il faut empêcher.

(b) Il se fait une importation de fil de Bretagne, qui doit être supprimée, & on doit encourager le peu de ces fabriques qui existent déja en Artois. Les fils de lin préparés suivant la nouvelle méthode, pourroient valoir ceux d'*Angleterre*, de *Hollande*, de *Harlem en Zélande*, de *Bruxelles*, de *Malines* & de *Valenciennes*. La Société de Bretagne excite la filature par des prix. Voyez pag. 198. de ses Observations.

S

de fils, foit uni, rond, plat, à coudre & à broder &c. , doivent être habiles & expérimentés pour pouvoir travailler à ces fabrications, parce que le fondement des belles étoffes, eſt le beau fil, dont l'Artifan pallie les défauts. Pour y parvenir, je penſe qu'il feroit à propos de ſe procurer de ces Ouvriers des pays où il a des Manufactures, pour enſeigner ceux de la Province.

Si l'on ſe procure de ces Ouvriers pour filer des laines &c. propres à faire des draps & autres étoffes, on doit s'en procurer auſſi de propres pour filer des laines pour la bonneterie &c.

L'exportation des fils de laines, ſans être en couleur, eſt, avec raifon, défendue par Arrêt du 7 Avril 1714.

Il y a encore des Réglemens à obferver pour toutes les fabrications dont j'ai parlé, qui font du 23 Août 1666, du 25 Août 1670, 18 Février 1684, 20 Novembre 1696, 9 Février 1711, 30 Décembre 19 Mars 1719, 1722 : Réglement du Magiſtrat de *Lille* du 22 Mars 1718 : Ordonnance de l'Intendant du 14 Août 1719 & 26 Août 1727.

Anciennement il y avoit une Manufacture de draps à *Arras*. Les laines du Pays de qualité beaucoup inférieure à celle que l'on efpere récolter aujourd'hui, jointes avec celles qui s'importoient d'*Angleterre* ou de l'*Efpagne*, en formoient les matiéres premiéres. Cette Manufacture ne feroit-elle pas facile à rétablir, ſi les Etats la défiroient ? Pour réuſſir à ce rétabliſſement, il faut, ce me femble, avant de le permettre : 1°. Que les Etats accordent

quelque encouragement aux Fabriquans qui
fe préfenteront (*a*) : 2°. Qu'on oblige en
conféquence ces Fabriquans de prendre des
Ouvriers dans les Hôpitaux , pour les former
dans ces fabrications : 3°. Que la Société
juge des quantités & qualités des matiéres
à employer , de la qualité de l'étoffe , qui
feroit propre & utile aux habitans , & de
celle qui feroit convenable à l'exportation , s'il
s'en peut établir : 4°. Que cette même Société
prenne pour lors des modeles de draps à fabriquer , foit dans ceux d'*Elbeuf* , de *Louviers* ,
de *van-Robes* d'*Abbeville* , de *Rouen* , de *Darnetal* ,
de *Diépe* , de *Saftes* , de *Remorantin* , de *Châ-*
teauroux , de *Bourges* , d'*Iffoudun* , d'*Aubigny* ,
de *Vierzon* , de *Saint-Genoux* , de *Loan* , de
Sabrey , de *Seigneley* , de *Saint-Lubin* , de *Gifors* ,
de *Dreux* , de *Vire* , de *Dampiere* , de *Corville* ,
de *Bleuy* , d'*Argentan* , de *Couché* , de *Valogne* ,
de *Cherbourg* , de *Verneuil-au-Perche* , de *Senlis* ,
de *Soiffons* , de *Meaux* , de *Lify* , de *Méru* , de
Beauvais , de *Château-Renaud* , de *Clermont* , de
Fourcarmont , d'*Ancenis* , de *Gamaches* , de *Sédan* ,
d'*Auchy-le-Château* , foit , enfin , dans ceux de
Lodeve , de *Carcaffonne* , &c. : 5°. Enfin , on fe
conformeroit le mieux poffible à tous les Réglemens rendus pour la fabrication de ces
étoffes , entr'autres à ceux du 13 Août 1669 ,
de foixante-cinq articles , aux autres du même
mois & année , & à ceux portés par la Déclaration du 17 Août 1704 , aux Arrêts & Réglemens des 22 Décembre 1703, 13 Janvier 1705 ,
qui ordonnent de plomber les draps au lieu

____

(*a*) La Bretagne femble difpofée à accorder ces faveurs.
Voyez pag. 254 des Obfervations de la Société.

de mettre les noms des Fabriquans, aux autres Arrêts, Statuts & Réglemens des 13 Septembre 1669, 30 Septembre, 16 Juin 1688, 1 Juin 1700, 19 Février 1671, 3 Octobre 1689, 18 Septembre 1673, 5 Février 1692, 7 Avril 1693, 3 Décembre 1697, 12 Février 1718, 13 Mai 1719, 30 Septembre 1666, 19 Septembre 1718, 25 Novembre 1724, 5 Juillet 1681, 27 Avril 1706, 8 Mai, 21 Août 1718, 9 Août 1721, 2 & 4 Février 1667, 11 Juillet 1720, 8 Juillet 1725, 30 Décembre 1719, 15 Janvier 1715, 17 Mai 1718, 24 Juin 1719, 18 Juin 1718, 1 Mars 1723, 23 Août 1701, 15 Mai 1676, 22 Octobre 1697, 20 Novembre 1608, 29 Janvier 1715, 1 Février 1716, 26 Octobre 1666 & du 11 Mars 1732, concernant la fabrication des draps, à moins que ces Réglemens ne soient contraires à la fabrication & au débouché de l'*Artois* ; car, si ce cas arrivoit, il seroit nécessaire de proposer d'autres Réglemens au Conseil.

On pourroit au surplus engager les Ouvriers de s'appliquer à ratiner ces draps, soit en façon d'*Angleterre*, de *Rouen*, de *Beaucaire*, ou de *Diépe*, pour en avoir un plus grand débit.

Pour encourager l'un & l'autre de ces Fabriquans, les Etats de la *Bretagne* viennent de leur accorder dix liv. par chaque pièce de drap, sur la proposition qui leur en été faite par MM. de la Société des Arts (*a*). Ceux de

---

(*a*) Voyez la Délibération du 10 Février 1757. art. 6. Mais les Fabriquans ne voulurent pas s'attacher aux imitations, sous différens prétextes rapportés pag. 30. du Corps d'Observations de la Société de cette Province ; ce qui n'aura pas lieu en Artois, si on exécute ce que j'ai proposé.

Languedoc en ont fait & continuent d'en faire de même.

En parvenant à ce rétablissement en *Artois*, on supprimeroit l'importation de l'immense quantité des draps d'*Angleterre*, de *Hollande* &c., qui y entre, ou par contrebande, ou autrement.

Il se trouve quelques-uns de ces Fabriquans dans différentes villes de l'*Artois* (*a*) ; mais leurs Manufactures étant des plus foibles, elles ne peuvent point arrêter l'importation frauduleuse des étoffes étrangéres.

Fabriquans de droguets & de pinchinats.

L'infériorité du prix de celles qui se fabriqueront par la suite, occasionné par l'encouragement que l'on ne peut refuser de donner à ces Fabriquans, par l'abondance & la bonne qualité des laines naturelles du Pays, &, enfin par le bas prix de la main-d'œuvre, pourront les retenir, les exciter à étendre ces Fabriques, & leur donner même envie de proposer des établissemens nouveaux : Il seroit à propos, l'un & l'autre cas arrivant, de leur donner à imiter des modeles d'*Angleterre*, de *Rouen* &c.

Les Réglemens auxquels il faut qu'ils se conforment, sont des 8 Juillet 1725, 22 Décembre 1703, 13 Janvier 1705 & 15 Août 1724 ; toujours en ce qui n'est pas contraire à l'extension de ces Manufactures, parce qu'ils se trouvent tels : Il faut en proposer d'autres.

En 1686 il s'étoit établi à *Saint-Omer* des Fabriquans de serges, façon de *Londres*, qui

Sergeteurs ou Faiseurs de serges drapées, non drapées, & dauphines, &c.

(*a*) Les Srs. *Ricouart*, *Hibon*, &c. qui sont établis à *Saint-Omer*.

auroient réuſſi s'ils avoient été ſoutenus, parce que les eaux y ſont convenables pour les apprêts. On pourroit donc réveiller cette Manufacture, & penſer à en former d'autres de ſerges drapées & non drapées dans quelques autres villes de la Province. On voit bien encore en *Artois* certains établiſſemens de ces Manufactures ; mais la fabrication en eſt vicieuſe & de peu de conſéquence.

On ſe procureroit, pour cet effet, des modeles de ſerges drapées, de celles fabriquées en *Angleterre*, à *Beauvais*, à *Sédan* ou à *Moicy*. De même, pour les autres qualités, des modeles d'*Angleterre*, de *Moicy*, de *Merlou*, de *Méru*, de *Sédan*, de *Méziéres*, de *Donchery*, de *Tricot*, de *Nantes*, de *Boclbucq* ou *Haute-Epine*, d'*Amiens*, d'*Aſcot*, de *Chartres*, de *Châlons*, d'*Ivre*, d'*Aumale*, de *Creve-cœur*, de *Blicourt*, de *Grandvillers*, de *Feuqueres*, de *Roie*, de *Ségovie*, d'*Orleans*, de *Neully*, de *Dreux*, de *Troye*, de *Rome*, & d'autres nommés *Dauphines*.

Encore des modeles de ſerges razes, façon de *Saint-Lo*, de *Génes*, d'*Agen*, de *Nîmes*, de *Caen*, de *Freſné*, de *Condé*, de *Falaiſe*, de *Signelay*, d'*Abbeville*, de *Rheims*, de *Gournay* &c. & enfin, on choiſiroit la façon de toutes ces étoffes, qui ſeroit la plus convenable à la conſommation & à l'utilité du Pays & à celles de l'Etranger ; ce qui feroit tomber indubitablement l'importation de ces marchandiſes étrangéres ; pour l'achat deſquelles, il ſort annuellement des ſommes exceſſives de la Province.

Les Réglemens ſont des 16 Décembre 1721,

19 Janvier & 26 Avril 1723 , 22 Juillet 1669 , 22 Décembre 1703 , 13 Janvier 1705 , 8 Avril 1700 , 9 Mai 1719 , 16 Janvier 1714 , 8 Avril 1718 , 4 Novembre 1698 , 3 Octobre 1716 , 25 Septembre 1677 , 31 Octobre 1718 , 13 Janvier 1721 , 22 Avril & 13 Août 1725 , 26 Février 1726 , 22 Juillet 1727 , 2 & 4 Février 1667 , 23 Août 1666 , 12 Septembre 1686 , 12 Juillet 1712 , 17 Mars 1717 , 7 Août 1718 , 22 Février & 18 Mars 1721 , 2 Août 1722 , 18 Décembre 1723 , 18 Novembre 1673 23 Août 1666 , 20 Février 1687 , 13 Mai 1698 , 27 Octobre 1687 , 25 Février 1698 & 19 Décembre 1713 , auxquels il faut se conformer ; & s'ils se trouvent préjudiciables au progrès des Manufactures , il faut que la Société en propose d'autres au Gouvernement.

Les Espagnols recherchent ces sortes d'étoffes : Comme ils n'en fabriquent pas chez eux & qu'ils les prennent communément en *Angleterre* , on pourroit entreprendre ce Commerce , & faire des échanges de celles qui peuvent se fabriquer en *Artois* avec les denrées de ces Etrangers , que leur pays fournit , & dont on a besoin. _{Fabriquans de bayettes , sempiternels ou perpétuannes & anacostes.}

Le Gouvernement a déja favorisé cette exportation par l'Arrêt du 14 Juillet 1703 , en supprimant tous les droits de sorties imposés sur cette sorte de marchandise , lesquels étoient considérables;& il les a réduit à dix sols du cent pesant. D'ailleurs , il s'en peut faire une grande consommation dans la Province , où ces étoffes sont importées par l'Etranger.

Les Réglemens sont du 24 Septembre 1670 , 5 Février 1671 , 22 Décembre 1703 & du 13

Janvier 1705 , qu'il faut exécuter s'ils ne font pas préjudiciables au débouché.

On ne fabrique plus de ces étoffes en *Artois* depuis la guerre de 1635 ; j'en ignore le motif : on pourroit cependant y installer des Fabriquans qui imiteroient les modeles dont je vais parler. On leur donneroit : 1°. De ceux des baracans d'*Angleterre* , de *Châlons* , de *Nogent-le-Rotrou* , d'*Anthoin* , de *Montmiral* , de *Bazoches* & de *Lude*.

2°. De ceux d'étamines du *Mans*, d'*Ancenis* (a) , & de *Rheims*.

3°. De ceux de camelots d'*Angleter re* & de *Lille*.

4°. De ceux de pluches & de pannes d'*Angleterre*, d'*Amiens*, de *Lille* & de *Rouen*.

5°. De ceux de frocs de *Lisieux* , & de *Bernay*.

6°. De ceux de tirtannes des mêmes lieux dont je viens de parler.

Et 7°. Enfin, de ceux de flanelle d'*Angleterre*.

Les Réglemens qui concernent ces fabrications, font des 22 Décembre 1703 , 13 Janvier 1705 , 12 Août 1719 , 26 Décembre 1718 , 16 Janvier 1717 , 5 Décembre 1716 , 17 Mars 1717 , 30 Août 1721 , 19 Novembre 1722 , 7 Mars 1724 , 7 Août 1718 , 6 Mars 1717 , 4 Février 1716 , 18 Avril 1719 , 4 Janvier 1701 & 13 Août 1727 , auxquels on doit

––––––––––––––––––

(a) Les Etats de Bretagne, par leur Délibération du 10 Février 1757 art. 8 ont encouragé cette fabrication, par une somme de 40 sols par piéce ; cet encouragement n'y a pas encore fait d'effet. Voyez pag. 34. du Corps d'Observations de la Société de cette Province.

fe conformer, s'ils ne font pas contraires au débouché.

On ne voit pas beaucoup de ces Fabriques en *Artois* ; il feroit cependant à propos d'en permettre l'établiffement de quelques-unes, pour les befoins des peuples. Ces étoffes fe fabriquent à *Beauvais*. *Fabriquans de petites étoffes de laines, tels que moletons, efpagnolettes &c.*

Les Etats de *Bretagne* ont encouragé (a) le Sr. *Macoulif* Fabriquant de ces fortes d'étoffes à *Nantes*, fous condition qu'il en fabriqueroit d'un goût nouveau & utile ; dans laquelle fabrication il n'employeroit que très-peu de laines étrangéres. On auroit pû fe procurer de cet Artifan des coupons pour fervir de modeles à ceux qui s'établiroient en *Artois*, fi cet établiffement avoit fubfifté (b).

Les Réglemens qui regardent ces Manufactures, font des 15 Décembre 1722, 16 Avril 1726, 22 Décembre 1703, 13 Janvier 1705, 22 Mars 1723, 19 Août 1718 & 8 Juin 1724, qu'il faut exécuter fous les conditions dont j'ai parlé.

Il fe fabrique des couvertures de laines en *Artois* ; mais ces établiffemens ne font pas affez étendus : on pourroit fe porter à les faire étendre, pour employer les laines inférieures du Pays. D'ailleurs, ces marchandifes peuvent être exportées pour les befoins des habitans des villes maritimes, voifines de l'*Artois*, & de celles du *Nord*. *Fabriquans de couvertures de laines.*

Par Délibération du 10 Février 1757, art.

(a) Voyez la Délibération du 10 Février 1757. art. 20.

(b) Voyez fur cet article, pag. 59 des Obfervations de la Société de cette Province.

4 , les Etats de *Bretagne* ont encouragé par des prix , un Fabriquant de ces couvertures ; ils vont même encore en faire inceſſamment autant pour un autre (*a*).

Les Réglemens à obſerver ſont du 30 Décembre 1710.

Fabriquans de draps de caſtois. Cette fabrication n'eſt pas connue ; on devroit la tenter , pour empêcher l'importation de ces étoffes : mais il réſultera l'inconvénient de tirer les matiéres premiéres de la Compagnie des Indes , ſi elle exiſte toujours.

Fabriquans d'étoffes compoſées. Suivant les expériences faites par M. *Marcandier* , concernant la préparation des lins & chanvres , dont j'ai parlé , il paroît que quelques Fabriquans pourroient inventer la fabrication d'étoffes , dans leſquelles ils employeroient les étoupes du chanvre , ſoit que l'on faſſe un mélange de ces fils avec de la laine , ſoit avec du poil , ſoit avec de la ſoye , ſoit avec du coton ; parce que , *dit-il* , ,, ces étoupes ,, étant cardées , filées & mêlées avec ces ,, autres matiéres premiéres , elles prendront ,, la propriété des matiéres , auxquelles on les ,, alliera.

On obſervera pour lors les mêmes Réglemens que j'ai déja indiqué , s'ils ne ſont pas contraires à cette fabrication.

(*a*) Ils ont procuré le logement gratis pour la manufacture, mais ils n'ont pas encore voulu accorder une certaine ſomme par chaque couverture ; parce que cet encouragement donné au Sr. *Lecocq de Konorvan* , en 1757, n'a pas eu le ſuccès que la Province devoit attendre ; mais il n'en auroit pas été de même de celle-ci, puiſque les Etats n'auroient donné qu'autant que l'on auroit exécuté. Voyez au ſurplus pag. 25. des Obſervations de la Société de cette Province.

On trouve différens moulins, foulons & Foulons-Calendreurs & Cylindreurs. différentes calandres en cette Province, qui se multiplieront vraifemblablement fuivant les befoins. Le Fabriquant portera l'œil aux opérations des ces *Artifans - Foulons*, ainfi qu'à ceux du cylindre & de la calandre, que l'on doit établir à l'inftar de ceux de *Paris*.

Il y a un Réglement qui les concerne, du 23 Août 1666, & un Arrêt du 7 Juillet 1716, qui défend la fortie de toutes étoffes de laines fans êtres paffées au foulon &c.

Dans les différens Hôpitaux de l'*Artois*, Brodeurs. on enfeigne à broder, foit en fil d'or & d'argent, foit en fil ou en foye, foit en fil de lin, foit, enfin, en fil de coton, ou fur mouffeline, fur étoffes de foyes, fur celles de coton, fur celles de batifte, ou, enfin, fur tapis pour tapifferies, fauteuils & autres ameublemens généralement quelconque. On copie les façons de *Hongrie* & de *Saxe*, fur le coton; mais on ignore les façons des *Gobelins* & de *Bruxelles*, fur les tapifferies.

L'*Inde*, l'*Allemagne*, la *Bretagne*, & les autres Provinces de *France*, ont fourni de ces broderies fur mouffelines, cotons & batiftes; mais les premiéres étoient les plus recherchées. En effet, quoique celles de l'*Inde* n'approchaffent pas de celles-ci, par la fineffe, par la netteté, par la variété des points, par le choix, & par l'élégance des deffeins, il fuffifoit qu'elles fuffent d'ouvrage étranger pour être défirées : Mais tous ces folides ouvrages n'ont plus de grands débouchés, depuis l'ufage de la dentelle ; c'eft un malheur auquel il n'eft prefque pas poffible de remédier, puifque notre foibleſſe & notre ambition nous laiſſe trop facilement captiver par les caprices de la mode, toujours très-bizarres. Cependant pour favoriſer la foible exportation & la conſommation intérieure des broderies qu'on peut fabriquer en *Artois*, il convient, ce me ſemble, qu'il ſoit impoſé de plus forts droits d'entrées ſur celles étrangéres, & ſur les toiles de coton, unies ou brodées, provenant de la Compagnie des Indes ; peut-être l'obtiendra-t'on du Gouvernement.

Il y avoit anciennement une Manufacture de tapiſſerie à *Arras* qui étoit très-étendue : J'ignore le motif de ſa chûte. Comme il s'agiroit de la mieux étayer, ſi l'on jugeoit ſon rétabliſſement convenable, on devroit avant tout, chercher à le découvrir. Les Ouvriers ſeroient excités à imiter les façons de *Flandre* ou des *Gobelins* (a).

En 1686 il s'étoit également établi à *Saint-Omer* une Manufacture de mouquette ou moucade qui avoit réuſſi ; mais elle n'a pas été mieux ſoutenue que la précédente. Il ſeroit peut-être aiſé de la rétablir.

On engageroit encore les *Tapiſſiers*, qui ſont en petit nombre en *Artois*, de travailler à différentes eſpèces de tapiſſeries, de tapis &c., ſoit en cuir doré & argenté, en toile cirée, unie & figurée, en toile peinte, unie & figurée, en tontiſſe (b) & en tous autres

______

(a) On voit encore de ces tapiſſeries dans différentes Villes, même en Turquie.

(b) Ces tapiſſeries ſont de toiles peintes, & figurées avec des tontes de draps ; elles imitent les damas & les velours cizelés.

genres (*a*) , afin de fupprimer ces importations.

Autrefois ces Artifans formoient fix Corps ; ils ont été réunis en un feul , par Arrêt de 1636.

Les Statuts des *Brodeurs* de *Paris* , font de l'année 1648 , & leurs Réglemens du 23 Août 1666 ; Ordonnance de l'Intendant de *Lille* du 14 Août 1719 & Arrêt du 29 Juillet 1721 , qu'il faut exécuter. L'Edit de Mars 1700 profcrivit la fabrication de ces ouvrages ; il auroit été peut-être à fouhaiter que le Gouvernement n'y eût pas dérogé.

Il conviendroit de rechercher les caufes de la chûte des Manufactures de foye , qui étoient anciennement établies à *Arras* , ainfi que les moyens de les relever.

Ces Fabriquans gagneroient du moins les bénéfices de la main-d'œuvre , que j'eftime toujours être un avantage. On tireroit des Ouvriers , ou de *Lyon* , ou de *Lille* , ou de *Tours* , ou , enfin , de *Paris* , qui pourroient fabriquer des petites étoffes utiles aux habitans du Pays , & même à ceux des Provinces voifines. Je ne ferois pas d'avis que l'on confente de laiffer fabriquer des étoffes d'or & d'argent , des damas , des razs de différens endroits , & d'autres étoffes de foye de la premiere qualité : car , il eft bien certain qu'il en coûteroit infiniment à des Fabriquans , pour y faire ces fabrications ; d'ailleurs , la confommation n'y feroit pas fort confidérable.

On pourroit encore fabriquer des étoffes

(*a*) L'Ecole du Deffein inftruira ces Artifans des goûts modernes pour ces fabrications.

compofées de foye , de lin & de chanvre , (ces deux derniéres matiéres préparées fuivant la nouvelle méthode) enfin , telles qu'il s'en fabrique à *Paris* , à *Limoges* , à *Rouen* , à *Lille* & en *Bretagne*.

Il fe trouve différentes Fabriques à *Paris* , à *Lyon* & à *Lille* , de galon d'or & d'argent , de boutons , de rubans & de paffements (*a*) , ou pour livrées , ou pour autres ufages , de toutes efpèces & couleurs , des treffes , de la chenille , des fouci-d'Haneton , des cordon- nets , des franges & des houpes , foit en foye , foit en or & argent , foit en coton & en fil , fimples , mêlés , &c. on les importe de ces lieux dans l'*Artois*. Ne pourroit-on pas en établir également dans cette Province , où on y voit déja quelques-uns de ces Ouvriers , entr'autres à *Saint-Omer* (*b*) & à *Arras* , qu'on doit encou- rager ?

On pourroit engager ces mêmes Fabriquans à fabriquer des gazes & des marlis de toutes efpèces , qu'on tire journellement de l'*Ifle-de- France*.

Les Réglemens qui regardent ces fabrica- tions , font des 19 Avril 1667 , 8 Avril 1666 , 9 Juillet 1667 , 2 Novembre 1700 , 26 Décem- bre 1702 , 4 Décembre 1725 , 3 Mai 1667 , Septembre 1682 , 15 Avril 1713 & 3 Octobre 1716 , que l'on doit exécuter.

(*a*) Ces fabrications avoient été défendues par Dé- claration des 12 Août & Décembre 1644 , & encore par Edit de Mars 1700 ; mais elles ont été permifes enfuite.

(*b*) Le nommé *Bonnel* & autres.

Il y a de ces Fabriquans dans les environs de Saint-Omer, d'*Hesdin*, de *Saint-Paul*, de *Fruges* & dans bien d'autres endroits de la Province, qui font des bonnets, des gants, des bas, des chaussons, des guêtres & des mitaines, soit au métier, soit au tricot, unis, à côtes, drapés, à desseins & à bigarures. On devroit en augmenter le nombre ; car, ces petites Fabriques ne font pas assez étendues pour servir les débouchés de l'exportation, qui paroît assurée pour la *Flandre*, le *Nord* &c. Cela feroit très-aisé, en obligeant les Fabriquans de se déplacer & d'habiter chaque ville où il n'y en auroit point, ou bien peu.

> Bonnetiers-Faiseurs de bas & d'étoffes d'ouate.

On les engageroit ensuite à travailler en soye, en laine, en coton, en fil, en castor & en filoselle, en ouate &c. Cette extenfion de Fabriques supprimera une importation confidérable de bas de soye & de laine, que l'on tire des Provinces méridionales du Royaume, de *Paris*, de *Champagne* &c.

Ces Fabriquans font établis en différentes villes, par Déclaration du 18 Février 1720 & par Arrêt du Conseil du 29 Mars 1729 (a).

Les Statuts font de 1672, confirmés par Déclaration & Arrêt du même jour ; les Réglemens font des 30 Mars 1700, 17 Mai 1701 & 1608, des 25 Août 1710, 30 Août, 3 Octobre, 19 Décembre 1716, 12 Juillet 1717, 6 Mars 1719, 11 Août & 22 Novembre 1720, 3 Juillet & 27 Novembre 1721, 6 Septembre

---

(a) La Bretagne veut encourager ces établiffemens chez elle. Voyez pag. 252. & 263. des Obfervations de fa Société.

1723, 25 Avril 1724, 12 Janvier 1684 ; Lettres Patentes de 1664, 1666 & 1685, & Arrêt du 19 Juillet 1673, desquels Réglemens on pourra prendre les plus convenables à la fabrication qui se pourra faire en *Artois*.

.Par Édit de Mars 1708, il avoit été créé des droits de marque attribués aux Offices de *Visiteurs-Marqueurs* des bonneteries, créés par le même Édit ; mais ces droits ont été supprimés par Arrêt du 7 Octobre 1710, & par un autre du 18 Novembre de la même année, lequel Arrêt est rendu en interprétation du précédent.

Tisserands en toiles unies, en batistes & en linons. Il y a quelques Manufactures de toiles toilettes ou cambrais, & de batiste-linons près de *Bethune*, la *Gorgue* & *Bapaume*, ces toiles n'approchent pas à beaucoup près celles des Fabriques de *Harlem* en *Hollande*, qui font extrêmement fines, très-unies, très-ferrées & très-fermes, celles de *Menin*, de *Courtray*, d'*Ats*, d'*Oudenarde* & de *Bilfelt* en *Westphalie* : de même, les batistes de l'*Artois*, n'assimilent en rien à celles de *Cambray* & de *Saint-Quentin*.

Au moyen de la nouvelle préparation du lin, & d'un encouragement donné aux Fabriquans, qu'il est nécessaire de multiplier dans cette Province, on pourroit espérer qu'elles approcheroient de beaucoup, pour ne pas dire équivaudroient, les toiles, toilettes & batistes de ces villes, desquelles il leur seroit fourni des modeles.

C'est de cette façon que les *Anglois* ont étendu & perfectionné depuis quelques années ces sortes de Manufactures & ces sortes de toiles, surtout celles qui existent & qui se fabriquent

dans

dans les Provinces d'*Irlande.* Les Etats de *Bretagne* par leur Délibération du 10 Février 1757, art. 2. se sont volontiers portés aux mêmes objets (*a*); il est donc nécessaire de s'y porter également en *Artois.* En effet, ces Manufactures sont celles qui méritent toute l'attention de la Société, parce qu'elles sont les plus considérables, & celles qui doivent le plus s'étendre dans cette Province.

Il est vrai que jusqu'à présent la consommation des mousselines de la Compagnie des Indes a été très-nuisible à ces Manufactures de batistes; mais on n'y peut remédier tant que cette Compagnie existera.

Un Curé de *Bretagne* a inventé un métier à deux navettes; les Etats de cette Province, par l'art. 7. de leur Délibération, en ont reconnu l'utilité, & en ont en conséquence ordonné l'usage; il seroit à propos de le faire connoître également aux Tisserands de l'*Artois*, pour les engager de s'en servir, puisque l'on en peut tirer de si grands avantages (*b*).

Les Statuts & Réglemens de ces Artisans, sont du 24 Décembre 1701, pour la *Normandie*, des 9 Mai 1719, 14 Août 1676, 24 Décembre 1701, 7 Avril 1693, 22 Février 1722, 27 Juin 1676, 7 Avril 1602, 16 Décembre 1719 & du 12 Septembre 1729, pour différentes autres fabriques. On puisera

---

(*a*) Ces fabrications y ont réussi. Voyez pag. 18 du Corps d'Observations de leur Société.

(*b*) L'expérience en a été faite de nouveau en Bretagne, & a réussi. Voyez pag. 31. du Corps d'Observations de la Société de cette Province.

T

dans ces Réglemens, ceux qui paroîtront convenables à fuivre en *Artois*.

Par Arrêt du 3 Mars 1749, rendu fur l'avis des Députés du Commerce, il eft ordonné aux Fabriquans de ces toiles & toilettes, d'appofer à leurs toiles, les marques de leurs noms, furnoms & demeures ; ce qui avoit été négligé d'être fait en exécution de l'Arrêt du 16 Mai 1737, & cette formalité a été rétablie pour éviter les fraudes qui fe commettoient journellement par les Marchands, en fe fervant d'une empreinte de fabriques renommées.

Tifferands de toiles ouvrées & à carreaux, & de mouchoirs de fil, &c. Les fabriques des toiles, qui fe touvent en *Artois*, font bien peu confidérables, & leur qualité eft des plus commune ; cependant on peut perfectionner la fabrication de ces fortes de toiles, ou pour ferviettes ou pour autres linges : On tirera pour cet effet des modeles d'*Oudenarde*, d'*Ats* & de *Courtray*, foit damaffé, foit autrement ; ces derniéres toiles ne différent en rien de celles de *Saxe* (a).

Il entre du chanvre dans ces fabrications ; & comme l'on eft parvenu à le préparer parfaitement il n'eft pas douteux que ces toiles-ferviettes & autres étoffes, excéderont la qualité de celles étrangéres.

On pourra encore fabriquer des coutis de toutes efpèces & couleurs (b), en imitant ceux de *Hollande* & de *France* ; comme auffi l'on devroit faire des effais de fabrications de

---

(a) La Société de Bretagne voudroit faire former de ces établiffemens. Voyez pag. 246. de leurs Obfervations.

(b) Cette même Société voudroit cet établiffement. Voyez pag. *ibid*.

toiles de purs chanvres. M. *Marcandier* en
affure la bonne qualité, parce que, *dit-il*,
» les chanvres préparés fuivant fa méthode,
» ont le fil blanc, doux, fouple, foyeux,
» fin & moëlleux; ils peuvent même être
» employés, *ajoûte-t'il*, fans être filés, ni
» peignés, d'où il doit réfulter que les toi-
» les en feront plus faciles à blanchir.

Je ne crois pas qu'il y ait des Réglemens
bien étendus fur cette fabrication; on devra
en propofer.

Les toiles cholettes & à carreaux, fe fabriquent à *Rouen* & en *Bretagne*; on pourroit
s'en procurer des échantillons pour modeles,
fi l'on admet cette fabrication en *Artois*. (*a*).

On a donné des Réglemens fur celles-ci,
en date du 7 Août 1718, & du 21 Mars
1720.

Quant aux mouchoirs de fil & de coton,
il eft étonnant que l'on ne s'y foit pas attaché
depuis bien longtems, eu égard à l'importation confidérable qu'on pouvoit fupprimer;
on fabriquera de ces mouchoirs à l'inftar de
ceux des fabriques de *Siléfie*, de *Tournay*, de
Rouen, de *Rennes*, &c. & on placera ces Manufactures dans les différentes villes, pour
fvori fer les débouchés.

Les Etats de *Bretagne* art. 27. de leur Délibération du 10 Février 1757, ont encouragé de
pareilles Manufactures.

Les toiles, appellées *noyales*, que les habitans de l'*Artois* & les Armateurs des ports

Tisserands
de toiles à
voiles.

______

(*a*) Voyez ce que la Société de Bretagne dit fur cet
article pag. 250. de fes Obfervations.

T ij

maritimes de son voisinage , tirent mal à-propos de *Bretagne*, peuvent se fabriquer également en *Artois*; il est aisé de s'en procurer des modeles de *Bretagne* (a), & même de les surpasser , attendu la bonne qualité du chanvre (b) , & des lins de cette premiére Province.

Les Réglemens qui concernent cette fabrication , sont du premier Février 1724.

Tisserands de toiles de coton.

En vertu de l'Arrêt & Lettres-Patentes du 5 Septembre 1759, & autres rendus en conséquence , il est permis d'établir des fabriques de toiles de coton, propres à être peintes ; il s'en trouve déja d'établies dans les Provinces de *Normandie*, de *Beaujollois*, de *Forest*, de *Champagne*, &c. que l'on connoissoit sous le nom de grosse mousseline, siamoise unie & brodée, guingamp, cotonade, basin, futaine, fleuret & blancard.

On pourroit élever de ces Manufactures en *Artois*, de toutes espèces, & supprimer cette importation , qui est très-considérable ; on prendroit pour cet effet, des modeles à *Rouen*, à *Troyes* & en *Hollande*.

Les Réglemens pour ces fabrications, sont de 1598, 4 Janvier 1701, 9 Mai 1692, 22 Juillet 1669, Août 1669, 18 Novembre 1673, 4 Janvier & 12 Mai 1716, 8 Mai 1717, premier Janvier 1690 de vingt-deux articles ;

(a) Voyez pag. 8. du Corps d'Observations de la Société de Bretagne ; cette fabrication est encouragée.

(b) » Les toiles fabriquées avec le chanvre, suivant » la nouvelle préparation, seront moins roides & moins » pesantes. M. *Marcanuier*.

9 Mai 1719, 5 Juillet 1681, 7 Août 1718 &
21 Mars 1720, qu'il faut obſerver, s'ils ne
ſont pas contraires aux débouchés de l'*Artois.*

Cet art a été porté à un certain degré de
perfection ; peut-être s'en trouvera-t'il encore
quelque partie qui ſera ſuſceptible d'un degré
ſupérieur ; la pratique & le tems ſont les uni-
ques moyens pour les découvrir.

Le Sr. *Ricouart* de *Saint-Omer*, a un ſecret
tout particulier pour teindre en noir ; & toutes les étoffes qu'il fabrique & qu'il teint,
ſont infiniment recherchées : Il faudroit donc
l'encourager, pour l'engager à s'appliquer également à la teinture de toute autre couleur. Si
ce Fabriquant obtient des faveurs, l'on doit
néceſſairement en accorder autant à tous les
autres *Teinturiers* qui ſe trouvent dans les villes
de cette Province, & l'on doit au ſurplus les
engager à former des Eléves pour en augmenter le nombre.

Suivant les expériences reconnues, les eaux
de la petite riviére qui traverſe *Arras*, appellée
vulgairement *le Crinchon*, ſont très-propres
pour la teinture ; peut être les trouveroit-on
convenables pour l'écarlatte, qui ſe teint
ſi bien à *Paris*, avec les eaux de celle des
Gobelins.

Juſqu'à préſent l'on avoit ignoré la méthode de teindre le fil de lin (*a*) & de chanvre ; on les tiroit toujours de *Rennes*, où on

---

(*a*) Cette Manufacture eſt tombée en Bretagne. Voyez
pag. 10. du Corps d'Obſervations de cette Province.

> Teinturiers des 3 teints, ſoit d'étoffes, de rubans de laines, de ſoyes, de fil de coton, de lin & de chanvres, & des fils de mêmes matiéres.

les teint parfaitement ; les mêmes qualités de fils de toutes couleurs , se tiroient de *Lille* , & les bleus de *Bruges* ; s'il se trouve des eaux propres pour ces teintures en *Artois* , ne doit-on pas en profiter pour supprimer ces importations ?

M. *Marcandier* veut que ses chanvres prennent les plus belles couleurs.

Le coton se tiroit autrefois, teint en rouge, de la *Resse* & d'*Andrinople* ; on a bien-tôt après trouvé à *Leyde* , l'ingrédient dont les Levantins se servoient , & les *Hollandois* ont parfaitement bien réussi dans cette teinture ; on en a même fait autant à *Darnétal* près de *Rouen* ; & on parviendroit également à le teindre en cette Province. On teindroit pareillement en cette couleur, le fil de lin & de chanvre (a).

M. *Hellot* a donné un Traité sur l'art de la teinture, qui instruit infiniment ; on devroit y avoir recours. Le Gouvernement a rendu différens Réglemens sur cette fabrication ; qu'on ne peut s'empêcher de suivre. Ils sont d'Août 1667, contenant quatre-vingt dix-huit articles, du 3 Août 1671 , 28 Mai 1669, concernant les draps ; 9 Juillet 1667, pour les serges ; 28 Mai 1718, 9 Mai 1719, 20 Janvier 1722, 10 Mai 1724 , 19 Janvier 1723, 30 Janvier & 5 Juin 1725, 18 Mars 1671 , pour les étoffes non passées aux foulons, comme étamines & petites étoffes ; du

____

(a) Voyez pag. 204. des Observations de la Société de Bretagne ; ils n'ont pû attirer chez eux un Artiste qui avoit ce secret.

3 Août 1671 , pour les fils & les laines , 22
Mai , 14 Décembre 1723 , pour les baracans ;
9 Avril 1726 , pour le noir ; autres des 18
Avril 1713 , 13 Août 1725 , premier Février
1727 & 25 Juin 1709 , pour les toiles de fil
& de coton; 3 Novembre 1715 , pour les foyes,
les fils & cotons , & 16 Octobre 1717. pour la
bonneterie.

Le même Gouvernement a défendu par
Arrêt du 7 Juillet 1716 , la fortie des étoffes
du Royaume , fans être en couleur. On doit
exécuter cet Arrêt.

Ces Artifans trouveront aujourd'hui bien
des teintures dans la Province , & ils s'abf-
tiendront de fe fervir de moulée de *Taillandiers* , d'*Emouleurs* , de vieux fommail , (*qui
eft , ce qui a fervi à paffer le maroquin*) , & de la
limaille de fer ou de cuivre ; parce que l'emploi de ces denrées eft défendu pas les précé-
dents Réglemens.

Les *Blanchiffeurs* de *Harlem* en *Hollande* Blanchiffeurs
blanchiffent parfaitement les toiles : en effet , des différen-
ces toiles ont une blancheur éblouiffante ; fils.
différentes perfonnes en attribuent la caufe à
la propriété des cendres gravelées de *Mofcovie* ,
& à l'eau des dunes , qui , en fe filtrant à travers
le fable , obtient une qualité plus propre pour
le blanchiffage. Il feroit tout à fait aifé de
fe procurer des gravelées de ce Pays ; mais
pour l'eau , il n'en fera pas de même. Cependant , je penfe qu'en paffant une belle eau de
fontaine ou de riviére à travers le fable , dont
il fe trouve des quantités en *Artois* , ces
blancheries égaleront , ou du moins , appro-
cheront celles dont je viens de parler.

Les toiles de *Bretagne* (*a*) , du *Maine* , de *Menin* , d'*Ypres* , de *Gand* , d'*Ath* & d'*Oudenarde* , font fort blanches ; mais cette blancheur n'approche pas celle des premiéres : néanmoins fi onl'atteignoit en *Artois*, on ne pourroit pas défefpérer d'avoir le débouché des toiles. Le grand fecret, d'ailleurs, eft de n'employer que des préparations qui ne fatiguent la toile que le moins poffible ; & c'eft avec raifon que, par l'Arrêt du 23 Septembre 1710, le Gouvernement a défendu de fe fervir de fel ou de cendre de verre de *Lorraine* , vulgairement appellée *drogue* , pour blanchir les toiles.

Les *Blanchiffeurs* de toiles font en petit nombre près de *Saint-Omer* , de *Bethune* , d'*Arras* , d'*Hefdin* & de *Lille* , & ce peu d'Ouvriers n'eft pas employé, non, par le défaut des eaux & des prairies convenables , mais par celui de capacité. On devroit appeller des Ouvriers étrangers , s'il le faut, foit de *Menin* , foit d'*Ypres* , &c. pour les enfeigner & les augmenter ; on éviteroit par ce moyen de fortir les toiles de la Province, pour les faire blanchir , & on éviteroit encore d'en tirer de blanchies de la *Flandre* , &c.

Ces Artifans pourront également blanchir toutes fortes de fils fins & autres , torts ou non torts : comme auffi plier ces toiles à l'inftar des platilles de *Siléfie*. La Société de *Bretagne* en a reconnu l'utilité (*b*).

Les Réglemens , concernant les *blancheries*

(*a*) Voyez ce que la Société de Bretagne penfe fur cet objet, pag. 208. de fes Obfervations.
(*b*) Voyez pag. 209, de fes Obfervations,

ou *blanchifferies*, font des 20 Fevrier, 24 Août 1717 & 9 Mai 1728, auxquels on doit fe conformer en ce qu'ils ne feront pas contraires au débouché de l'*Artois*.

M. *Marcandier* a traité du blanchiffage des chanvres : on doit fe procurer fes Mémoires pour faire ufage de fa méthode, qui me paroît auffi précieufe que celle de fa préparation.

Depuis fort long-temps on a confommé beaucoup d'indienne en *Artois* ; on les y importoit par fraude, & on en toléroit l'ufage. Non-feulement le goût & le bon marché de ces toiles peintes étrangéres, étoient le fujet de la préférence que donnoient, comme donnent encore, les habitans de l'*Artois* à cette confommation, plûtôt qu'à celle des petites étoffes des Provinces voifines de celle-ci, foit pour les habillemens, foit pour les meubles, mais c'étoit auffi, 1°. l'agrément de fçavoir ces étoffes à l'abri des attaques de vers ; 2°. de pouvoir leur donner leur premier luftre, après les avoir favonnées, & 3°. enfin, de pouvoir les porter dans toutes les faifons.

Fabriquans
de perles &
d'indiennes,
ou toiles
peintes.

On tire ces étoffes de la *Hollande*, de la *Suiffe* & de l'*Angleterre*, par le Port de *Dunkerque* : mais cette importation, quoique préfentement tolérée en payant des droits, pourra fe fupprimer.

Le Gouvernement vient de permettre ces fabrications en *France*, par Arrêt & Lettres Patentes du 5 Février 1759, tant fur les toiles de coton (*a*) que fur celles de fils de lin &

(*a*) Il eft défendu par Arrêt du 24 Décembre 1701, d'imprimer fur les toiles de coton, appellées *fiamoifes*, ou autres compofées de coton & fleuret de foye.

de chanvre. On peut donc établir de ces Fabriques (*a*), qui, assurément, ne préjudicieront pas à celles des autres étoffes que j'ai proposé, parce que; 1°. ces étoffes se vendront presque aussi bon marché que ces indiennes, & 2°. l'on sçait que la durée de ces premières étoffes est plus longue que celle de ces dernières ; mais, qui préjudicieront au contraire à l'importation dont j'ai parlé, parce que le bas prix de la main-d'œuvre & l'exemption des droits & frais de celles-ci, leur donneront une valeur inférieure à celles étrangères.

Si ces établissemens ont lieu, ces nouveaux Fabriquans pourront se modeler sur les indiennes d'*Hollande*, &c. & ils en pourront rendre les desseins plus agréables au goût du Consommateur Artésien.

Chapeliers. Beaucoup de ces Artisans sont établis dans les différentes villes de l'*Artois*; mais ils y fabriquent de très-mauvais chapeaux & bonnets de feutres. On devroit les encourager d'atteindre à la perfection de ces ouvrages, afin d'éviter l'importation considérable de chapeaux étrangers, qui se fait dans cette Province, soit par contrebande, soit autre-

---

(*a*) Les Etats de Bretagne, par leur Délibération du 10 Février 1757, art. 10. ont encouragé la fabrication des toiles peintes, façon de *Silésie*; ils avoient en conséquence, chargé leur Procureur-Général en Cour, d'en obtenir la permission; ce qu'ils ont obtenu par l'Arrêt du 5 Septembre 1759. Voyez ce qui est exécuté à ce sujet, pag. 34. du Corps d'Observations de la Société de cette Province.

ment ; & , au contraire , afin d'établir une exportation de ceux de leurs Fabriques *(a)*.

Comme ils auront aujourd'hui des matiéres premiéres de toutes espèces & propres à toutes fabrications , ils pourront fabriquer des chapeaux de castors, ou double ou demi, des chapeaux de vigogne , des chapeaux de laine ou de soye , des caudebecs & d'autres qualités & natures.

Les Statuts auxquels ces Artisans doivent se conformer , sont d'Avril 1690 & d'Août 1700 ; & pour la teinture ils ont un Réglement du 18 Mars 1671 , depuis l'art. 242 , jusques & compris 255.

Il a été créé des droits de visite sur ces marchandises , par Arrêt du 4 Août 1688 ; mais ils ont été supprimés par Déclaration du 20 Décembre 1701 : on a laissé seulement subsister un impôt d'entrée sur les chapeaux d'*Angleterre* & d'autres *Endroits*.

Le peu de Fabriques de dentelles établies à *Arras* , sont fort peu considérables ; & dans les autres villes ce sont des particulieres & les filles des hôpitaux qui travaillent à cette fabrication ; mais elle n'est pas plus considérable que la premiére.

Fabricans de dentelles.

Puisque le goût actuel est de faire usage de ces marchandises , on devroit encourager ces

---

(a) Les Etats de Bretagne ont encouragé cet objet par leur Délibération du 10 Février 1757 , art. 11. mais on n'y pourra réussir tant que la Compagnie des Indes existera. Voyez pag. 39. du Corps d'Observations de la Société de cette Povince.

Artifans d'étendre ces Fabriques , & permettre l'établiffement que d'autres perfonnes fe propoferoient de faire dans les autres villes. Ces Fabriquans imiteroient les dentelles de *Valencienne* , de *Bruxelles* , de *Malines* , d'*Ypres* , d'*Alençon* , de *Perpignan* &c.

Les fils que l'on fileroit en *Artois* feroient fûrement propres à cet emploi , & par la qualité , & par la fabrication.

Ces mêmes Fabriquans pourroient auffi travailler en foye & imiter les blondes de toutes efpèces & couleurs , qui fe fabriquent en *France* , afin de fupprimer l'une & l'autre de ces importations , & , parvenir au contraire , à l'exportation de la première marchandife.

Fabricans d'huile. On fait plufieurs fabrications d'huile en *Artois*. Les moulins propres à ce travail , **y** font en quantité fuffifante : avantage que la *Bretagne* n'a point (*a*) !

Huile de colfat. L'ufage eft d'exprimer cette huile de la graine de colfat ; elle fert de matière première aux Manufactures (*b*) , ainfi que celles ci-après. Outre ces propriétés , les peuples en brûlent pour lumière , & il s'en fait une exportation confidérable.

Huile de lin & de chanvre. A l'égard de celles-ci , il en eft de même que de la précédente ; mais il ne s'en fabrique pas de fi grande quantité. L'augmentation qui pourra vraifemblablement s'en faire , au

---

(*a*) Voyez les Obfervations de fa Société pag. 169.

(*b*) On l'employe dans les Fabriques de favon noir, dans les moulins , pour la préparation des peaux , & l'on s'en fert encore pour la peinture , &c.

moyen d'une plus grande production des graines, en étendra le commerce intérieur.

Cette huile est inconnue en *Artois* : elle se fait avec la semence du hêtre, qui a les mêmes propriétés dont j'ai parlé, & particuliérement celle de convenir aux Horlogers. En effet, il a été démontré par des mémoires présentés à l'Académie Royale des Sciences, que cette huile a une propriété plus singuliére que celle d'olive, pour les pendules & les montres, parce qu'elle ne se fige pas lorsqu'il gele ; de façon que ces pendules & ces montres ne retardent ni n'avancent. Les Epiciers s'en servent aussi pour la mélanger avec l'huile d'olive, soit pour diminuer le prix de cette derniére, soit pour recueillir plus de bénéfice dans la vente, soit, enfin, pour en adoucir le goût, par la douceur de celle-ci.

Huile de feines.

Elle a les mêmes propriétés que celle de colsat, & elle est préférée par les Peintres.

Huile de noix.

Il est encore une infinité d'huiles, que les Chimistes composent, & qui sont propres à la médecine, peinture &c. C'est pourquoi je n'en parlerai pas.

Huiles en général.

La fabrication de toutes ces huiles de colsat, de lin, de chanvre & de navette, sera sans doute plus considérable aujourd'hui, ainsi que je l'ai dit. Mais un abus qui a préjudicié à ces Fabriquans, & qui peut continuer de leur préjudicier, (car bien des moulins restent par raport à cela en chaumage) c'est la facilité qu'ont les *Hollandois*, d'acheter en *Artois* les graines de ces denrées, pour les faire fabriquer dans le *Brabant* ou chez eux. Il est donc intéressant de supprimer cette exportation, ou, du moins, de ne la pas favoriſer, & de ſupprimer encore, autant qu'il ſe pourra, l'importation de leurs huiles de *Poiſſons*, parce que celles-ci peuvent y ſuppléer.

On a mis des impôts ſur les huiles, & il a été créé des Offices que j'ai rapporté dans ma ſeconde Partie, à l'article de l'huile d'olive.

Tourteaux. Les Fabriquans d'huiles fabriquent des *tourteaux* ou *pains*, avec le marc des graines des denrées, deſquelles on a exprimé l'huile. Partie de ces pains ſe conſomment dans le pays, & l'autre s'exporte dans la *Hollande* & dans la *Flandre*, où ils ſervent de nourriture aux vaches. Cette fabrication ſuivra néceſſairement l'augmentation de la premiére, & procurera de grands bénéfices.

Fabricans de ſavons. Le ſavon le plus en uſage en *Artois*, & qui s'exporte dans la *Flandre* &c., eſt celui appellé vulgairement *ƶiépe* ou *ſavon noir*. On ne connoît guéres celui de *Marſeille*, ni celui des autres Manufactures de *France*, pour ſavonner : auſſi reſte-t'il une odeur déſagréable dans le linge blanchi avec ce premier ſavon, qui peut nuire à la ſanté. Puiſque l'on ſçait que c'eſt l'odeur de l'huile de colſat qui fait cet effet, on devroit donc encourager ces Fabriquans (qu'il faudroit multiplier aujourd'hui) de chercher les moyens de la détruire.

On fabrique en *France*, ſur-tout à *Saint-Germain* & à *Saint-Denis* près *Paris*, des ſavons blancs & marbrés, avec des graiſſes de porcs, de moutons &c., vulgairement appellées *flambars*; ces ſavons imitent aſſez bien celui de *Marſeille*, qui ſe fait avec de l'huile d'olive; & ces Fabriquans ont trouvé le secret d'ôter la mauvaise odeur que ces graisses laissoient à ce savon. Si les Etats d'*Artois* sont dans l'intention d'attirer quelques-uns de ces Fabriquans dans leur Province, pour y fabriquer de ces mêmes marchandises, on préférera sûrement ce dernier à celui appellé *ziépe*, soit parce qu'il a plus de vertu & de propriété, ou soit, enfin, parce que le linge n'en prend pas de mauvaise odeur. Au surplus, je pense que l'établissement de ces derniéres Manufactures ne nuira, directement ni indirectement, en rien à la consommation de celui ordinaire, qu'il ne pourra, au contraire, que diminuer ou supprimer l'importation considérable de celui que l'on tire de *Marseille*, d'*Alicant* & de *Gênes* (a).

Ces derniers savons pourroient être également fabriqués en *Artois*, si on y trouvoit les huiles convenables, ce qui seroit à souhaiter.

Les meilleures soudes à employer, sont celles que l'on tire d'*Espagne* : on pourroit les mêlanger avec les autres.

On peut fabriquer encore de ces savons, façon de *Marseille*, avec des beurres salés : Le secret ne consiste qu'à les bien désaler ; ce qui est très-aisé par une détrempe peu tranquille & assez longue dans l'eau ordinaire, chaude. Les autres huiles de graines & de poissons, sont aussi propres que celle de colsat, pour les savons appellés *ziépes*.

M. *Marcandier* prétend que l'on peut fabriquer des savons avec des marons d'*Indes* : il

____

(a) C'est ce que desire la Bretagne. Voyez pag. 276. des Observations de sa Société.

leur donne la même propriété qu'aux huiles & denrées dont j'ai parlé ; mais la difficulté est d'avoir de ces fruits suffisamment en cette Province. D'ailleurs, si on en augmentoit la plantation, cette fabrication deviendroit très-coûteuse par les dépenses à faire pour les recueillir, &c.

Peigners, Tabletiers, Eventaillistes, Faiseurs de brosses, de pinceaux, de crayons, de fausses perles, de coliers de jais, & d'autres modes & quinquaille-ries. Il y a quelques-uns de ces Fabriquans en *Artois* ; mais ce commerce est bien peu étendu : on pourroit l'étendre en piquant ces Artisans d'émulation ; ils perfectionneroient d'autant plus leurs ouvrages, & en augmente-roient, même la fabrication, au moyen des gênes que l'on donneroit à l'importation. J'ai parlé dans ma seconde Partie de leurs matiéres premiéres.

L'Edit de Mars 1700 avoit défendu la fabri-cation d'aucune de ces marchandises ; mais depuis lors, elles ont été permises.

Armuriers & Fourbis-seurs. Il seroit à désirer que ces Artisans soient plus instruits qu'ils ne le font ; ils pourroient fabriquer, outre les armes des chasseurs du Pays,&c. celles que les troupes font contraintes de tirer des Manufactures de *Charleroy*, de *Charleville*, de *Maubeuge*, de *Salins* & du *Fo-rez*. Ils seroient au surplus mieux en état de les repasser, lorsqu'elles en auroient be-soin.

Les meilleurs canons de fusil, font ceux d'*Espagne*, parce qu'ils font faits avec des lames tortes, soit d'épées, soit de sabres : mais il est assez difficile de s'en procurer : Les plus faciles à faire venir, & qui sont bons, font ceux de *Sédan*, de *Maubeuge* & de *Charleville* ; quant à ceux du *Forez*, il faut toujours les

remettre

remettre à la forge, avant d'en pouvoir faire
ufage fans crainte d'accident.

Les lames d'épées & de fabres doivent être
tirées de *Salins* près de *Tréves*. Ces lames furpaffent toujours celles de *Forez*, par les mêmes
raifons que j'ai rapporté concernant les batteries & les canons de fufil. Les batteries, les
bois, &c. peuvent fe fabriquer en *Artois*.

Il n'eft pas douteux que tous ces Artifans,
une fois pouffés d'émulation par des encouragemens, parviendront à perfectionner leurs
ouvrages & en fabriqueront des quantités confidérables : Mais quels avantages pourront-ils
efpérer pour continuer cette perfection & ces
fabrications abondantes, s'ils ne font pas affurés d'un débouché avantageux, foit intérieur,
foit extérieur? J'ai déja propofé, dans ma feconde Partie, les moyens les plus propres pour
parvenir à ces buts. Il n'eft donc queftion préfentement que d'indiquer par quelle voye ce
débouché peut fe faire. On fçait que l'aifance
modique du Fabriquant ne lui permet pas
toujours de le faire par lui-même, qu'il
faut néceffairement qu'il fe ferve du canal
d'un autre Artifan, qui ne mérite pas moins
que lui, bien des confidérations, & peut-être
même les plus finguliéres : Mais cet Artifan a
befoin comme le premier de connoître les principes de fon Art. C'eft de cette Ecole dont je
dois parler.

DE L'ÉCOLE DU NÉGOCE
ET DU TRAFIC.

LE Roi ayant reconnu les bons effets que produiroit le Commerce en *France*, l'a cru digne de mériter une diſtinction parmi tous les Arts ; en conſéquence, par ſon Édit de 1669 il anoblit les Négocians en gros qui trafiquoient par mer (*a*), & par ſa Déclaration du 30 Décembre 1701, il permit à la Nobleſſe, à l'exception de celle en charge de Magiſtrature, d'exercer la profeſſion de *Commerçant*. Ces Édit & Déclaration étoient étayés ſur de profonds & de ſolides principes ; & il ſeroit en effet très à ſouhaiter que cette premiére claſſe de Citoyen adoptât le Commerce, & pour le ſoutien de leur famille, & pour celui de l'Etat.

Les écrits que différens Auteurs (*b*) ont déja publiés, non-ſeulement en prouvent l'utilité, mais ils tendent en même temps à engager les Nobles à s'y porter. Ces écrits ne furent malheureuſement pas écoutés ; un ſyſtême de préjugé a prévalu : on a méconnu la loi de la nature pour ſuivre l'uſage ; & avec cette inaction, & cette moleſſe, enfantées par l'ambition, dans leſquelles ces mortels croupiſſent, ils font tomber néceſſairement leurs deſ-

____

(*a*) Ce ſyſtême du Gouvernement ſubſiſte encore aujourd'hui ; Mr⸳. *Lecouteux*, *Banquier à Paris*, & autres, viennent d'en obtenir la faveur.

(*b*) L'Abbé *Coyer* & ſes Critiques.

cendans dans la mifere par la fuite des temps. Combien de fois n'arrive-t-il pas que ces derniers fe trouvent contraints d'embraffer des états les plus vils pour fe foulager dans leur indigence ? Nous connoiffons cependant les malheurs inféparables de cette chûte ; nous gémiffons de voir des preuves convaincantes de ces événemens funeftes, & nous n'ofons pas vaincre les préjugés de l'éducation, qui ne font que chiméres, pour reffentir tout le prix de l'aifance ! avantage fûrement fupérieur à celui de l'ambition !

Sans vouloir m'écarter plus long-temps de l'objet que je dois traiter, je reviens à propofer à la Société de procurer à ce *Négociant*, fi utile, toute la capacité qu'exige un tel état, pour le bien gérer & bien adminiftrer, c'eft-à-dire, avec honneur, probité & bénéfice. *Une Ecole de Négoce ou de Trafic* me femble être le moyen d'y parvenir (*a*).

Les jeunes perfonnes nobles, ou les autres, qui défireroient embraffer cette profeffion, y feroient inftruits : 1°. A connoître par la théorie toutes les qualités & les circonftances des chofes dont ils pourroient faire commerce, & enfuite s'acquérir par la pratique, avec facilité, auprès des Négocians inftruits, les connoiffances les plus parfaites.

2°. A connoître les monnoies, les ban-

______

(*a*) Les Freres des Ecoles Chrétiennes, ont ordinairement des Sujets propres pour donner des inftructions propres fur l'Arithmétique, les Changes, les Affurances & la façon de tenir les Livres, ou à partie double ou à partie fimple.

ques (*a*), les comptes (*b*), le credit (*c*), les affurances (*d*), les changes (*e*), les poids & les mefures étrangéres, les mots & termes qui font en ufage dans le Commerce, les affociations (*f*), les actions (*g*) & les lettres & papiers de Commerce (*h*).

3°. A fçavoir faire les écritures néceffaires, pour conduire le Commerce dans un ordre exact, qui en donne une parfaite connoiffance en tout temps (*i*).

(*a*) C'eft ce qui donne du reffort à la maffe des crédits, en ouvrant des dépôts à l'argent & à tous les papiers en général, qui fait ceffer l'ufure, qui fupplée au tranfport de l'efpèce, qui accélere la circulation de l'argent, & donne aux Etrangers le moyen de faire des fonds avec fûreté dans l'Etat.

(*b*) Le compte, eft une remife que l'on fait fur une lettre de change ou autres papiers, afin que le débiteur ou celui qui accepte l'effet, en avance le payement.

(*c*) Le crédit, eft la faculté qu'a un Particulier, d'emprunter, fur l'opinion qu'il donne de l'affurance du payement, fur des fûretés réelles & perfonnelles.

(*d*) Les affurances, font pour dédommager le Négociant de la valeur des cargaifons s'il vient à périr, &c.

(*e*) Les changes, font la variation des efpèces étrangeres.

(*f*) Les affociations, font pour trouver plus de fonds & de crédits, pour entreprendre des commerces confidérables; mais on ne doit pas admettre des priviléges exclufifs.

(*g*) Les actions, font pour fe procurer des fonds de différentes perfonnes, pour augmenter les capitaux de ces Compagnies, qui augmentent ou baiffent fuivant que les Compagnies ou Affociations ont pris faveur, ou perdu de crédit.

(*h*) Lettres de change ou billets au Porteur, &c.

(*i*) M. *de Laporte* a traité de cette fcience, & fon Livre a été publié en 1754. Il paroit encore un Ouvrage nouveau, intitulé, la *Science des Jeunes Négocians*.

4°. A obferver ponctuellement l'Ordonnance du mois de Mars 1673 ; le Tarif de Septembre 1664, concernant les droits d'entrées & de forties mis fur les marchandifes *(a)* ; l'Arrêt du 17 Avril 1704, qui défend l'entrée des épiceries venant d'*Hollande* & d'*Angleterre ;* mais qui fut permife après la guerre, (*car on ne fçauroit fe paffer de leurs épiceries;*) l'Ordonnance du 8 Fév. 1687, art. 6, qui défend l'exportation des lins en tiges chez l'Etranger ; l'Arrêt du 11 Mai 1700, qui défend aux *Négocians* & *Marchands* de vendre aux Orfèvres & autres, d'autres lingots, barres ou barretons, que ceux venant des pays étrangers, & qui en ordonne la marque fur peine portée par la Déclaration du 14 Décembre 1689, confirmée par Arrêt du 18 Avril 1790 & l'Edit de Mai 1699 ; l'Arrêt du 13 Juillet 1700, ceux des 12 Avril 1701, 12 Décembre 1702 & autres du 17 Fév. 1705, qui défendent de vendre les étoffes de pure foye, mêlées de foye, or & argent ou laine, toiles de coton, blanches, teintes ou peintes, venant des *Indes* & du *Levant,* (*qui font permifes aujourd'hui* ;) l'Arrêt du 20 Février 1725, qui défend de fortir les foyes du Royaume, teintes & propres à être fabriquées ; l'Arrêt du 10 Juin 1749, rendu fur l'avis des Députés du Commerce qui fait défenfe d'exporter des fils de lins, gris ou crûs & retorts, fans être teints ; l'Arrêt du 19 Juin 1703, portant permiffion d'entrer les toiles étrangéres, en payant

---

(a) M. *de Francheville* a traité de cette partie dans fon Livre intitulé : *Hiftoire des Droits d'Entrées & de Sorties.*

les droits de 1664 ; autre du 22 Mars 1692, portant augmentation de ces droits, (*qui ne font pas encore affez forts* ;) l'Arrêt du 19 Juin 1703, qui permet d'exporter par terre en temps de guerre, à *Dunkerque*, les toiles de voiles de *Bretagne*, appellées *noyales*, en payant 40 fols du cent (*a*) ; l'Arrêt du 21 Octobre 1704, qui veut que les pièces de 15 aunes de batifte & de cambrais, foient réduites à ne payer que 20 fols aulieu de 40 fols, en entrant en *France* (*b*) ; l'Arrêt du 3 Mars 1749, rendu fur l'avis des Députés du Commerce, qui ordonne aux Fabriquans de toiles & de toilettes d'appofer à ces toiles les marques de leurs noms, (*ce qui eft très-prudent* ;) l'Arrêt du 21 Mars 1705, qui permet de faire entrer en *France* les dentelles fabriquées en *Artois* & en *Flandre Françoife*, & les fils communs ou fins, en ne payant que 18 liv. de la livre pefant, (*ils ne devroient rien payer* ;) l'Arrêt du 11 Août 1702, qui défend d'entrer des marchandifes fabriquées en *Angleterre*, en *Ecoffe* & en *Irlande* ; l'Arrêt du 24 Décembre 1701, qui permet la fortie du Royaume fans droit, des draps, toiles, étoffes d'or & d'argent, rubans, fatins brochés ou non brochés, velours, fatins, & damas à fleurs d'or & d'argent, autres draps fans or ni argent, draps, toiles, velours, fatins, pannes, damas, taffetas, ferges, tapis, rubans & autres étoffes de

---

(*a*) On remédiera à cette importation, par l'établiffement de ces fortes de Manufactures en *Artois*.

(*b*) Il feroit à fouhaiter qu'ils n'en payaffent point du tout.

foye ; met un fimple droit fur les draps &
étoffes de fil, poil, ou laine mêlée de foye,
les draps & étoffes de laine ou de poil, ou
mêlées de laine & de fil, ou de laine & de
poil, les toiles de lin, les futaines & bafins,
les chapeaux de toutes fortes de qualités (*a*).
Faire faire attention que dans les temps de
guerre de 1702 & 1740, le Gouvernement
permit volontiers les droits de *tranfit* pour exporter ou importer les marchandifes, en pre-
nant des acquits à caution : on les inftruira
fur ce, des Arrêts du 6 Avril 1680 & 26 Mars
1749 ; & leur faire obferver, encore, l'Arrêt
du 13 Juin 1671, qui impofe différens droits
de forties & d'entrées fur les marchandifes
de la Province.

5°. Enfin, qu'ils conduifent le Commerce
avec beaucoup de probité, d'exactitude, d'ordre & de prudence, afin qu'il leur devienne
profitable & lucratif.

Ces nouveaux *Négocians* étant formés par
leur étude & leur pratique, & ayant des connoiffances entiéres & juftes, 1°. fur les matiéres
premiéres étrangéres néceffaires & propres, ou
pour alimenter les Manufactures de la Province, ou pour en établir d'utiles & avantageufes, 2°. fur les marchandifes dont on a befoin,
3°. fur celles qu'ils devront faire exporter dans
les pays où elles font défirées, feront fans nul
doute fur leurs négociations des bénéfices confidérables, & amafferont des richeffes, qui

---

(*a*) Cet Arrêt eft favorable au commerce, mais il le
feroit davantage, fi l'impôt laiffé fur certaines de ces
dernieres denrées, ne mettoit pas obftacle à la concurrence que l'on a à foutenir avec l'Etranger.

par une circulation abfolue , fe répandront
enfuite , dans la Province , & y procureront
l'abondance & l'aifance aux Artifans , &c.

Cette Ecole établie & ce Commerce ébranlé,
la Société ne doit pas perdre de vue la maxime
dont j'ai parlé, de ne permettre les fortunes
rapides, parce que leurs fuites font funeftes : en
effet , l'infortuné parvenu à la richeffe , fe
méconnoît, & en s'éblouiffant , il fe laiffe tomber dans la moleffe & dans la fénéantife , d'où
le plus fouvent, il fuggére à fes enfans les mêmes principes ; & de cet état d'inaction la décadence du Commerce s'enfuit néceffairement.

Je penfe que la concurrence pourra être un
frein à ces événemens ; & que l'on devra décidément la protéger.

Dans ce que je viens de dire , j'ai cherché
les moyens d'inftruire le Négociant des fonc-
tions & de la capacité qu'il doit exercer &
avoir ; il ne me refte donc plus que très-peu
de chofe à dire fur cet état.

DU NÉGOCIANT.

Les obftacles infurmontables dont j'ai déja
parlé dans le cours de cet Ouvrage , qui
s'oppoférent fans ceffe aux fpéculations &
aux entreprifes du peu de *Négocians* qu'il y
eut autrefois en *Artois*, ne font pas les feuls
motifs de leur chûte ; le défaut de pratique ,
de connoiffance profonde & d'aifance , ne
contribua pas moins à leur deftruction : mais
ces événemens, ces incapacités , ces indigen-
ces n'arrivant plus aujourd'hui au moyen de
ce que j'ai dit , les Eléves dans cet art de

nécessité première, obtiendront indubitablement toutes les qualités & tous les moyens
pour étendre le Commerce d'exportation, &
pour restraindre celui de l'importation, soit
que l'un ou l'autre soit intérieur ou extérieur.

Je passe présentement à l'état des Marchands; j'ai déja traité des devoirs généraux
qu'ils ont à remplir, & des Réglemens qu'ils
ont à observer. Voici en particulier ce qui me
paroît les regarder encore.

DES MARCHANDS ET DÉTAILLEURS.

Le *Laboureur*, le *Négociant*, le *Fabriquant* &
l'*Artisan*, font ceux qui fourniffent les magafins & les boutiques des Marchands, & ces
derniers font ceux qui leur procurent en détail le débouché de leurs denrées & de leurs
marchandifes.

Ces Artifans, plus inftruits qu'autrefois,
au moyen des principes qu'ils puiferont dans
l'étude & dans la pratique, foit en *Artois*,
foit ailleurs, pourront étendre le trafic.

Le Corps des *Epiciers*, fut uni au Corps des
Apothicaires, par Déclaration du 8 Décembre
1703, duquel il avoit été défuni précédemment, par Arrêt des 21 Août, 18 Septembre,
& Lettres-Patentes du 10 Octobre 1703. Il
fut créé par Edit d'Août 1696, un Office de
Tréforier de bourfe-commune, qui fut réuni à ce
Corps, par Edit d'Août 1701 ; cette réunion
l'obligea de faire des emprunts pour en
acquitter la finance ; ce qui leur fit beaucoup
de tort, furtout à ceux de Paris.

J'ai détaillé précédemment toutes les marchandifes naturelles & étrangeres que ces Artifans pourront fe procurer de la première main ; c'eft à eux à connoître toutes celles qui doivent être d'un débouché fructueux.

Merciers, Quincailliers & Marchands de métaux.

Ces *Marchands* pourront comme les *Epiciers*, &c. fe procurer de la première main, toutes les marchandifes néceffaires & utiles à leur commerce & ils auront une érudition bien différente de l'ancienne, qui ne pourra tourner qu'à leur avantage.

Marchands des productions des plantes, des arbres & des peaux d'animaux.

Le *Marchand de tabac* pourra relever ce commerce, fi l'on parvient à obtenir la fuppreffion de la Déclaration du 4 Mai 1749 ; on fçait d'ailleurs que l'art. 4. de cette Déclaration, ne défend pas de faire le commerce de celui du crû ; mais de quelle conféquence pourra-il être, fi l'on n'a pas de tabac étranger pour le mêler avec celui-ci ?

Quant aux autres commerces, on pourra tirer les marchandifes de la première main ; j'en ai enfeigné la voye, & j'ai indiqué quels font les droits d'entrées auxquels ces denrées font affujetties.

Marchands d'étoffes en laines, foyes, fil de coton & de chanvre, de chapeaux & de toutes fortes de paffemens, foyes, fils & cotons filés, dentelles, broderies, bonneteries, & de toutes efpèces de modes.

Ces Marchands feront aujourd'hui de plus gros bénéfices, foit fur la vente des étoffes du Pays, que l'on méconnoiffoit ci-devant, foit fur celles étrangeres qu'ils tireront de la première main.

Les états de ceux-ci furent érigés en Offices par Edit de Septembre 1704 ; & par Edit de Janvier 1710, ils furent tenus de prendre des Lettres au grand fceau, pour exercer leurs profeffions ; mais cela ne fut pas exécuté en *Artois*. *(Marchands de vins, cidres, bières, vinaigres, &c.)*

Ils feront ainfi que les autres , plus affuré de la qualité des boiffons puifqu'ils les pourront tirer de la premiére main.

Ces premiers Marchands ont différens Réglemens qu'ils ne peuvent s'empêcher de fuivre, entr'autres ceux du 7 Septembre 1701 , & Lettres-Patentes du 2 Octobre de la même année. *(Libraires, Papetiers & Cartiers.)*

Les autres tireront leurs marchandifes de la Province , & ne les tireront des anciens endroits accoutumés, que le moins qu'il leur fera poffible.

Ces premiers furent mis en Offices, par Edit de Novembre 1704 , & ces Offices furent rachetés par les Corps des villes, qui aujourd'hui les revendent à vie dans bien des villes. *(Marchands de poiffons de mer, frais & falés, & de poiffons d'eau douce.)*

Les feconds furent erigés également en Offices parEdit de Juin 1696, pour Paris ; mais ils furent fupprimés par Edit de Février 1698 ; cet état eft libre en *Artois*.

Ces *Marchands de poiffon de mer*, pourront aujourd'hui s'approvifionner de belles marchandifes en poiffons falés , qu'on leur procurera de la premiére main.

Ce commerce eft celui qui a toujours effuyé le plus de révolutions, depuis que le Gouvernement a jugé à propos de défendre & de permettre l'exportation des grains ; en effet, fi la prudence d'une bonne fpécula- *(Marchands de grains, de farines & de légumes.)*

tion fur les récoltes & fur l'affurance d'une permiffion d'exportation, a fait faire *des coups* à certains marchands; beaucoup auffi de ces Marchands fe font ruinés.

Les Mémoires des Patriotes éclairés & zélés, entr'autres ceux de M. *Herbert* (a), ont déja engagé le Gouvernement de permettre, par l'Arrrêt du 17 Septembre 1754, la fortie des grains, de Province à Province, fans befoin de paffeports ni de déclaration; peut-être que les vives follicitations des Provinces, le feront auffi décider à accorder une fortie perpétuelle de ces grains, pour l'étranger. J'ai déja indiqué fuccintement dans ma feconde Partie, les moyens qui m'ont paru pouvoir être employés pour jouir de cette permiffion d'exportation, fans géner les befoins des habitans de l'*Artois*; la Société pourra les répéter dans un plus grand détail, dans les Mémoires qu'elle invitera les Etats d'adreffer au Gouvernement, fur cet objet. Si cette exportation s'accorde, ce commerce fera le plus fûr, & celui qui s'étendra le plus.

Marchands de bois à brûler & autres, de charbons de bois & de terre, & de toutes fortes de matériaux de carriéres.

En étendant les premiers objets de commerce, dont je viens de parler, ceux-ci qui leur font relatifs, s'étendront pareillement.

Marchands de fourages.

Il n'eft pas douteux qu'au moyen d'une production plus confidérable de fourage, & de l'œconomie que j'ai propofé dans les nour-

---

(a) Son Effai fur la police des grains.

ritures des beftiaux, l’on aura des fuperflus de fourages que l’on pourra vendre, foit aux troupes qui fe trouveront en garnifon dans la Province, foit à celles qui feront en *Flandres*, &c. par conféquent cette branche de commerce fera beaucoup plus étendue.

On a créé des Offices de *Jurés*, *Vendeurs*, *Commiffionnaires*, *Courtiers*, *Tireurs* & *Débardeurs* de foin, par Edit du   & pour la perception des droits qui leur font attribués, il a été rendu un Arrêt le 10 Février 1674; ces Offices n’ont pas eu lieu en *Artois*, ou s’ils l’ont eu, ils ont été rachetés par les Villes.

Ceux-ci furent créés par Edit de Janvier 1690, & par Déclaration du 11 Mars de la même année, les droits attribués à ceux qui s’en font pourvus, ont été commués en droits d’entrées de cinq liv. fur chaque bœuf, deux liv. dix fols fur chaque vache & huit fols fur chaque brebis ou mouton ; mais cette Déclaration ne concerne que *Paris* : fi on a racheté ces Offices en *Artois*, & qu’on en perçoive les droits, on ne peut s’empêcher de les fupprimer, parce qu’ils font nuifibles à ce Commerce.

Marchands de beftiaux, volailles, & des productions de ces animaux.

Dans chaque ville on leve encore fur les beftiaux, un droit de tonlieu ou de foire & de marché, qui paffe au profit de la Province, des Villes & des Seigneurs : ce droit eft peut-être auffi préjudiciable que le premier ; on devroit donc pareillement le fupprimer.

Les habitans de *Furnemback*, de *Bourbourg* & de *Caffel*, ont tiré depuis long-temps & tirent encore de cette Province, des poulains, des geniffes & des brebis, que les Artéfiens leur vendoient & vendent tous les jours, fous prétexte d'une rareté de fourrage & de pacage : ces ventes perpétuelles ont confidérablement dépeuplé de beftiaux ce pays, & font une des caufes de la décadence de l'Agriculture (*a*) : mais préfentement que les fourrages artificiels & autres y feront abondants, & qu'il eft néceffaire de repeupler l'*Artois*, il eft abfolument indifpenfable d'obtenir la fuppreffion de ce Commerce national.

L'immenfe quantité de volailles que la Province produira, interdira affurément la continuation de l'importation de celles de la *Flandre*, & elle procurera au contraire une exportation.

De même, les quantités de beurres, de fromages, d'œufs (*b*), opéreront le même effet ; en obfervant cependant d'en affurer l'exportation perpétuelle, & d'en déterminer la fortie, lorfque ces denrées feront à un prix honnête.

Autres Marchands en général.

La plus grande partie des Artifans vendent eux mêmes leurs fabrications : J'ai parlé de leurs états refpectifs : Je ne les rappellerai donc plus ici. Il n'eft préfentement queftion que de leur faire fuivre le plan indiqué pour les autres Marchands, foit par le débit de leurs denrées, foit pour l'achat de leurs matiéres premiéres.

On trouvera fans doute encore une infinité de branches de Commerce que l'on pourra

______

(*a*) Voyez pag. 88. du Corps d'Obfervations de la Société de Bretagne.

(*b*) Ce petit Commerce a fouffert des révolutions dans fon exportation, par le défaut de liberté.

établir & étendre, lorfque la Société en aura reconnu l'utilité ; ce qu'on reconnoîtra aifé-ment par des recherches exactes & des travaux affidus. Voilà ce que je fçai pour pouffer en particulier l'émulation des Artifans : Il ne refte plus que trois objets généraux pour ache-ver de fervir utilement l'induftrie. C'eft de ces moyens dont je vais parler.

Des derniers moyens généraux pour encourager l'Induftrie.

TOus les moyens que j'ai propofé, & qui tendent ; 1°. à aider l'Artifan actif, mais mal-heureux; 2°. à foulever le poids que fans ceffe la pauvreté attache aux mains de l'induftrie ; & 3°. enfin, à favorifer au dehors la vente des marchandifes & denrées, par des gratifi-cations accordées à l'exportation, jufqu'à ce que la concurrence ait balancé le prix des marchandifes de l'*Artois* avec celui de celles étrangéres, ne font pas affez fuffifants, ce me femble, dans une Province dépourvue de Ma-nufactures, comme l'eft celle-ci. D'un autre côté, les Négocians & les Marchands n'y pour-ront peut-être pas toujours procurer la vivaci-té des débouchés des marchandifes, qu'exige-ra la néceffité de l'Artifan de leur vendre, foit par rapport au peu de faculté de ce dernier pour fe procurer du Négociant des matiéres premié-res pour en fabriquer de nouvelles, & ne pas chaumer d'ouvrage, foit, enfin, par rapport au changement de mode & de goût de l'ache-teur, qui l'empêcheront abfolument de fe dé-

faire de fes denrées. Pour y remédier , ne conviendroit-il pas d'établir , à l'inſtar du *Dannemarck (a)* , un *Magaſin public* dans les principales villes de *l'Artois (b)* ? Comme auſſi , ſi
le Fabriquant trouve une reſſource dans ce
Magaſin public, ne doit-on pas pareillement en
procurer une au Marchand dans l'achat des
marchandiſes qu'il fait de ce premier ? par
l'établiſſement d'une *Caiſſe de Crédit.* Voilà les
deux premiers moyens généraux , & le dernier
à employer pour aider l'un & l'autre de ces
Artiſans , devroit être enfin l'attention de la
Province à favoriſer les Fabriquans dans l'occaſion. Commençons à parler du premier.

Du Magaſin public.

C'eſt ce Magaſin qui acheteroit du Fabriquant laborieux , mais qui a beſoin d'argent ,
les marchandiſes dont il ne peut ſe défaire
aſſez promptement. Les perſonnes commiſes
dans ces lieux payeroient ces marchandiſes
aux deux tiers de leur valeur , ſur les eſtima-
tions qui feroient fondées ſur les factures &

(*a*) CHRISTIERN VI. Roi de Dannemarc , établit un de
ces magaſins, qui n'a pas peu contribué au progrès du
Commerce actuel de ce Royaume , qui fleurit aujour-
d'hui ; les Artiſans y portoient leurs marchandiſes , &
ils y puiſoient en même tems des matiéres premiéres propres à leurs fabrications , aux prix courans, ou ils les
échangeoient ; mais aujourd'hui l'achat ni l'échange des
matiéres premiéres, ne s'y font plus, parce que ce Commerce nuiſoit à celui des Négocians : le reſte exiſte.

(*b*) Il ſe trouve déja à *Arras* , une eſpèce de ces magaſins , ſous le nom de *Mont-de-Piété* , mais les droits en
ſont exceſſifs, il faudroit en obtenir une modération , ſi
on juge à propos de s'en ſervir.

les

les comptes quittancés, & l'autre tiers leur feroit payé immédiatement après la vente *(a)* : on leur retiendroit pour ces avances un foible droit, c'eft-à-dire, un droit fuffifant en particulier, pour dédommager en général la Province des frais de cet établiffement, fi elle ne juge pas à propos de faire plûtôt un fond à cet effet. Cette inftitution, quoique paroiffant excellente, fembleroit peut-être donner lieu de penfer que ce Magafin fe rempliroit des marchandifes dont on n'auroit pas le débouché, parce que le Négociant préféreroit d'en tirer de pareilles, de l'Etranger, (c'eft ce qui eft arrivé chez les *Danois*), il faudra pour lors, que la Société engage les Etats de propofer au Gouvernement de rehauffer les droits d'entrées fur ces marchandifes, que l'on tireroit de l'Etranger, plutôt que d'en interdire l'importation. Paffons préfentement au fecond moyen que j'ai propofé.

De la Caiffe de Crédit.

L'établiffement d'un magafin public dont je viens de parler, ne peut feul procurer le fecours que doit attendre l'Artifan ; il faut que cet établiffement foit fecondé par la Caiffe de Crédit *(b)*. En effet, lorfque le Marchand folvable, ne voudroit, ou ne pourroit pas payer le

---

(a) Si ces marchandifes n'étoient abfolument plus de mode, il en feroit fait chaque année un envoi dans les Colonies, ou dans tout autre pays de débouché.

(b) Une Compagnie puiffante, vient, dit-on, d'être admife à former un de ces établiffemens; mais elle n'a pas obtenu de privilége exclufif.

X

Fabriquant ou l'Artiſan, des achatsqu'il auroit fait de ces deniers, cette caiſſe retireroit du Fabriquant, le billet que le Marchand lui auroit fait, & lui payeroit la ſomme convenue. Il ſeroit pour lors fait au Marchand, un crédit de certain tems, que l'on fixeroit en général (*a*); mais à l'expiration du délai accordé, le Marchand ſeroit tenu de faire le rembourſement avec les intérêts des avances, leſquels intérêts, & ceux du crédit, ſeroient fixés par la Province (*b*). Enfin, on feroit indiquer dans le billet, la qualité, le prix, l'aunage & le N°. de la marchandiſe qui ſeroit livrée.

Telle eſt l'idée que je propoſe pour le ſecond moyen général; il en reſte encore un que voici.

Des attentions des Etats de la Province, pour favoriſer les Manufactures.

Lorſque les circonſtances préſenteront quelque entrepriſe de conſéquence aux Fabricans de l'*Artois*, la Société devra propoſer aux Etats de ſe charger de les commander, ſauf à elle d'en faire faire la diſtribution entre lesOuvriers qu'elle croira les plus habiles & les plus expérimentés dans ce genre de fabrication; elle doit en même tems engager les Etats d'accorder à ces Artiſans, une main bienfaiſante, pour que ces derniers y puiſent des ſecours ſinguliers, & rempliſſent avec diſtinction les

---

(*a*) Un pareil établiſſement a lieu en *Dannemarck*; le crédit y eſt fixé à dix-huit mois.

(*b*) L'intérêt en *Dannemarck* eſt fixé à quatre pour cent.

engagemens. Ce font-là, enfin, tous les moyens qu'une Société, compofée de gens zélés & éclairés, telle que fera, fans doute, celle de l'*Artois*, peut exécuter, pour parvenir à changer la face de cette Province en entier, en excitant l'amélioration des terres, l'extention du commerce, & la perfection des Arts.

CONCLUSIONS GÉNÉRALES.

Si j'ai fatisfait, dans cet Ouvrage, au zéle d'un vrai Patriote ; c'eft à préfent à ma Province à fe concilier pour la réuffite des moyens que j'ai crû devoir propofer pour le rétabliffement de la Patrie commune : qu'elle examine donc avec attention, le tableau que je lui ai donné de fon état primitif ; qu'elle jette les yeux fur fon état actuel ; qu'elle envifage *la bonté du Souverain, & la protection du jeune Prince*, qui en eft par état, le chef & le puiffant Protecteur ; qu'elle confidére tous les avantages qui en réfulteront au profit de la Patrie, & de tous fes Membres en particulier ; & furtout que fes Adminiftrateurs ayent attention à préférer le bien général à celui perfonnel ; je ne doute plus de l'accompliffement des vœux que je me fuis propofé pour fon bonheur. C'eft à ces mêmes Adminiftrateurs, à repréfenter à leur Souverain, tous ces moyens, fans lefquels il eft impoffible de la retirer du malheureux état où elle pourroit être plongée. Indépendamment des guerres que nous avons à foutenir, on peut mettre la main à l'œuvre, dreffer fes plans, former fes projets, encourager fes Sujets, animer le Patriote, & enfin produire dans le cœur d'un chacun, ces

ſentimens élevés, qu'il faut commencer d'in-
culper, avant de produire les actes extérieurs
de leurs opérations : heureux quant à moi,
ſi en leur dépoſant le fruit de mes ſoins ,
cette même Patrie veut me ſeconder dans
mes intentions !

Fin de la troiſiéme & derniere Partie.

TABLE
DES
MATIERES.

PREMIERE PARTIE.

De l'Agriculture.

On trouvera

La situation de l'*Artois*, son étendue, ses limites, ses riviéres, pag. 2. 27. ses canaux, 27. ses productions anciennes, 4. ses nouvelles 139 156. sa population ancienne, 7. celle actuelle, 23. ses impôts anciens, 6. ceux actuels, 14. & suiv. les suites de sa fertilité, 7. le caractère de ses habitans, 3. 21. son ancien commerce d'exportation & d'importation, de quoi, & ou l'un & l'autre se faifoient , 4. & 5. & enfin l'effet des gênes qui furent mifes fur le premier , 8.

ÉCOLE D'AGRICULTURE.

On trouvera

Sçavoir :

X iv

ÉCOLE D'AGRICULTURE.

ON TROUVERA

celles des

ÉCOLE D'AGRICULTURE.

Sur les natures de femences & de plantes à jetter & à mettre dans les terres.

Les Plantes filamenteuses.

Sçavoir :

Les Autres Plantes.

Sçavoir :

Les Teintures.

Sçavoir :

ÉCOLE D'AGRICULTURE.

Sur la culture des Terres, les bleds étant en herbes.

On trouvera
celle des

ÉCOLE D'AGRICULTURE.

Sur les moiſſons & les préparations des grains, &c.

ON TROUVERA

celles des

ÉCOLE D'AGRICULTURE.

Sur la conſervation des récoltes.

ÉCOLE D'AGRICULTURE.

Sur les Pépiniéres & les plantations.

ON TROUVERA

celles des

ÉCOLE D'AGRICULTURE.

Sur la nourriture des animaux.

ÉCOLE D'AGRICULTURE.

Sur les haras, ménageries & éducation d'animaux , de volailles & infectes.

SECONDE PARTIE.

Du Commerce.

ON TROUVERA

ON TROUVERA

En herbes de mer.

Sçavoir :

*Paſſepierre ou Cryſtemarine ,
en fruits de mer.*

Des différentes marchandiſes que la Province ne peut fournir par elle-même.

Sçavoir :

TROISIEME

TROISIEME PARTIE.

Des Arts.

Y

ON TROUVERA

ce qui regarde

Fin de la Table.

Page 6 ligne 4 de la note, le fruit de la récompense, *lisez* le fruit & la récompense. p. 11 lig. 27, 1708, *lif.* 1708. p. 12 capitation créé, *lif.* capitation créée. p. 15 lig. 16 defdits vingriémes, *lif.* de ces vingriémes. p. 24 lig. 8 telle, *lif.* qu'elle. p. 43 lig. 10 immédiatement la, *lif.* immédiatement après la. p. 49 lig. 28 bonifie, *lif.* fe bonifie. p. 53 lig. 28 incontinent ce, *lif.* incontinent après ce. p. 55 lig. 10 immédiatement cette, *lif.* immédiatement après cette. p. 65 lig. 5 précédemment celle, *lif.* précédemment à celle p. 80 lig. 4 de la note, 301 à 305 *lif.* 301 à 304. p. 82 lig. 3 on ne veut pas dire que la fleurifon & la moiffon du feigle empêchent l'intempérie de l'air ; mais qu'elles préviennent les mauvais tems qui arrivent fouvent dans le tems de la fleurifon & de la moiffon des froments, qui font toujours poftérieures à celles du feigle. p. 85 lig. 4 en quatier, *lif.* en quartier. p. 104 lig. 2 du titre, porpres, *lif.* propres. p. 108 lig. 28 du érable, *lif.* de l'érable. p. 123 lig. 15 fes juments, *lif.* avec fes juments. p 131 lig. 13 ainfi que celles, *lif.* ainfi qu'à celles. p. 136 lig. 13 prétendre de contrevenir, *lif.* prétendre contrevenir p. 143 lig. 12 du geneftrole, *lif.* de la geneftrole. p. 143 lig. 28 fennes, *lif.* feines. p. 146 lig 14 expofons lui donc l'ordre, *lif.* expofons premierement l'ordre. p. 168 lig. 19 avant, *lif.* auparavant. p 168. lig. 28 deffus, *lif.* fur. p. 168 lig. 30 de fe faire procurer, *lif.* de fe procurer. p. 196 lig. 16 un bois de couleur brune & tendre, nommé Marqueterie, que l'Artéfien appelle Allemarche, *lif.* un bois de couleur brune & tendre, que l'Artéfien appelle Dannemarck, & un autre nommé Marqueterie. p. 196 lig. 18 être tiré des Colonies où il croît, *lif.* être tiré de Dannemarck & des Colonies où ils croiffent. p. 196 lig. 19 ce bois s'emploíe, *lif.* ces bois s'employent. p. 196 lig. 23 d'en diminuer, *lif.* à en diminuer. p. 201 lig. 26 d'en fabriquer, *lif.* à en fabriquer. 216 lig. 14 de rétablir & d'augmenter, *lif.* à rétablir & augmenter. 217 à la Note, juftifient de ce que j'avance, *lif.* juftifient ce que j'avance. p. 219 à la Note, *lif.* datés. p. 223 lig. 3 d'obtenir, *lif.* à obtenir. p. 227 lig. 3 qu'après bien de longues, *lif.* qu'après de bien longues. p. 227 lig. 8 habilité, *lif.* habileté. p. 228 lig. 3 inhabilité, *lif.* impéritie. p. 235 lig. 25 ne foient remplacées, *lif.* ne foient pas remplacées. p. 238 lig. 28 exportaion, *lif.* exportation. p. 240 lig. 16 chadeliers, *lif.* chandeliers. 241 lig. 12 jurée, *lif.* jurés. p. 257 lig. 4 telle, *lif.* qu'elle. p. 263 lig. 2 par obtention, *lif.* par l'obtention. p. 268 lig. 12 dans les Province, *lif.* dans les Provinces. p. 282 à la Note, le fieur Lecocq de Konorvan, *lif.* le fieur Lecocq de Kermorvan. p. 288 lig. 12 lequel Arrêt, *lif.* cet Arrêt p. 288 lig. 17 après celles, *lif.* près de celles. p. 307 lig 2 de la Note, des inftructions propres fur l'arithmétique, *lif* des inftructions fuffifantes fur l'arithmétique. p. 327 lig. 7 leurs & natures, *lif.* & natures.

APPROBATION.

J'Ai lû par ordre de Monseigneur le Chancelier, un Manuscrit qui a pour titre : *Le
Patriote Artésien* ; & je n'y ai ren trouvé qui
en doive empêcher l'impression. A Paris ce
20 Novembre 1760.

ROUSSELET.

PRIVILEGE DU ROI.

LOUIS par la grace de Dieu, Roi de France
& de Navarre : A nos amez & féaux Conseil-
lers, les Gens tenans nos Cours de Parlement, Maîtres des Requêtes ordinaires de notre Hôtel, Grand
Conseil, Prevôt de Paris, Baillifs, Sénéchaux, leurs
Lieutenans Civils, & autres nos Justiciers qu'il appar-
tiendra : SALUT. Notre amé le Sr. . . . . ancien *Officier de Cavalerie*, Nous a fait exposer qu'il desireroit
faire imprimer & donner au Public un Ouvrage qui a pour
Titre : le *Patriote Artésien*, s'il Nous plaisoit lui accorder nos Lettres de Permission pour ce nécessaires. A
CES CAUSES, voulant favorablement traiter l'Expo-
sant, Nous lui avons permis & permettons par ces Présentes, de faire imprimer ledit Ouvrage autant de fois
que bon lui semblera, & de le faire vendre, & débiter
par tout notre Royaume, pendant le tems de trois années consécutives, à compter du jour de la datte des
Présentes. Faisons défenses à tous Imprimeurs-Librai-
res, & autres personnes de quelque qualité & conditions
qu'elles soient, d'en introduire d'impression étrangere
dans aucun lieu de notre obéissance. A la charge que
ces Présentes seront enregistrées tout au long sur le Re-
gistre de la Communauté des Imprimeurs & Libraires
de Paris, dans trois mois de la datte d'icelles ; que l'impression dudit Ouvrage sera faite dans notre Royaume,
& non ailleurs, en bon papier & beaux caractéres, conformément à la feuille imprimée, attachée pour modèle
sous le contrescel des Présentes ; que l'Impétrant se con-

formera en tout aux **Réglemens de la Librairie**, & notam-
ment à celui du 10 Avril 1725 ; qu'avant de l'expoſer
en vente, le Manuſcrit qui aura ſervi de copie à l'impreſſion dudit Ouvrage, ſera remis dans le même état
où l'Approbation y aura été donnée, ès mains de notre
très-cher & féal Chevalier Chancelier de France le Sieur
de Lamoignon : & qu'il en ſera enſuite remis deux Exemplaires dans notre Bibliothéque publique, un dans celle
de notre Château du Louvre, & un dans celle de notre très-cher & féal Chevalier Chancelier de France,
le Sieur de Lamoignon, le tout à peine de nullité des
Préſentes. Du contenu deſquelles vous mandons & en-
joignons de faire jouir ledit Expoſant & ſes ayans-cauſe,
pleinement & paiſiblement, ſans ſouffrir qu'il lui ſoit
fait aucun trouble ou empêchement. Voulons qu'à la
copie des Préſentes qui ſera imprimée tout au long au
commencement ou à la fin dudit Ouvrage, foi ſoit ajoû-
tée comme à l'original. Commandons au premier notre
Huiſſier ou Sergent ſur ce requis, de faire pour l'exécution d'icelles, tous actes requis & néceſſaires, ſans demander autre permiſſion, & nonobſtant clameur de
Haro, Charte Normande, & Lettres à ce contraires.
Car tel eſt notre plaiſir. Donné à Verſailles le troiſiéme jour du mois de Janvier, l'an de grace mil ſept cent
ſoixante-un, & de notre Regne le quarante-ſixiéme. Par
le Roi en ſon Conſeil.

ſigné, LE BEGUE.

Regiſtré ſur le Regiſtre XV de la Chambre Royale & Syn-
dicale des Libraires & Imprimeurs de Paris, Nº. 190. Fol.
15ᴿ. conformément au Réglement de 1723. qui fait défenſes
Art. 41. à toutes perſonnes de quelques qualités & conditions
qu'elles ſoient, que les Libraires & Imprimeurs, de vendre, débiter, faire afficher aucuns livres pour les vendre en leurs
noms, ſoit qu'ils s'en diſent les Auteurs ou autrement & à la
charge de fournir à la ſuſdite Chambre neuf Exemplaires preſ-
crits par l'Art. 108 du même Réglement. A Paris ce 4 Avril
1761.

Signé, G. Saugrain, Syndic.

De l'Imprimerie de P. Al. le Prieur, Imprimeur
du Roi, rue S. Jacques 1761.